ZHAOMING
SHEJI JICHU

照明设计基础

徐 华 编著

中国电力出版社
CHINA ELECTRIC POWER PRESS

内 容 提 要

由北京照明学会照明设计专业委员会组织编写的《照明设计手册（第三版）》被选为注册电气工程师考试中照明类唯一参考书，并得到了读者普遍认可。但《照明设计手册》是工具书，没有太多解释性内容和插图，缺少活泼度，为了对《照明设计手册（第三版）》补充一些更科普的内容，特邀请担任了两届中国照明学会教育与培训工作委员会的主任——徐华，将十余年培训经验系统梳理后编写而成《照明设计基础》。

本书基于照明技术的实际应用为主线，包括光与视觉、光与颜色、照明计算、光源、灯具、应急照明、照明配电、照明控制、室内照明设计、城市景观照明设计、道路照明、电气与照明测量共 12 章。每章的思考题是该章重要内容的提纲。

本书可供照明设计师、电气工程师及建筑师学习参考，也可作为相关专业院校师生的参考书。

图书在版编目（CIP）数据

照明设计基础 / 徐华编著 . —北京：中国电力出版社，2023.2
ISBN 978-7-5198-7128-4

Ⅰ．①照… Ⅱ．①徐… Ⅲ．①照明设计 Ⅳ．① TU113.6

中国版本图书馆 CIP 数据核字（2022）第 185995 号

出版发行：中国电力出版社
地　　址：北京市东城区北京站西街 19 号（邮政编码 100005）
网　　址：http://www.cepp.sgcc.com.cn
责任编辑：翟巧珍
责任校对：黄　蓓　朱丽芳
装帧设计：张俊霞
责任印制：石　雷

印　　刷：北京博海升彩色印刷有限公司
版　　次：2023 年 2 月第一版
印　　次：2023 年 2 月北京第一次印刷
开　　本：787 毫米 ×1092 毫米　16 开本
印　　张：20.25
字　　数：375 千字
印　　数：0001—2000 册
定　　价：168.00 元

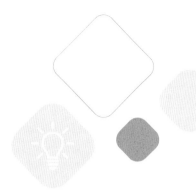

光生万物，光是生命的源泉。为了光明，人们前赴后继；为了光明，飞蛾可以自愿灭亡。光是人居环境的要素，是建筑和城市的灵魂。

自从有了人工光，人们的生活和生存空间得以扩展，人们的工作时间得以延长。如何能用好人工光，是建筑师、照明设计师、电气工程师等共同面对的问题。

照明是一个多门学科的交叉学科，既牵涉光学、物理学、电磁学，也牵涉生理学、心理学等学科，照明技术的发展也很迅速，照明设计又偏重于应用，本书以照明技术的实际应用为主线，从光的本质开始，探讨了光与视觉、光与颜色；照明设计的基本概念、照明计算；光源、灯具的发展；应急照明、配电与控制的内容；从室内照明、城市景观照明、道路照明的设计要求和案例，完整地诠释了照明设计的基本方法，最后的电气与照明测量介绍了项目完成后，项目评估需要掌握的知识。每章都附有思考题，是该章重要内容的提纲。

该书作为《照明设计手册（第三版）》的补充，图文并茂、内容全面，可以作为大学生、研究生及照明设计人员的参考书。

清华大学建筑设计研究院有限公司依托于清华大学深厚广博的学术、科研和教学资源，作为建筑学院、土水学院等院系教学、科研与实践相结合的基地，十分重视学术研究与科技成果的转化，鼓励设计人员总结设计经验，分享科研成果，推动行业发展，承担社会责任。徐华作为清华设计院电气总工程师，几十年的职业生涯，使他在专业设计上游刃有余，且能在繁忙的创作之余完成颇具研究内涵的学术专著，实在难能可贵。相信本书的出版，能为广大的照明设计师提供专业参考，也可作为建筑设计相关专业同行的参考读本，对行业有所裨益。

中国工程院院士

清华大学建筑设计研究院院长、总建筑师

2022 年 6 月

前言

随着人们生活水平的提高，人们对照明的认识也越来越深入，照明设计师成为一种新职业。虽然照明设计师成为一种职业的时间还不足 20 年，但照明设计师的影响力得到了大家的认可。之前的照明设计仅仅是电气专业的一个小分支，由电气工程师代劳，在注册电气工程师考试中，照明是其中一部分重要内容。由北京照明学会照明设计专业委员会组织编写的《照明设计手册（第三版）》（简称《照三》），被选为注册电气工程师考试中照明类唯一的参考书，得到普遍认可。但《照三》是工具书，不能有太多解释性内容和插图，缺乏活泼度。能否对《照三》补充一些更科普的内容，冒出这个念头后，由于任务过于艰巨，一直没有实施。

中国照明学会从 2006 年开始策划、2008 年开始进行照明设计师的专业培训，提高了整个行业的素质。我有幸从始至终参与了中国照明学会的照明设计师培训，曾主编了《初级照明设计师》培训教材。特别是从 2012 年起，担任了两届中国照明学会教育与培训工作委员会主任，培训的学生越来越多，深感系统性教材的匮乏。我于 2021 年中国照明学会教育与培训工作委员会届满，转入照明设计师工作委员会。总结自己这些年培训的心得：一是补充《照三》的缺失，二是给广大设计师朋友提供最基础的参考，感觉还是比较有意义的。

照明是科学、技术和艺术的交叉学科，牵涉的内容十分广泛。照明设计是应用学科，对基础知识的了解和掌握，可以快速地学习照明设计的基本方法，能够快速迈入设计门槛；照明设计又是充满创意的，没有读万卷书、行万里路，"功夫在诗外"的历练，做好照明设计也是不太可能的。编写本书的过程，也是一个学习的过程。为满足现今这个读图时代的需求，本书力图用图说话。对给本书提供图片的朋友和单位深表感谢！对给本书绘制插图的徐祖方、徐祖文同学深表感谢！

感谢清华大学建筑设计研究院有限公司严谨敦厚的学术氛围，使我受益匪浅！感谢庄惟敏院士百忙之中给本书作序！

感谢南昌大学副校长、中国科学院院士江风益教授对本书的支持和鼓励！

感谢国际照明委员会副主席、中国照明学会特邀副理事长、同济大学教授郝洛西女士对本书的充分肯定！

感谢清华大学建筑设计研究院有限公司顾问总工戴德慈教授和中国航空规划设计研究总院有限公司任元会研究员对本书进行审稿和提供帮助！

特别感谢我的老师——同济大学俞丽华教授，把我带进照明行业的大门。

感谢中国照明学会、北京照明学会等照明界领导和同仁，给我提供了无穷的动力。

感谢中国电力出版社有限公司翟巧珍编辑，她的建议也是本书编写的起因！

由于编者水平有限，书中难免存有不妥之处，恳请广大读者指正！意见和建议请发至邮箱 Xuh@thad.com.cn。

2022 年 6 月

第1章
光与视觉

光能够引起眼睛有"明亮"的感觉，人眼的主要作用是接收光线，并将光信息传递给大脑，这种反映到大脑中的光信息就是视觉。对于人眼视觉影响最大的两个因素是光线亮度、光线颜色，不同的光会产生不同的视觉，不同的光色对人的心理和生理都会产生影响。

1.1 光的本质

光在空气中的传播是一种电磁波，又叫电磁辐射。它和电台、电视台发射的电波同属一大类，只不过它的波长短得多。波长位于向 X 射线过渡区（$\lambda \approx 100\text{nm}$）和向无线电波过渡区（$\lambda \approx 1\text{mm}$）之间的电磁辐射称为光学辐射（optical radiation），简称光辐射。光辐射波长范围见图 1-1。

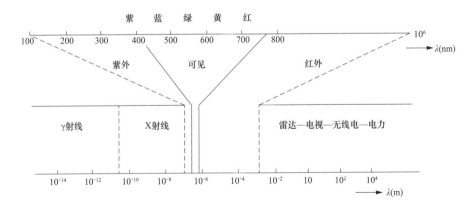

图 1-1 光辐射波长范围

可见光通常将波长范围限定在 380～780nm 范围。

波长比可见辐射波长长的光学辐射称为红外辐射（infrared radiation）。通常将波长范围在 780nm～1mm 的红外辐射细分为：IR-A，780～1400nm；IR-B，$1.4 \sim 3\mu\text{m}$；IR-C，$3\mu\text{m} \sim 1\text{mm}$。

波长比可见辐射波长短的光学辐射称为紫外辐射（ultraviolet radiation）。通常将波长在 $100\sim380nm$ 的紫外辐射细分为：UV-A，$315\sim380nm$；UV-B，$280\sim315nm$；UV-C，$100\sim280nm$。

紫外辐射的波长范围是 $100\sim380nm$，其中 $100\sim200nm$ 的辐射会被空气吸收而不能在空气中传播，只能在真空中传播，因此这一部分又叫真空紫外辐射。

红外、紫外辐射属于不可见光，但它们具有多种物理的、化学的和生物的效应，不仅和我们的生活有密切关系，而且在科学技术上有很重要的应用。无论是太阳辐射或是各种人造光源，都含有或多或少的紫外和红外辐射。在照明工程中，一方面要合理利用对人体和环境有益的紫外、红外辐射，另一方面要尽量避免和限制对人体、环境及照明对象有害的这两种辐射，同时还要广泛拓展它们在科学技术、医药卫生、医疗保健等方面的应用，以造福人类社会。

电磁波波长范围从 γ 射线波长到无线电波波长，光波只是其中极小一部分，光的各个波长区域见表 1-1。

表 1-1　　　　　　　　　　　　　　　光的各个波长区域

波长区域（nm）	区域名称
$100\sim280$	UV-C（远紫外）
$280\sim315$	UV-B（中紫外）
$315\sim380$	UV-A（近紫外）
$380\sim435$	紫光
$435\sim500$	蓝、青光
$500\sim565$	绿光
$565\sim600$	黄光
$600\sim630$	橙光
$630\sim780$	红光
$780\sim1400$	IR-A（近红外）
$1400\sim3000$	IR-B（中红外）
$3000\sim1000000$	IR-C（远红外）

当光进入人眼时将产生视觉感受，被感知的光（perceived light）是人的视觉系统特有的所有知觉或感觉的普遍、基本的属性；进入人眼睛并引起光感觉的可见辐射称为光刺激（light stimulus）。能直接引起视感觉的光学辐射，称为可见辐射（visible radiation）。

可见辐射随波长变化能感觉到它还带有颜色。具有单一频率的辐射称为单色辐射

（monochromatic radiation）。实际上，频率范围甚小的辐射即可看成单色辐射。通常也可用空气中或真空中光的波长来表征单色辐射。波长在 380nm 附近的辐射呈紫色，780nm 附近的辐射呈暗红色。颜色随波长的变化见图 1-2。不同颜色之间没有明确的分界线，颜色的过渡是渐变的。

颜色	波长(nm)
红色	630~780
橙色	600~630
黄色	565~600
绿色	500~565
蓝色	435~500
紫色	380~435

图 1-2　可见光波长及颜色变化

1.2　视觉

1.2.1　视觉的成因

视觉（vision）是光本身和人眼相互作用过程的产物。人类超过 80% 的信息是通过视觉得到的，光和眼睛一起帮助我们认识周围的世界，而没有光也就无法通过视觉得到任何信息。

人的视觉器官主要由眼睛、视神经和大脑的相关部分组成。人眼的构造示意见图 1-3。眼睛的瞳孔好似照相机的快门，控制进入眼睛的光量。瞳孔周围的虹膜如相机的光圈，能根据光线的强弱调节瞳孔的大小。晶状体则像相机的镜头，用作聚焦成像。起感光作用的是视网

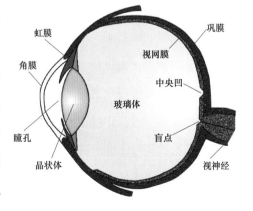

图 1-3　人眼的构造示意

3

膜上的感光细胞。它将感受到的信息通过视神经传送到大脑的视觉中枢，形成明暗、颜色、形状、动态、远近等视知觉以获取外部世界的信息。

人眼具有如下性能：

（1）感光特性：通过眼睛接收光线并转换成脉冲信号传送到大脑。

（2）颜色感受性：人眼可以区别不同波长光波的颜色。

（3）形体感知性：单独视觉因素在大脑里结合成一幅在形体和结构上完整的可识别的图片。

（4）空间感知性：大脑结合两眼所见，从而对物体产生深度印象。

（5）运动感知性：眼肌可调整眼睛的位置，而使物体处于焦点位置。从而告诉大脑物体运动的方向和速度。

（6）反射感知性：大脑经过适当的思考来判定物体相对于整个视觉场面的亮度。

1.2.2 明视觉、明视觉和中间视觉

视网膜上的感光细胞有两种。在正对瞳孔的中央部位分布着密集的锥状细胞，在中央部位的四周则主要是杆状细胞。在光线明亮的环境下，杆状细胞失去活性，主要是锥状细胞起感光作用。正常人眼适应亮度超过几个每平方米坎德拉（通常认为超过 $3cd/m^2$）的环境，此时视网膜上的锥状细胞是起主要作用的感受器，最大的视觉响应在光谱绿区间的 555nm 处。锥状细胞为色度敏感器，可以感受色彩，这时的视觉叫明视觉（photopic vision）。随着波长的逐渐减小或逐渐增加，灵敏度均逐渐减低，直到 380nm 和 780nm 时，灵敏度降为零，即不产生光感觉了。

当处在很暗的环境下，锥状细胞失去活性，杆状细胞恢复感光功能，正常人眼适应低于百分之几每平方米坎德拉以下的光亮度水平时的视觉。此时视网膜上杆状细胞是起主要作用的感受器，光谱光视效率的峰值约在 507nm。杆状细胞为光度敏感器，只能感受明暗，这时的视觉叫暗视觉（scotopic vision）。暗视觉的特点是只能分辨明暗而没有颜色感觉，并且辨别物体细节的能力大大降低。

介于明视觉和暗视觉之间的视觉叫中间视觉（mesopic vision）。这时，视网膜上的锥状细胞和柱状细胞同时起作用。人处在较暗又不是很暗的环境中，犹如"暮色苍茫"时的中间视觉。在亮度较高时还能分辨颜色，亮度较低时就只有明暗感觉了。

视觉敏感度曲线见图 1-4。

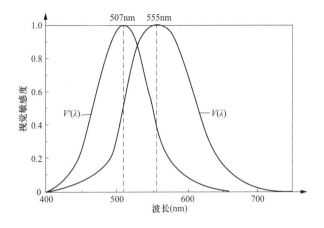

图 1-4　视觉敏感度曲线

1.3　视觉适应

视觉适应是指视觉器官的感觉随外界亮度的刺激而变化的过程或这一过程达到的最终状态，其机制包括视细胞或神经活动的重新调整、瞳孔的变化及明视觉与暗视觉功能的转换，包括明适应和暗适应两种，频繁的视觉适应会导致视觉迅速疲劳。

1.3.1　明适应（light adaptation）

视觉系统适应高于几个每平方米坎德拉刺激亮度的变化过程及终极状态，是指眼睛从黑暗环境到明亮环境的适应过程。明适应时间较短，通常为 0.001s 至数秒，2min 后可以完全适应。

1.3.2　暗适应（dark adaptation）

视觉系统适应低于百分之几每平方米坎德拉刺激亮度的变化过程及终极状态，是指眼睛从明亮环境到黑暗环境的适应过程。

暗适应在最初 15min 视觉灵敏度变化很快，以后较为缓慢，半小时后灵敏度可以提高到 10×10^4 倍，但要达到完全适应需要 35min～1h。明适应和暗适应过程见图 1-5。

1.3.3　视后像

人的眼睛具有保持视觉印象的特性。如果在直视太阳或明亮的电灯以后闭上眼睛，人们就会在一个相当长的时间里，明显地看到这些强光体的形状，这叫作视后像。这种现象的发生是因为视网膜在受光刺激以后所发生的兴奋和神经冲动，并不随着刺激的停止而立即消失，而是在刺激停止以后还要持续一段时间。这种能够把视觉印象保留一个短暂时间的作用叫作视觉暂留作用。实际测量结果表明，在光既不强也不弱的情况下，眼睛保留视觉的时间大约是 0.1s。因此，当一个闪烁的光源，在每秒钟闪烁超过 10 次时，看起来就会觉得它不是在闪烁而是在发着均匀的光亮了。再有，电风扇高速旋转，看起来好像叶片连在一起；雨滴下落，看起来好像连成一条线，都是视后像现象而引起的。

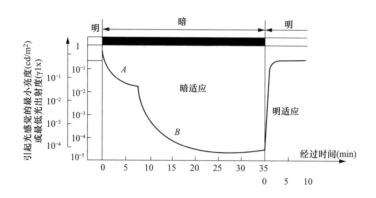

图 1-5　明适应与暗适应过程

1.4　视觉功效

视觉功效（visual performance）是人的视觉器官完成一定视觉工作的能力和效率，一般以完成视觉作业的速度和精确度来评价视觉能力。而视觉作业（visual task）是在工作和活动中，对呈现在背景前的细部和目标的观察过程。它既取决于作业固有的特性（大小、形状、作业细节与背景的对比等）又与照明条件有关。

根据人眼性能，要看清物体，物体要满足：①物体必须要有最小的外观尺寸；②物体必须要有最小的亮度（发光率）；③在观测面上，物体必须适合整体亮度；④物体必须要有某一相对于周边环境的最小对比度（亮度和/或色彩）；⑤物体的观测必须经过一段最小时间的适应。

1.4.1　可见度（visibility）

表征人眼辨认物体存在或形状的难易程度，用实际亮度对比高于阈限亮度对比的倍数来表示。在室外应用时，也可以用人眼恰可感知一个对象存在的距离来表示。

1.4.2　亮度对比（luminance contrast）

视野中识别对象和背景的亮度差与背景亮度之比，即

$$C = \frac{L_0 - L_b}{L_b} \quad 或 \quad C = \frac{\Delta L}{L_b} \tag{1-1}$$

式中　C——亮度对比；

L_0——识别对象亮度；

L_b——识别对象的背景亮度；

ΔL——识别对象与背景的亮度差。

当 $L_0 > L_b$ 时为正对比，$L_0 < L_b$ 时为负对比。

1.4.3 视觉敏锐度（visual acuity/visual resolution）

视觉敏锐度是人眼分辨物体细节的能力。在数量上等于眼睛刚好可以辨认的最小视角（弧分）的倒数。在临床医学上，视觉敏锐度称为视力。

视力的辨认主要反映视网膜中央窝的功能，取决于视锥细胞的特性。视力是以视角（visual angle）进行计算的。而视角表示识别对象的大小对眼睛形成的张角，视力 V_A 是视觉所能分辨的以弧分为单位的临界视角的倒数，即

$$V_A = 1/\alpha \tag{1-2}$$

式中 α——临界视角，即眼睛所能分辨的最小视角。

视觉敏锐度与人眼品质、亮度及其对比度、观测时间、年龄因素有关。视力与环境条件密切相关，图1-6所示为视力与亮度的关系。由图1-6可见，当亮度为 0.1cd/m^2 时，视力约为0.6。当亮度增至 1000cd/m^2 时，视力达到2.3左右，这之后亮度再增加视力也不会再明显增大了。而且当亮度过大时，就会感到耀眼甚至睁不开眼睛，什么也分辨不出来了。

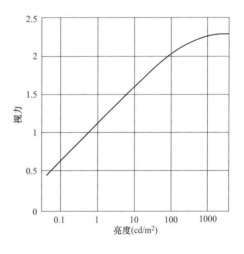

图1-6 视力与亮度的关系

视力通过视标进行确定，每一种视标都由一定的细节单位组成，常用的视标有"E"视标和"C"视标，如图1-7所示。其纵向和横向都由5个细节单位组成，黑线条宽度为全视标的1/5，每一细节单位在一定观察距离对眼睛形成一定大小的视角，当人的视觉正好能够分辨视标中1分视角的细节单位时，则其视力定义为1.0，属正常视力。

锥状细胞被激活状态和功能发挥不同时，人眼辨认物体细节的能力就发生相应变化，从而视力发生了变化。影响视力的因素有观测物体的亮度、对比度、颜色、大小、所处的方向、运动的状态；背景光线的光谱、亮度、视觉噪声；观察的时间；观测者本身的心理、生理状态等。

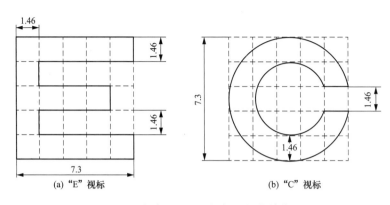

(a) "E"视标   (b) "C"视标

图 1-7   "E"视标和"C"视标的细节单位（mm）

图 1-8 显示老年人视力在 0.8 时，照度需要大于 500lx，而中青年在 50lx 时，视力可以达到 0.8。图 1-9 显示六十多岁人所需的照度水平大约为十岁大小人员的 15 倍。

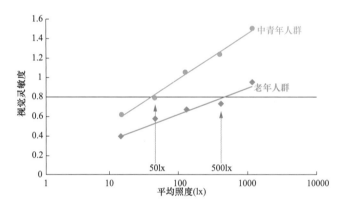

图 1-8   视力与年龄、照度的关系

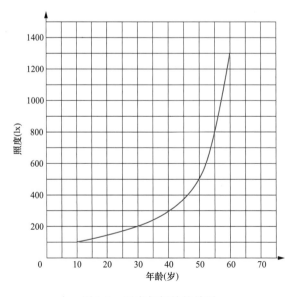

图 1-9   照度与年龄的关系

1.4.4 视野（visual field）

当头和眼睛位置不动时，人眼能察觉到空间的范围称为视野，用立体角表示。人眼的视野上下共 130°，见图 1-10；人眼的视野左右共 180°，见图 1-11，但有效的视觉范围为中央 30°。在此视角内，可获得较清晰的影像与色彩信息。在此视角以外的周边区域，观察者只有一般的方向感和状态感。

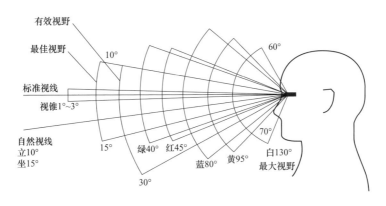

图 1-10　人眼的上下视野

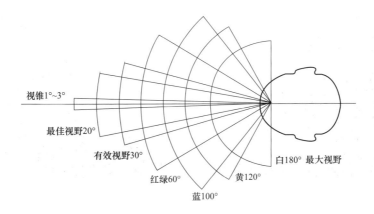

图 1-11　人眼的左右视野

1.5　眩光

眩光（glare）是由于视野中的亮度分布或亮度范围的不适宜，或存在极端的亮度对比，以致引起不舒适感觉或降低观察细部或目标能力的视觉现象。

按对于视觉的影响程度不同，可分为不舒适眩光和失能眩光。

1.5.1 不舒适眩光（discomfort glare）

不舒适眩光是产生不舒适感觉但并不一定降低视觉对象的可见度的眩光。视觉仅有不舒适感，会造成分散注意力的效果，但短时间内并不一定减低视觉对象的可见度。

1.5.2 失能眩光（disability glare）

失能眩光是降低视觉对象的可见度但并不一定产生不舒适感觉的眩光。由于眩光源的位置靠近视线，使视网膜像的边缘出现模糊，从而妨碍了对附近物体的观察，降低视觉对象的可见度，如果侧向抑制它，还会使对于这些物体的可见度变得更差。

眩光按形成机理分为四类，即直接眩光、间接眩光、反射眩光和对比眩光。

1.5.2.1 直接眩光（direct glare）

由处于视野中特别是在靠近视线方向存在的发光体所产生的眩光称为直接眩光。由视野内未曾充分遮蔽的高亮度光源所产生的眩光，见图 1-12。

图 1-12 灯具的直接眩光

1.5.2.2 间接眩光（indirect glare）

间接眩光与直接眩光不同，在视野中存在着高亮度的光源，却不在观察物体的方向引起的眩光。

1.5.2.3 反射眩光（glare by reflection）

反射眩光是由视野中的反射所引起的眩光，特别是在靠近视线方向看见反射像所产生的眩光。由视野中的光泽表面反射所产生的眩光，按反射次数和形成眩光的机理，反射眩光分为一次反射眩光、二次反射眩光和光幕反射，见图 1-13。

图 1-13　水面的反射眩光

1.5.2.4　光幕反射（veiling reflection）

光幕反射是出现在被观察物体上的镜面反射，使视觉对象的对比度降低，以致看不清物体的部分或全部细部。玻璃幕墙的光幕反射见图 1-14。

图 1-14　玻璃幕墙的光幕反射

1.5.3　光幕亮度（veiling luminance）

光幕亮度是由视野内光源所产生的重叠在视网膜象上的亮度，它降低视觉对象与背景的亮度对比度，导致降低视觉功效和可见度。

1.6 光的非视觉效应

光是通过神经系统影响人的机体，神经纤维将光信号传递到视觉皮层和脑部的其他部位，控制身体的生物钟和荷尔蒙，对脑下垂体、松果腺、肾上腺、甲状腺均产生影响，通过它们之间的相互作用，产生、重置和调控人体的生理和行为节律。人眼视网膜上发现了第3种感光细胞——视神经结感光细胞，对进入人眼的辐射产生生物效应而获得对外界的认识，这种视觉效应就是司辰视觉（citopic）。明视觉、暗视觉和司辰视觉灵敏度曲线见图1-15。

司辰视觉虽然是一种非映像的视觉效应，但它控制了人的生物节律和强度，并影响人眼瞳孔大小对人体生理效应（生理节律、精力集中、警觉性）和心理效应（情绪兴奋、紧张、抑郁）产生影响，它影响人类昼夜节律系统，进而也影响人类的健康。

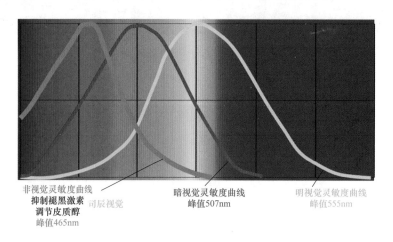

图 1-15 明视觉、暗视觉和司辰视觉灵敏度曲线

从图 1-15 可见，最大视觉灵敏度位于黄绿色波长范围内，最大非视觉生物效应灵敏度位于光谱的蓝色区域内。

昼夜节律指的是人体内所有机能均受白天黑夜变化规律的影响，人体生物节律主要表现在体温、警觉性、皮质醇和褪黑激素的周期变化，人体昼夜节律在不同的周期内变化趋势基本相同，但也不会简单的完全重复。图 1-16 反映了两个 24h 周期内，皮质醇、褪黑激素、警觉性和体温的周期变化。

皮质醇和褪黑激素在调节警觉性和睡眠中起着重要作用。皮质醇使人清醒，精力充沛；先升后降。褪黑激素使人放松、入睡；先降后升。皮质醇水平在早晨增加，为即将到来的一天活动做好准备，同时，褪黑激素水平下降，减少睡意。这两种激素的节律对清醒时的机能发挥起着重要作用，并直接影响警觉性的程度。警觉性和体温使人专注、有节奏；先升后降。明亮的光会导致体温的增加，提高认知效率。在上午 7 时的时候体温开始增加，晚上 24 时体温最高。

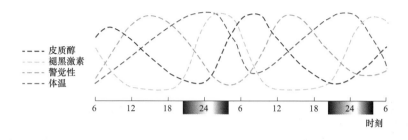

图 1-16　人体典型昼夜节律曲线

当人犯困和疲惫时，采用高照度或蓝色和偏冷的光线能抑制褪黑激素（睡眠激素），同时刺激皮质醇，为身体提供能量，抗疲劳和抗睡眠；同时采用高亮度，提高人们的兴奋性。可见，高色温和高亮度的光"在生物学上"比低色温或低亮度的光更有效。所以改变色温或亮度可以调节激素。

人的昼夜节律是指生命活动以 24h 左右为周期的变动，又称近日节律。躯体活动、睡眠和觉醒等行为显示昼夜节律，人体生理功能、学习与记忆能力、情绪、工作效率等也有明显的昼夜节律波动。光对人的生理效应（生理节律、精力集中、警觉性）和心理效应（情绪兴奋、紧张、抑郁）都有巨大的作用和影响，影响人们的健康，图 1-17 所示为中国古代医学典籍《黄帝内经》中揭示的人体健康养生与光的关系。

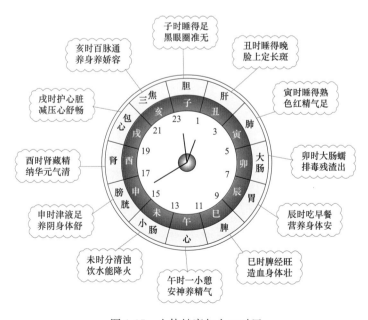

图 1-17　人体健康与十二时辰

人们的活动与自然界日光节律一致，就能身心健康，图 1-18 所示为自然光节律变化过程。图 1-19 所示是理想的光强度、色温随时间的变化过程，接近自然光变化规律，我们称之为健康光环境。

图 1-18　自然光节律变化过程

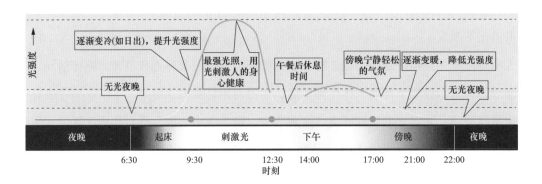

图 1-19　健康光环境

1.7　闪烁与频闪效应

随着人们对健康照明的追求，人工电光源的闪烁与频闪效应问题也备受关注。

1.7.1　闪烁（flicker）

闪烁是人眼可直接观察到的，因亮度或光谱分布随时间波动的光刺激引起的不稳定的视觉现象。这种波动可能导致视觉性能的下降，引起视觉疲劳，甚至诱发头痛、癫痫等严重的健康问题。国际电工委员会（IEC）关于光闪烁的评价标准属于电磁兼容骚扰特性评价中的一部分，用来评价照明产品因电压波动而出现的可视闪烁影响。频率范围在 80Hz 以下的光源和灯具的可见闪烁采用"闪变指数（short-term flicker indicator of illuminance）"进行评价和表达，其数值等于 1 表示 50% 的被实验者刚好感觉到闪烁，数值大于 1 表示可见闪烁不可接受。

1.7.2　频闪效应（stroboscopic effect）

频闪效应是在以一定频率变化的光照射下，使人们观察到的物体运动显现出不同于其实际运动的现象。频闪不易察觉，频率范围在 80Hz 以上，可能引起身体不适及头痛，对人身体健康有潜在的不良影响。国际照明委员会（CIE）于 2016 年提出了采用"频闪效应可视度（stroboscopic effect visibility measure，SVM）"指标对频闪效应进行评价和表达，SVM 是光输出频率范围为 80～2000Hz 时，短期内频闪效应影响程度的度量（以 SVM 值判断频闪效应的可见性：$SVM=1$ 时，刚好可见；$SVM<1$ 时，不可见；$SVM>1$ 时，可见）。人员长期工作或停留的房间或场所采用的照明光源和灯具，其 SVM 不应大于 1.6；中小学校、托儿所、幼儿园建筑主要功能房间采用的照明光源和灯具，其 SVM 值不应大于 1.0。

频闪效应比较简单的评价方法也采用频闪比来表示，所谓"频闪比 percent flicker"，也称波动深度，是基于通信等领域中调制深度概念提出的，定义为在某一频率下，光输出最大值与最小值的差与两者之和的比，以百分比表示，计算公式为

$$频闪比 = 100\% \times (A-B)/(A+B) \tag{1-3}$$

式中　A——在一个波动周期内光输出的最大值；

　　　B——在一个波动周期内光输出的最小值。

无风险的频闪比限值要求见表 1-2。

表 1-2　　　　　　　　　　　　　无风险的频闪比限值要求

光输出波形频率 f（Hz）	频闪比限制（%）
$f \leqslant 10$	$\leqslant 0.1$
$10 < f \leqslant 90$	$\leqslant 0.01f$
$90 < f \leqslant 3125$	$\leqslant 0.032f$
$f > 3125$	无限制

1.8　几何光学

1.8.1　几何光学的基本定律

几何光学中研究光的传播，是把光看作是能够传输能量的几何线，这样的几何线叫作光线。光线这一概念是人们直接从无数客观光学现象中抽象出来的。利用光线的概念可以说明自然界中许多光的传播现象，如我们常见的影的形成、日食、月食、小孔成像等。这些现象都可以用把光看作光线的概念来解释。目前使用的光学仪器绝大多数是应用几何光学原理，把光看作光线设计出来的。

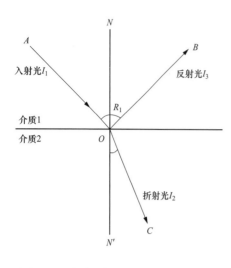

图 1-20 光线投射在两种介质分界面上

光线在均匀透明介质中传播的规律遵循直线传播定律：光线在均匀透明介质中按直线传播。

光线在两种均匀介质分界面上的传播规律遵循反射定律和折射定律。若一束光线投射在两种介质的分界面上，如图 1-20 所示，其中小一部分光线在分界面上反射到原来的介质，称为反射光线；另一部分光线透过分界面进入第二种介质，并改变原来方向，称为折射光线。反射光线和折射光线的传播规律，就是反射定律和折射定律。入射光线 AO 和介质分界面的法线 ON 间的夹角，称为入射角；反射光线 OB 和法线 ON 间的夹角，称为反射角；折射光线 OC 和法线之间的夹角，称为折射角；入射光线和法线构成的平面称为入射面。

反射（reflection）是光线在不改变单色成分的频率时被表面或介质的折回过程。反射定律表述为：①反射光线位于入射面内；②反射角等于入射角，即

$$I_1 = R_1 \tag{1-4}$$

折射（refraction）是光线通过非光学均匀介质时，由于光线的传播速度变化而引起传播方向变化的过程。而折射定律表述为：①折射光线位于入射面内；②入射角和折射角正弦之比，对两种一定的介质来说，是一个和入射角无关的常数，即

$$\frac{\sin I_1}{\sin I_2} = n_{12} \tag{1-5}$$

式中　n_{12}——第二种介质对第一种介质的折射率。

至于光在不均匀介质中传播的规律，可以把不均匀介质看作是由无限多的均匀介质组合而成的，光线在不均匀介质中的传播，可以看作是一个连续的折射。随着介质性质不同，光线传播曲线的形状各异，它的传播规律同样可以用折射定律来说明。由此可见，直线传播定律、反射定律和折射定律，能够说明自然界中光线的各种传播现象。它们是几何光学中仅有的物理定律，因此称为几何光学的基本定律。几何光学的全部内容，就是在这三个定律的基础上用数学方法研究光的传播问题。

当光线通过一种媒质到达另一种媒质的界面上时，一部分可能被反射，另一部分则可能进入第二种媒质。在第二种媒质中，一部分被吸收，转变成其他形式的能量，其余的则可能从第二种媒质中透射出去。吸收、反射和透射这三种现象可能同时发生，也可能只有两种现

象发生。但无论是哪种情况，吸收、反射和透射光的和必定等于入射光。在照明设计中，我们要用到的是反射光和透射光。

1.8.2 反射

当光线到达不透明物体的表面时，一部分光被反射，另一部分光被吸收。反射光与入射光之比称为物体表面的反射比。反射比的大小以及光被反射的方式是由表面的反射特性所决定的。由于反射面性质的不同，反射可分为规则反射（镜面反射）、扩散反射、漫反射和混合反射。

1.8.2.1 规则反射（regular reflection/specular reflection）

规则反射是在无漫射的情形下，按照几何光学的定律进行的反射，也称镜面反射。

当规则反射发生在非常平滑的表面，如研磨得很光的镜面：入射光、表面的法线和反射光处于同一平面内，入射角等于反射角，反射光线的集合在镜面中形成被反射物体的像。在灯具中常用的镜面反射材料有阳极氧化铝、镀铝的玻璃和塑料等。规则反射见图1-21。

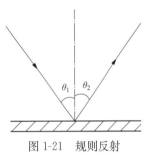
图1-21 规则反射

1.8.2.2 漫反射（diffuse reflection）

漫反射是在宏观尺度上不存在规则反射时，由反射造成的弥散现象。

如果材料表面粗糙或有许多微细晶粒或颜料，尽管由每一微细粒子的反射服从反射定律，但因粒子表面的方向不同，它们的反射光线可有许多角度，反射光线的分布与入射光线角度无关，都服从余弦分布，这种反射面也称等亮度面。漫反射见图1-22。

1.8.2.3 扩散反射（spread reflection）

当光线从某方向入射，反射光向各个不同方向散开，但其总的方向是一致的。大多数表面，入射光线被反射到不同方向上并且大小不同而形成圆锥状分布的反射光束，这种反射称为扩散反射。具有这种反射特性的表面有抛光程度不高的镜面，如深度腐蚀的锤打过的表面。扩散反射见图1-23。

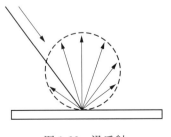
图1-22 漫反射
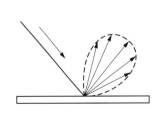
图1-23 扩散反射

1.8.2.4 混合反射（mixed reflection）

混合反射是规则反射和漫反射兼有的反射。

实际上的反射面多数兼有图 1-21～图 1-23 所示的这三种基本反射形式。譬如说乳白玻璃，它表面光滑平整，入射的光线在该面上应服从镜面反射的规律，但进入玻璃的光线被玻璃中微粒散射，使这部分光线再透出界面时的方向杂乱无章，形成漫反射分布，见图 1-24。

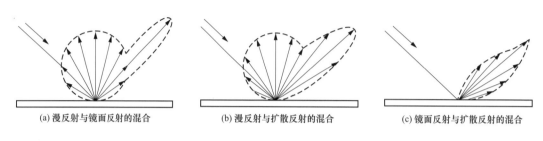

(a) 漫反射与镜面反射的混合　　(b) 漫反射与扩散反射的混合　　(c) 镜面反射与扩散反射的混合

图 1-24　混合反射

1.8.3　透射（transmission）

光线在不改变单色成分的频率时穿过介质的过程，称为透射。

当光通过透明或半透明材料时，一部分光在界面上反射，另一部分光为材料所吸收，其余的光则透射出去。透射光与入射光之比称为透射比。由于透射材料特性不同，透射光在空间的分布方式也不同。

1.8.3.1 规则透射（regular transmission）

在无漫射的情形下，按照几何光学的定律进行的透射，也称定向透射，见图 1-25。

光通过窗玻璃的情况是这种透射的典型代表。这时，透射的材料是完全透明的，透过它可以清晰地看到后面的物体。

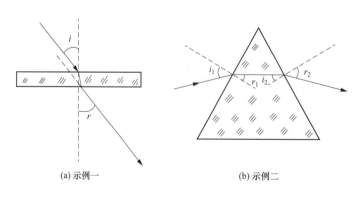

(a) 示例一　　　　　　(b) 示例二

图 1-25　规则透射

1.8.3.2 漫透射（diffuse transmission）

在宏观尺度上不存在规则透射时，由透射造成的弥散过程称为漫透射，见图 1-26。

当光线透过乳白玻璃和塑料等半透明材料时，光线被完全散开，均匀分布于半个空间内。当透射分布服从余弦定律时，则为完全漫透射。由于不能通过漫透射材料看到其后面的物体，因此这类材料常用于屏蔽光源以减少眩光。

1.8.3.3 散透射（spread transmission）

当光穿过诸如磨砂玻璃等材料时，沿入射方向的透射光强度最大，而在其他方向上也有透射光，但强度较小，这种透射称为散透射，见图 1-27。虽然光未被完全散开，但也不能清楚地看到后面的物体。

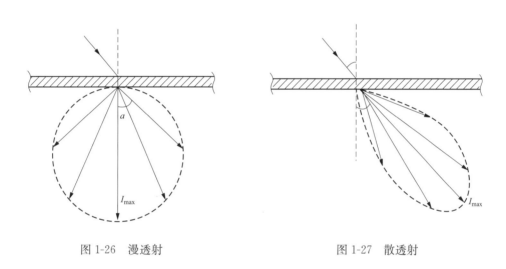

图 1-26　漫透射　　　　　　　　　　图 1-27　散透射

1.8.4 反射和透射中亮度与照度的关系

（1）对均匀漫反射材料，亮度和照度满足式（1-6）

$$L = \frac{\rho E}{\pi} \tag{1-6}$$

（2）对均匀漫透射材料，亮度和照度满足式（1-7）

$$L = \frac{\tau E}{\pi} \tag{1-7}$$

式中　L——反射光或透射光表面亮度，cd/m^2；

　　　ρ——材料反射比；

　　　τ——材料透射比；

　　　E——材料表面的照度，lx。

1.8.5 灯具常用反射器与透射器

1.8.5.1 抛物线反射器

将光源置于抛物线反射器焦点左右的不同位置,将产生不同的散射光束,其决定于入射点到光源的距离。将点光源放置在抛物线反射器焦点位置将产生平行光束,见图 1-28。将点光源从抛物线反射器焦点位置外移将产生会聚性光束,见图 1-29。将点光源从抛物线反射器焦点位置内移将产生发散性光束,见图 1-30。

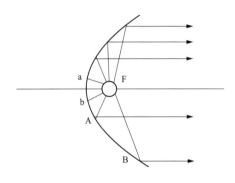

图 1-28 点光源放置在抛物线反射器焦点位置

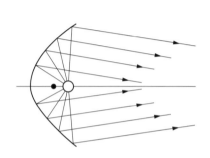

图 1-29 点光源从抛物线反射器焦点位置外移

1.8.5.2 球形反射器和抛物线反射器的结合

这种结合将产生非对称光束分布,见图 1-31。外围光束强度将比中心光束强度要高。

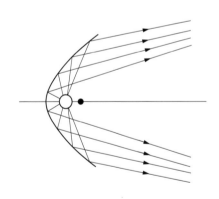

图 1-30 点光源从抛物线反射器焦点位置内移

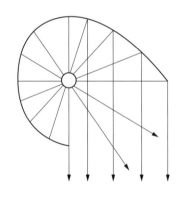

图 1-31 球形反射器和抛物线反射器的结合

1.8.5.3 光导纤维中的全反射

在光导纤维中光线经过多次的全反射,可从光纤的一端传到另一端,见图 1-32。

1.8.5.4 凸透镜透射器

利用光的折射,根据光线方向,利用凸透镜透射器可获得平行光,见图 1-33。

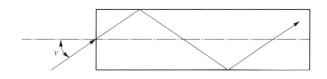

图 1-32　光导纤维

1.8.5.5　凹透镜透射器

利用光的折射，根据光线方向，利用凹透镜透射器，也可获得平行光，见图 1-34。

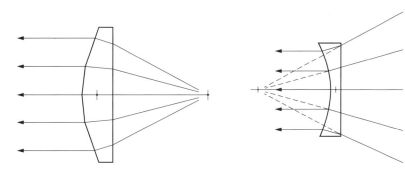

图 1-33　凸透镜透射器　　　　　　　图 1-34　凹透镜透射器

思考题

1. 光的本质是什么？可见光波长范围是多少？

2. 可见光中，波长最长的是何种颜色的光？波长最短的是何种颜色的光？

3. 红外线和紫外线的波长范围是多少？红外线和紫外线又细分为哪几种？

4. 人主要通过哪些器官从外界获取信息？人类超过 80% 的信息是通过哪种器官得到的？

5. 什么是明视觉和暗视觉？

6. 什么是明适应和暗适应？

7. 简述光的非视觉效应。

8. 简述视力与亮度的关系。照度越高是否对视力越有利？

9. 根据人眼性能，要看清物体，物体要满足哪些条件？

10. 人眼视野上下和左右范围是多少？

11. 何谓眩光？眩光有哪几类？

12. 几何光学中，反射和透射各有几种？举例说明反射和透射在灯具设计中的应用。

第2章

光与颜色

人们之所以能看到并能辨认物体千差万别的色彩和形体，是因为凭仗光的映照反映到我们视网膜上，如果一旦去掉光，那么色彩就无从辨认。所以说，色彩是光的产品，色彩的构成和光是最密切的关系，无光也就无色。

2.1 色彩心理设计

2.1.1 色彩类别

白光可以分解成从红到紫的七色光谱，一切自然物体的色彩差别，是因为他们对光的反射和折射性能不同，牛顿发现普通白光是由七色光组成的，他也因此创立了光谱理论。图 2-1所示是白光通过三棱镜折射为七色光。

图 2-1 白光折射

光与色彩是密切相关的，在色彩心理学中，色彩不仅仅是一种颜色，还包含着象征意义。不同的色彩会给人不同的心理感受、不同的民族，色彩感受也有差异。

2.1.1.1 红色

红色是热烈、冲动、强有力的色彩，红色代表热情、活泼、热闹、喜庆，容易引起人的注意，也容易使人兴奋、激动、冲动。此外，红色也代表警告、危险等含义。在中国红色是一个具有重要意义的颜色，它象征着是喜庆、热情、幸福。当喜事临门、欢庆节日时，多采用红色。图 2-2 所示为国庆 70 周年天安门广场红飘带。

图 2-2 天安门广场的红飘带

红色给人以火焰、太阳、热烈的联想，积极意义可表达活泼、积极、热情、爽快、意欲、新的开始、先驱、名誉。红色还常和人们意识中的灯红酒绿、红男绿女、红颜等联系起来，消极意义可表达疲劳、攻击性、好色、肆意行动、不满、性急、不沉着、虚荣心强。红色还使人产生华丽、喧闹、吉利等联想。红色的表现力能够展示出毫不遮掩、不虚伪的象征，如"赤贫""赤裸""赤诚"等词汇中的"赤"的内涵。红色也是赤诚之心的象征。自 20 世纪以来，红色还代表着革命的意义。

2.1.1.2 橙色

橙色是红色与黄色的混合色，它综合了两种颜色的特点，兼有活泼、华丽、外向和开放的性格。在橙色中，红色的强烈变得温暖，黄色的不安变得舒适。橙色是一种充满生机和活力的颜色，象征着收获、富足和快乐。橙色虽然不像红色那样强烈，但也能获取消费者的注意力。图 2-3 所示是秋天橙色树叶，代表富足、收获。

自然界中，橙柚、玉米、鲜花果实、霞光、灯彩、太阳，都有丰富的橙色。因其具有欢快、活泼、澎湃、华丽、健康、兴奋、温暖、欢乐、热情以及容易动人的色感，常作为装饰色。

橙色是新思想和年轻的象征，令人感到温暖、活泼和热烈，能启发人的思维，可有效地激发人的情绪和促进消化功能。橙色可视性好，在工业安全用色中，橙色是警戒色。

图 2-3　橙色的树叶

2.1.1.3　黄色

黄色是一种明朗愉快的颜色，饱和度较高，象征着光明、温暖和希望，给人愉快、辉煌、温暖、充满希望和活力的色彩印象。黄色被认为是知识和光明的象征，可以刺激神经系统和改善大脑功能，激发人的朝气，令人思维敏捷，是色谱中最令人愉快的颜色。通常儿童更喜欢明快的色彩，在设计中加入黄色更能营造出活力感。图 2-4 所示是黄色麦田，代表温暖和希望。

图 2-4　黄色的麦田

中国古代崇尚黄色，黄色常常被看作君权的象征。按中国的阴阳学说，黄色在五行中为土，这种土是在宇宙中央的"中央土"，放在五行当中，"土为尊"。在中国的传统文化中，黄色为正色，又有天地玄黄之说，还有黄日、黄帝、黄袍等词语。黄色在我国的传统文化意识中是权威的象征。后来黄色增加"色情"的含义，是受西方媒体和文化影响，使得"黄色"与性、色情、恶俗等等概念发生了联系。

2.1.1.4　绿色

绿色是一种清爽、平和、安稳的颜色，象征着和平、新鲜和健康。在设计中添加绿色可以带给人健康的感觉。绿色代表意义为清新、希望、安全、平静、舒适、生命、和平、宁静、自然、环保、成长、生机、青春、放松，是常见的一种环保色。绿色是植物的颜色，在中国文化中还有生命的含义，可代表自然、生态、环保等，如绿色食品。绿色因为与春天有关，所以象征着青春，也象征繁荣（取自枝繁叶茂），见图 2-5。性格色彩中绿色代表和平、友善、善于倾听、不希望发生冲突的性格。

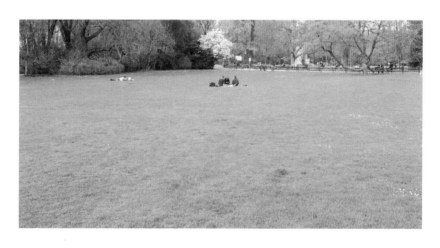

图 2-5　绿色的草地

绿色有准许行动之意，交通信号中绿色代表可行。绿色通道是其引申词，意为快捷方便，一路畅通无阻；西方传统中绿色代表安全，红色代表警戒，在西方股票市场，绿色代表股价上升；在中国股票市场则相反。

2.1.1.5　蓝色

蓝色是最冷的色彩，象征着沉稳和智慧，蓝色是光的三原色和心理四色之一，代表着天空的颜色。蓝色非常纯净，通常让人联想到海洋、天空、水、宇宙。图 2-6 所示是蓝色天空的效果。纯净的蓝色表现出一种美丽、冷静、理智、安详与广阔，由于蓝色沉稳的特性，具有理智、准确的意象，蓝色还代表清新、忧郁。强调科技、高效的企业形象，大多选用蓝色当标准色。

蓝色是永恒的象征。蓝色既代表着忧郁，又代表着温暖、温柔。在许多国家警察的制服是蓝色的。警察和救护车的灯一般是蓝色的，因为蓝色有着勇气、冷静、理智、永不言弃的含义。

图 2-6　蓝色的天空

2.1.1.6　紫色

紫色是一种高贵的色彩，象征着高贵、优雅、奢华，与幸运和财富、贵族和华贵相关联。中国一直用"紫气东来"比喻吉祥的征兆。紫色跨越了暖色和冷色，可以根据所结合的色彩创建与众不同的情调。图 2-7 所示是薰衣草的紫色。

图 2-7　紫色的薰衣草

中国传统中紫色代表圣人，帝王之气。在西方，紫色也代表尊贵，常成为贵族所爱用的颜色。

紫色还象征魔幻、魔法、魔力等超越自然的属性。当紫色深化暗化，加入红色或黑色时，又是迷信的象征。

2.1.1.7　黑色

颜料吸收光谱内的所有可见光，不反射任何颜色的光，人眼的感觉就是黑色的，黑色是最深的颜色，神秘而具有炫酷感。黑色象征着权威、高雅、低调和创意，此外也象征着执着、冷漠和防御，黑色在绘画、文学作品和电影中常用来渲染死亡、恐怖的气氛，是哀悼的颜色。京剧脸谱中，黑色一般代表正直、无私、刚直不阿的人物形象。黑色具有高贵、高雅稳重、科技的意象，黑色也有象征夜晚、深洞、没有光线的房屋、罪恶以及鬼怪等。黑色常使人产生沉闷、压抑、森严的感觉。人们平时谈话中所说的"黑心"，也就是这些印象的表述，由黑色产生的联系可以是黑夜、深渊，但是黑色也可以流露出高雅、信心、神秘、深奥和酷炫，是设计中的百搭颜色。黑色有它的多面性，有一些国家和地区采用黑色作为丧服，而有些国家的人们则习惯于用黑色做礼服，以表现高贵、尊严的气质。这种黑色象征的差异是由不同的民族传统、地区风俗造成的。图 2-8 所示是黑色背景下的雪山。

图 2-8　黑色背景下的雪山（陈晓峰　提供）

2.1.1.8　白色

白色是一种包含光谱中所有颜色光的颜色，白色可以反射所有光，通常被认为是"无色"的，明度最高。白色明亮干净、畅快、朴素、单纯、雅致与贞洁，是光明的象征色。白色寓意着公正、纯洁、端庄、正直、少壮、超脱凡尘与世俗的情感。此外，按中国的传统，白色还代表枯竭而无血色、无生命的表现，象征着恐怖和死亡，见图 2-9 和图 2-10。

图 2-9　白云

图 2-10　白雪

2.1.2　色彩的心理感受

2.1.2.1　色彩的冷暖感

红、橙、黄为暖色，使人容易联想到太阳、火焰等，产生温暖之感；而青、蓝为冷色，使人容易联想到冰雪、海洋、清泉等，产生清凉之感。另外，黑白色彩加入白色会感觉冷，加入黑色会感觉暖。色彩的冷暖感觉以色相的影响最大。图 2-11～图 2-14 所示为色彩冷暖感受。

图 2-11　温暖的感觉（一）

图 2-12　冰冷的感觉

图 2-13　温暖的感觉（二）（徐祖方　摄）

图 2-14 清冷的感觉（徐祖方 摄）

2.1.2.2 色彩的轻重感

色彩的轻重感主要由色彩的明度决定。一般明度高的浅色和色相冷的色彩感觉较轻，白色最轻；明度低的深暗色彩和色相暖的色彩感觉重，黑色最重。明度相同的情况下，纯度高的感觉轻，冷色又比暖色感觉轻。在设计中，表达稳定、深沉时，用明度、纯度低的色彩，以显厚重；表达轻快、灵动时，宜用明度、纯度高的色彩，以呈现活泼。图 2-15 和图 2-16 所示分别为色彩的厚重感和轻快感。

图 2-15 色彩的厚重（清华大学建筑设计研究院有限公司 提供）

2.1.2.3 色彩的距离感

在同一平面上的色彩，有的使人感到近而突出，有的使人感到远而隐退。这种距离上的进退感主要取决于明度和色相，一般是暖色近，冷色远；明色近，暗色远；纯色近，灰色远；鲜明色近，模糊色远；对比强烈的色近，对比微弱的色远。鲜明、清晰的暖色有利于突出主题；模糊、灰暗的冷色背景可衬托主题。图 2-17 和图 2-18 所示为色彩的距离感。

图 2-16　色彩的轻快

图 2-17　暖色距离近的感觉（徐祖方　摄）

图 2-18　冷色距离远的感觉（徐祖方　摄）

2.1.2.4 色彩与健康

中国古代五行学说影响深远，青、赤、白、黑、黄五种颜色，即为五色，中医五色诊病，知人死生，决嫌疑，青为肝之色，赤为心之色，黄为脾之色，白为肺之色，黑为肾之色。因此，食物的颜色与人的健康与养生密切相关，红色食物养心、黄色食物养脾、绿色食物养肝、白色食物养肺、黑色（紫色）食物养肾。图 2-19 所示为中医五行、五色与五脏的关系。

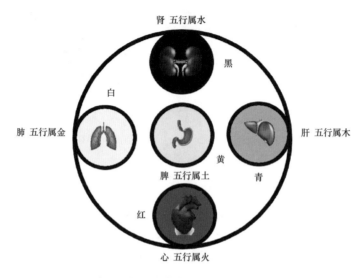

图 2-19　中医五行、五色与五脏的关系（徐祖方　绘）

2.1.2.5 色彩的味觉感

色彩能引发人们对食物的味觉联想。黄、橙、红及其明色调，联想到成熟的果实，唤起甜味、香味感觉；绿色或黄绿色，联想到未成熟的果实，唤起酸味感；黑色、褐色及低明度、低彩度的浊色，会联想到苦味；蓝色的明色及灰色调，会联想大海与盐，有咸味感；红、绿的鲜色表现辣椒的色彩，联想刺激性的辣，见图 2-20～图 2-23。

图 2-20　黄橙色——甜味、香味

图 2-21　绿色——酸味

图 2-22　黑色——苦味

图 2-23　灰白色——咸味

2.1.2.6　色彩的华贵感与质朴感

纯度和明度较高的鲜明色，如红、橙、黄等具有较强的华丽感，可用于营造奢华的气氛；而纯度和明度较低的浊色，如蓝、绿等，显得质朴素雅，可用于营造现代感。同时色相的多少也起一定作用，色相多显得华丽，色相少显得简洁，见图 2-24 和图 2-25。

图 2-24　色彩的华贵感（夏林　摄）

图 2-25　色彩的质朴感

一般说来，色彩会由于本身的明度和冷暖变化而改变原有的特性，因而也会改变其联想和象征。因此，以上谈到的色彩联想与象征并不是绝对的，各种各样的变化，会给予它们更加丰富的联想和更多内涵的象征。在设计中，正确地利用色彩的联想、象征可以赋予设计作品更强的生命力，取得更独特的效果。

2.2　颜色特性

2.2.1　颜色（colour）定义

（1）感知意义：颜色是光被感觉的结果，包括彩色和无彩色及其任意组合的视知觉属性。该属性可以用诸如黄、橙、棕、红、粉红、绿、蓝、紫等区分彩色的名词来描述，或用诸如白、灰、黑等说明无彩色名词来描述，还可用明或亮和暗等词来修饰，也可用上述各种词的组合词来描述。

（2）心理物理意义：用如三刺激值（tristimulus values）定义的可计算值对色刺激所做的定量描述。

所谓色刺激（colour stimulus）就是进入人眼并产生颜色（包括彩色和无彩色）感觉的可见辐射。三刺激值是引起人体视网膜对某种颜色感觉的三种原色的刺激程度之量的表示。色的感觉是由于三种原色光刺激的综合结果。在红、绿、蓝三原色系统中，红、绿、蓝的刺激量分别以 R、G、B 表示之，由于从实际光谱中选定的红、绿、蓝三原色光不可能调（匹）配出存在于自然界的所有色彩，所以，CIE 于 1931 年从理论上假设了并不存在于自然界的三种原色，即理论三原色，以 X、Y、Z 表示，以期从理论上来调（匹）配一切色彩。形成了 XYZ 测色系统。X 原色相当于饱和度比光谱红还要高的红紫，Y 原色相当于饱和度比 520nm 的光谱绿还要高的绿，Z 原色相当于饱和度比 477nm 的光谱蓝还要高的蓝，这三种理论原色的刺激量以 X、Y、Z 表示，即所谓的三刺激值。

2.2.2　颜色的特性

颜色可分为无彩色和彩色两大类。无彩色在知觉意义上是指无色调的知觉色，通常用白、灰、黑等色名或对透光物体用无色或中性的色名。白色、黑色和各种深浅不同的灰色，它们可以排列成一个系列，称为黑白系列。白色、黑色和灰色物体对光谱各波长的反射没有选择性，故称它们是中性色。

彩色在知觉意义上是指有色调的知觉色，有色调、明度和彩度 3 个特性。

色调又称色相（hue），是根据所观察区域呈现的感知色与红、绿、黄、蓝的一种或两种组合的相似程度来判定的视觉属性。光源的色调决定于辐射的光谱组成对人眼所产生的感觉。物体的色调决定于物体对光源的光谱辐射有选择地反射或透射对人眼所产生的感觉。

明度（lightness of a related colour）是指：①物体表面相对明暗的特性；②在同样条件下，以白板作为基准，对物体表面的视知觉特性给予的分度。明度是人眼对物体的明暗感觉。在同样的照明条件下，发光物体的视亮度越高或非发光物体的反射比越高，明度越高。

彩度（chroma）是指色彩的纯洁度，是用距离等明度无彩色点的视知觉特性来表示物体表面颜色的浓淡，并给予分度。在孟塞尔系统中也称饱和度。可见光谱中各种单色光是纯洁的，是最饱和的色彩，通常称为光谱色。当光谱色渗入白光成分愈多时，它就愈不饱和。

照明设计基础

当光谱色渗入很大比例的白光时，在眼睛看来，它就不是彩色光，而成为白光。物体色的饱和度决定于物体反射（透射）的特性。如果物体反射光的光谱带很窄，它的饱和度就高。

无彩色只有明度的差别，没有色调和彩度这两个特性。彩色的三个特性使人们可以更好地辨别彩色物体。

2.2.3 颜色混合

颜色混合是指某一色彩中混入另一种色彩，两种不同的色彩混合，可获得第三种色彩。颜色混合分为加法混合、减法混合与中性混合三个类型。

2.2.3.1 加法混合

加法混合是指色光的混合，两种以上的光混合在一起，光亮度会提高，混合色的光的总亮度等于相混各色光亮度之和。色光混合中，三原色是红、绿、蓝，这三色光是不能用其他别的色光相混而产生的。在加法混合中，参加混合的色光种类愈多，混合后的光线所含有色光线的成分愈加接近全光谱。例如，一堵白色墙体，在没有光照、黑暗环境中，眼睛看不到它，墙面只被红光照亮时呈红色，只被绿光照亮时呈绿色，红绿光同时照的墙面则呈黄色，而这黄色的色相与纯度便在红绿色之间，其亮度高于红也高于绿，接近红绿亮度之和。

红、绿、蓝三色被科学家称之为光的三原色（三基色），主要原因是它们与人眼睛中三种感色锥体具有相互对应的关系。国际色彩标准采用 700nm（红）、564.1nm（绿）、435.8nm（蓝）为光的三基色。只要控制三基色的量，即可得到无限丰富的色彩变化。但这不等于说任何发光物体的光色都可以由三基色混合而出现，只是从人的色彩视觉看，人已经感觉到全部光谱色的存在。

色光相加会得到：①红（朱）＋绿＝黄；②红（朱）＋蓝＝红（品）；③蓝＋绿＝青；④红（朱）＋绿＋蓝＝白。三原色（三基色）混合见图 2-26。

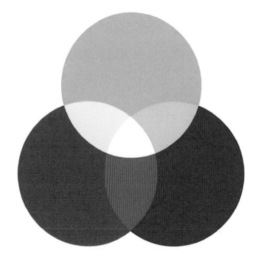

图 2-26　三原色（三基色）混合

一种原色光和另外两种原色光混合出的间色光称为互补色光。两种基色光相加产生的色相就是颜料的三原色之一。

2.2.3.2 减法混合

减法混合主要是指色料的混合，颜料的混合也属于色彩的减法混合。

色料不同，吸收色光的频率与亮度的能力也不同。色料混合之后形成的新色料，一般都能增强吸光的能力，削弱反光的亮度。在投照光不变的条件下，新色料的反光能力低于混合前色料的反光能力的平均数。因此，新色料的明度降低了、纯度也降低了，所以称为减法混合。

减法混合的三原色是加法混合三原色的补色，原色红为品红，原色黄为淡黄，原色蓝为天蓝。用两种原色相混，产生的颜色为间色。颜料相加会得到：①红＋黄＝橙；②蓝＋红＝紫；③黄＋蓝＝绿；④红＋绿＋黄＝黑。

颜料三原色混合见图 2-27。如果将红色和黄色、黄色和蓝色、蓝色和红色均匀混合，就会创建绿色、橙色和紫色三种间色。

图 2-27　颜料三原色混合

三个原色一起混合出的新色称为复色。一个原色与另外两个原色混合出的间色相混，也称为复色。复色种类很多，纯度比较低，色相不鲜明。三原色依一定比例可以调出黑色或深灰色。

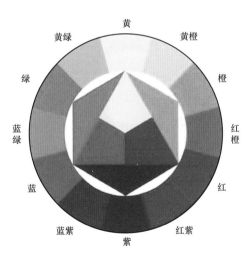

图 2-28　颜色轮

颜色混合中还有互补色、三次色、相似色、三角色、四方色、四方补色等区别，具体参看图 2-28。

（1）互补色。互补色是指颜色轮上呈 180°的颜色，比如蓝色和橙色、红色和绿色、黄色和紫色等。互补色有非常强烈的对比度，在颜色饱和度很高的情况下，可以创建很多十分震撼的视觉效果。

（2）三次色。三次色来源于间色与原色的混合，主要有红紫色、蓝紫色、蓝绿色、黄绿色、橙红色和橙黄色。

（3）相似色。相似色是指在色轮上相邻的三个颜色。相似色是选择相近颜色时十分不错的方法，可以在同一个色调中制造丰富的质感和层次。一些很好的色彩组合有蓝绿色、蓝色和蓝紫色，还有黄绿色、黄色和橘黄色。

（4）三角色。三角色也是一组颜色，是通过在色环上创建一个等边三角形来取出的一组颜色，可以让作品的颜色很丰富，见图2-29。

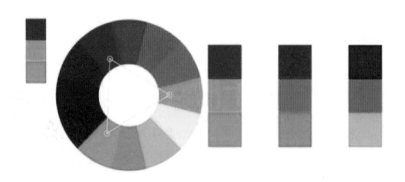

图2-29 三角色

（5）四方色。四方色是在色轮上画一个正方形，取四个角的颜色。使用其中一个颜色作为主色，其他的三个颜色作为辅助色，颜色组合会十分协调，见图2-30。

（6）四方补色。四方补色和四方色的差别在于四方补色采用的是一个矩形。通过一组互补色两旁的颜色建立的色彩组合，见图2-31。

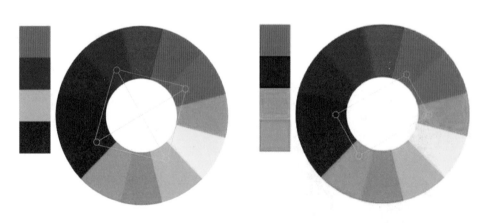

图2-30 四方色　　　　　　　　　图2-31 四方补色

2.2.3.3 中性混合

中性混合是基于人的视觉生理特征所产生的视觉色彩混合，而并不变化色光或发色材料本身。由于混色效果的亮度既不增加也不降低，而是相混合各亮度的平均值，因此这种色彩混合的方式被称为中性混合。

中性混合主要有色盘旋转混合与空间视觉混合。把红、橙、黄、绿、蓝、紫等色料等量地涂在圆盘上，旋转之即呈浅蓝色。或者把品红与绿、黄与蓝紫、橙与青等互补上色，只要比例适当，都能呈浅灰色。在色盘上，红与黄就旋出粉彩色，青与黄旋出粉绿色，红与蓝旋出粉紫色。

把不同色彩以点、线、网、小块面等形状交错地画在纸上，离开一段距离就能看到空间混合出来的新色。若空间混合的原色与减光的原色相同，那空间混合间色、复色等和色盘混合的间色复色接近，并且混出的色彩活跃、明彩，有闪动感，与光混合的色彩很不相同。空间里都有形的透视缩减，同样都有色的空间混合，这是由眼睛的感觉方法所决定的。

在照明设计中，色彩对照明效果影响较大，一个项目、一个城市结合自身文化和区位，都应有自己合适独特的色系。图 2-32 所示为杭州市发布的亚运会夜景光色推荐。

图 2-32　杭州亚运会夜景光色（杭州罗莱迪思科技股份有限公司　提供）

2.3　表色系统

2.3.1　孟塞尔表色系统

孟塞尔表色系统是以颜色的三个特征为依据，用一个类似球体的模型（称孟塞尔立体）将颜色的色调 H、明度 V 和彩度 C 进行标号，通过对比孟塞尔颜色图册可以用符号、数字对各种颜色进行描述和标定。

在图 2-33 中，中心轴代表从底部的黑色到顶部白色的无彩色黑白系列中性色的明度等级，称为孟塞尔明度，以符号 V 表示，共分为 0～10 共 11 个在感觉上等距离的等级，最暗处定为 0，最亮定为 10，在实际使用中只用明度等级 1～9。

一块颜色样品离开中央轴的水平距离表示彩度的变化，由 C 表示。孟塞尔彩度也分为许

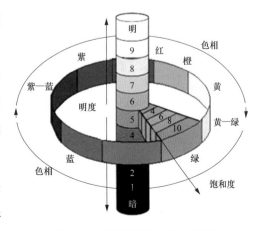

图 2-33　孟塞尔颜色立体示意图

多视觉上的等级，孟塞尔颜色图册中以每 2 个等级为间隔制作颜色样卡。在中央轴上，中性色的彩度为 0。离中央轴越远，彩度越大，并且不同颜色的最大彩度是不一样的，个别饱和颜色的彩度可达 20。

在每个水平剖面上的各个方向对应着某一明度下不同的色调，由 H 表示。孟塞尔立体水平剖面上以中心轴为中心，将圆周分为相等的 10 个部分，表示 5 个主要色调红（R）、黄（Y）、绿（G）、蓝（B）、紫（P）和 5 个中间色调黄红（YR）、绿黄（GY）、蓝绿（BG）、紫蓝（PB）、红紫（RP）。

每一种色调再细分成 10 等级，即 1～10，并规定每种主要色调和中间色调的标号为 5。因此，任何颜色都可以用孟塞尔色调、明度和彩度坐标所给的颜色标号来表示，书写方式为 HV/C，如红旗的颜色表示为 5R5/10。对于非彩色的白黑系列中性色用 N 表示，书写方式为 NV/，即 N 的后面只给出明度值，如 N5/。

2.3.2 CIE 标准色度学系统

2.3.2.1 1931CIE-RGB 系统

CIE（国际照明委员会）标准色度学系统是以颜色视觉的三原色学说为依据，通过光的等色实验确定由色刺激表示的体系。1931 年 CIE 规定 RGB 系统的三原色光为波长 700.0nm（红光 R）、546.1nm（绿光 G）和 435.8nm（蓝光 B），不同的颜色（C）可以由这三种原色相加混合来表示，如式（2-1）所示

$$[C] \equiv r[R] + g[G] + b[B] \tag{2-1}$$

其中 $$r + g + b = 1$$

式中　r、g、b——红、绿、蓝三原色的比例系数；

　　　　$\equiv$——匹配关系，即由三种原色组成在视觉上感受颜色相同，而不是能量或光谱功率分布相同。

如果只需要颜色光的色度，则只要知道 R、G、B 的相对值就可以了，令

$$\begin{cases} r = R/(R+G+B) \\ g = G/(R+G+B) \\ b = B/(R+G+B) \end{cases} \tag{2-2}$$

即只要知道色度坐标中的两个值，就可以算出第三个值。本来，颜色光要用三维空间才能表示，但引入色度坐标后，根据式（2-2）的关系，就可以用平面图来表示颜色光的在 $r-g$ 色度图中的舌形曲线表示单色光的轨迹。

2.3.2.2　CIE 1931 标准色度学系统

采用 RGB 系统时，某些情况下，有些量出现负值，给计算带来很大不便。1931 年 CIE 又规定了一个新的系统，即 CIE XYZ 系统。在 XYZ 系统中引入了三个虚设的颜色 X、Y、Z 分别代表红原色、绿原色和蓝原色，更适用于颜色的计算，则任一色光（C）可以表示成

$$[C] \equiv X[X] + Y[Y] + Z[Z] \tag{2-3}$$

根据光谱的三刺激值 X、Y 和 Z，可以计算颜色的色坐标 x、y、z

$$\begin{cases} x = X/(X+Y+Z) \\ y = Y/(X+Y+Z) \\ z = Z/(X+Y+Z) \end{cases} \tag{2-4}$$

由式（2-4）可见，$x+y+z=1$。即色度坐标中的三个值只要知道其中 2 个即可求出第 3 个值。因此可由 (x,y) 平面图来表示颜色光的色度，如图 2-34 所示。CIE1931 标准色度学系统是色度学的实际应用工具，虽然 CIE 此后对此做了多次修订和延伸，但是都是源于 1931 年的标准的基础之上的。

CIE1931 色度图是用标称值表示的 CIE 色度图，x 表示红色分量，y 表示绿色分量。E 点代表白光，它的坐标为（0.33，0.33），环绕在颜色空间边沿的颜色是光谱色，边界代表光谱色的最大饱和度，边界上的数字表示光谱色的波长，其轮廓包含所有的感知色调。所有单色光都位于舌形曲线上，这条曲线就是单色轨迹，曲线旁标注的数字是单色（或称光谱色）光的波长值；自然界中各种实际颜色都位于这条闭合曲线内，RGB 系统中选用的物理三基色在色度图的舌形曲线上。

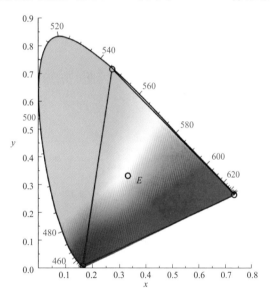

图 2-34　CIE1931 色度图

2.3.2.3　CIE1960 均匀颜色空间

在图 2-34 中，每一点都代表一种确定的颜色，这一颜色与它附近的一些点所代表的颜色应该说是不同的。然而常常有这样的情况，人眼不能够区别某一点和它周围的一些点之间的颜色差异，而认为它们的颜色是相同的。只有当两个颜色点间有足够的距离时，我们才能感觉到它们的颜色差别。我们将人眼感觉不出颜色变化的最大范围称为颜色的宽容量，或称

为恰可察觉差。麦可亚当在 $x-y$ 色度图上选择了 25 个代表色点，研究确定它们的恰可察觉差，见图 2-35。实验结果是 25 个大小和取向各异的椭圆。每一个椭圆代表了一种颜色的宽容量，椭圆上的点与其中心点的距离都为 1SDCM（标准配色偏差——standard deviation of color matching）。注意，图中各椭圆是将实验结果放大 10 倍绘制的。

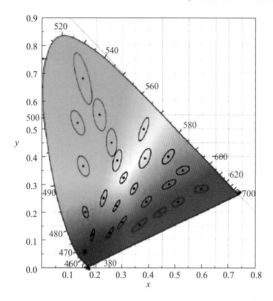

图 2-35 麦可亚当颜色椭圆

有些人对颜色宽容量也进行了一些试验，其结果与麦克亚当的基本相同。由它们的结果可以看到：在 $x-y$ 色度图的不同位置，颜色的宽容量不同；在蓝色部分的宽容量最小，而绿色部分最大。这就是说，在 CIE1931 色度图上不同部分的相等距离并不能代表视觉上相等的色差，因此 CIE1931 色度图不是一个理想的色度图。为了克服它的缺点，必须建立一种新的 $u-\nu$ 色度图，使在该图上表示每种颜色的宽容量的轨迹接近圆形，且大小相近。

1960 年 CIE 根据麦克亚当的工作制定了 CIE1960 均匀色度标尺图，简称 CIE1960UCS 图。均匀色度图的色坐标 u、ν 与 x、y 的关系为

$$\begin{cases} u = \dfrac{4x}{-2x+12y+3} \\ \nu = \dfrac{6y}{-2x+12y+3} \end{cases} \tag{2-5}$$

2.3.2.4 CIE1976$L^*a^*b^*$ 色度空间

为了进一步改进和统一颜色评价的方法，1976 年 CIE 推荐了新的颜色空间及其有关色差公式，即 CIE1976LAB（或 $L^*a^*b^*$）系统，现在已成为世界各国正式采纳、作为国际通用的测色标准。它适用于一切光源色或物体色的表示与计算。

CIE1976$L^*a^*b^*$ 空间由 CIE XYZ 系统通过数学方法转换得到，转换公式为

$$\begin{cases} L^* = 116(Y/Y_0)^{1/3} - 16 \\ a^* = 500[(X/X_0)^{1/3} - (Y/Y_0)^{1/3}] \qquad (Y/Y_0 > 0.01) \\ b^* = 200[(Y/Y_0)^{1/3} - (Z/Z_0)^{1/3}] \end{cases} \tag{2-6}$$

式中　　X、Y、Z——物体的三刺激值；

　　X_0、Y_0、Z_0——CIE 标准照明体的三刺激值；

　　　　L^*——心理明度（此前的色度系统图没有明度坐标）；

　　a^*、b^*——心理色度。

从式（2-6）转换中可以看出：由 X、Y、Z 变换为 L^*、a^*、b^* 时包含有立方根的函数变换，经过这种非线形变换后，原来的马蹄形光谱轨迹不复保持。转换后的空间用笛卡儿直角坐标体系来表示，形成了对立色坐标表述的心理颜色空间，如图 2-36 所示。在这一坐标系统中，$+a^*$ 表示红色，$-a^*$ 表示绿色，$+b^*$ 表示黄色，$-b^*$ 表示蓝色，颜色的明度由 L^* 的百分数来表示。

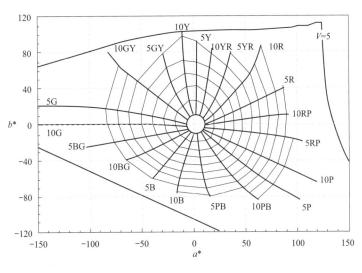

图 2-36　CIE1976$L^*a^*b^*$ 色度空间

CIE 标准色度学系统是对色彩进行定量描述的基础。CIE RGB 系统具有真实的三原色，但系统具有负值；CIE XYZ 系统消除了负刺激值，其 $x-y$ 色度图在对色域的描述上有重要的地位，然而该系统具有较大的不均匀性；CIE LAB 是 CIE 推荐的均匀颜色空间，其均匀性已有很大的改善，该系统与设备无关，色度值和明度值（阶调）可以独立调节，而且当颜色的色差大于视觉的识别阈限而又小于孟塞尔系统中相邻两级的色差时，能较好地反映物体色的心理感受效果。

思考题

1. 颜色有几类？彩色有何特性？彩色有几种？各有何特点？

2. 举例说明颜色能烘托气氛、代表不同的意境。

3. 颜色对人有哪些心理影响？

4. 颜色与健康有何规律？

5. 什么是色光的三原色？

6. 什么是颜料的三原色？

7. 什么是原色？什么是补色？什么是间色？

8. 什么是颜色混合？颜色混合有几种方法？

9. 表色系统有几种？

10. CIE1931 色度图与 CIE1976 $L^*a^*b^*$ 色度空间有何区别？

第3章
照明计算

照明设计时，如何确定灯具的数量，在一个场所内选定光源和灯具数量后，如何核算照度、亮度等是否符合照明标准，这都需要进行照明计算。

3.1　照明基本术语

3.1.1　光（light）

光是能直接引起视觉的辐射。有两方面的含义：①被感知的光，是人的视觉系统特有的所有知觉或感觉的普遍和基本的属性；②光刺激，进入人眼睛并引起光感觉的可见辐射。

3.1.2　照明（lighting/illumination）

光照射到场景、物体及其环境使其可以看见的过程。

3.1.3　光通量（luminous flux）

根据辐射对 CIE 标准光度观察者的作用，从辐射通量 Φ_e 导出的光度量。该量的符号为 Φ，单位为流明（符号 lm）。光源发光能力的基本量。对于明视觉

$$\Phi = K_m \int_0^\infty \frac{\mathrm{d}\Phi_e(\lambda)}{\mathrm{d}\lambda} V(\lambda) \mathrm{d}\lambda \qquad (3\text{-}1)$$

式中　$\mathrm{d}\Phi_e(\lambda)/\mathrm{d}\lambda$——辐射通量的光谱分布；

　　　$V(\lambda)$——光谱光（视）效率；

　　　K_m——辐射的最大光谱光［视］效能，lm/W。

对于单色辐射，明视觉条件下 $K(\lambda)$ 的最大值用 K_m 表示

$$K_m = 683 \text{ lm/W}(\lambda_m = 555\text{nm})$$

暗视觉条件下

$$K'_m = 1700 \text{ lm/W}(\lambda'_m = 507\text{nm})$$

发光效率（简称光效）：光源的光通量 Φ 与该光源所消耗的电功率 P 之比称为光源的发光效率 η，单位符号为 lm/W。

流明（lumen）是光通量的国际单位制（SI）单位。发光强度为 1cd 的各向均匀发光的点光源在单位立体角（球面度）内发出的光通量。其等效定义是频率为 540×10^{12} Hz，辐射通量为（1/683）W 的单色辐射束的光通量，该单位符号为 lm。

3.1.4 发光强度（luminous intensity）

光源在指定方向上的发光强度是该光源在该方向的立体角元 $\mathrm{d}\Omega$ 内传输的光通量 $\mathrm{d}\Phi$，除

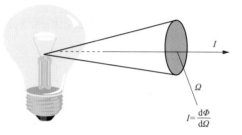

以该立体角元之商，即单位立体角的光通量（见图 3-1），即

$$I = \frac{\mathrm{d}\Phi}{\mathrm{d}\Omega} \tag{3-2}$$

该量的符号为 I，单位为坎德拉（cd）。

坎德拉（candela）是发光强度的国际单位制（SI）单位。坎德拉是发出频率为 540×10^{12} Hz

图 3-1 发光强度图示

辐射的光源在指定方向的发光强度，光源在该方向的辐射强度为（1/683）W/sr（1979 年第 16 届国际计量大会决议）。该单位的符号为 cd，1cd＝1lm/sr。

3.1.5 亮度（luminance）

表面上一点在给定方向上的亮度，是包含这点的面元在该方向的发光强度 $\mathrm{d}I$ 与面元在垂直于给定方向上的正投影面积 $\mathrm{d}A\cos\theta$ 之商，以符号 L 表示，其定义图示见图 3-2，亮度方向见图 3-3。

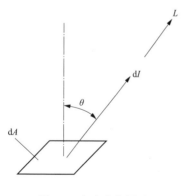

图 3-2 亮度定义图示

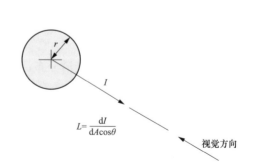

图 3-3 亮度方向

$$L = \frac{\mathrm{d}I}{\mathrm{d}A\cos\theta} \tag{3-3}$$

式中　L——亮度，cd/m^2；

　　dI——发光面在给定方向上的发光强度，cd；

　　dA——给定方向上人眼所"见到"的光源单元面积，m^2；

　　θ——表面法线与给定方向之间的夹角，（°）。

坎德拉每平方米（candela per square meter）是亮度的国际单位制（SI）单位。该单位的符号为 cd/m^2 $[1cd/m^2=1lm/(m^2 \cdot sr)]$。亮度单位也用"尼特"表示（1nit＝1cd/m²），但 CIE 已停用该单位。

灯具的平均亮度计算公式为

$$L_\theta = I_\theta / A_P \tag{3-4}$$

其中　　　　　　　　　　　　$A_P = A_h \cos\theta + A_v \sin\theta$

式中　L_θ——灯具在 θ 方向的平均亮度，cd/m^2；

　　I_θ——灯具在 θ 方向的发光强度，cd；

　　A_P——灯具发光面在 θ 方向的投影面积，m^2；

　　A_h——灯具发光面在水平方向上的投影面积，m^2；

　　A_v——灯具发光面在垂直方向上的投影面积，m^2。

其中，A_P、A_h、A_v 计算图见图 3-4。

3.1.6　照度（illuminance）

表面上一点处的光照度是入射在包含该点的面元上的光通量 $d\Phi$ 除以该面元面积 dA 之商，即

$$E = \frac{d\Phi}{dA} \tag{3-5}$$

该量的符号为 E，单位为勒克斯（lx），照度图示见图 3-5。

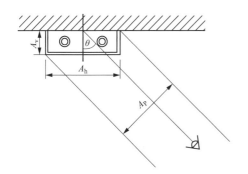

图 3-4　A_P、A_h、A_v 计算图

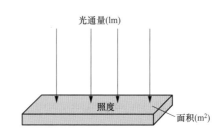

图 3-5　照度图示

勒克斯是照度的国际单位制（SI）单位。1lm 的光通量均匀分布在 $1m^2$ 的表面上所产生的照度。该单位的符号为 1x，$1lx = 1lm/m^2$。

照度的英制单位是英尺烛光，符号为 fc，$1fc = 10.764lx$。

图 3-6 所示为白天户外典型的照度水平。

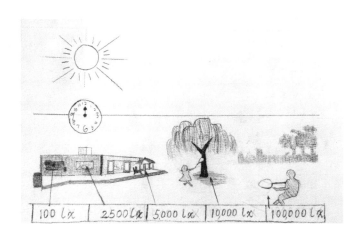

图 3-6　白天户外典型的照度水平（徐祖文　绘）

3.1.7　照明、亮度、光强与光通量的关系

照明、亮度、光强与光通量的关系图见图 3-7。

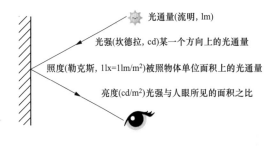

图 3-7　照明、亮度、光强与光通量的关系图

（徐祖方　绘）

亮度是指某一物体发射或者反射出来的光被人眼所感知的程度，经常用亮度来衡量一个空间的明亮程度。亮度不仅与反射面的材质、颜色有关系，还与人眼观察的位置、角度有关系。

照度是一个客观的参量，是用仪器去检测在某一个面上实际到达的光的数量。不同的工作需要不同的光线数量；在大多数应用中，照度是确定光线数量大小的最实际参数。

图 3-8 为室内照明采用照度和亮度的对比，图 3-9、图 3-10 表示了道路照明、室外泛光照明主要由亮度值来评价。

在同样照明条件下，路面的反射特性不同，亮度水平和均匀度可以不同，见图 3-8～图 3-10。

3.1.8　色温（color temperature）

当光源的色品与某一温度下黑体的色品相同时，该黑体的绝对温度为此光源的色温，也称色度，符号为 T_c，单位为开（K）。

图 3-8　桌面照度比地面照度高，地面亮度比桌面亮度大

图 3-9　道路照明亮度

图 3-10　夜景照明亮度

早期人类主要使用各种火焰光源和白炽光源。从日常经验中可知：白炽体（如烧红的铁块，白炽电灯灯丝）发光的颜色和它的温度有直接关系，温度低，光色偏红、偏黄；温度高，光色就偏白、偏蓝。若用温度来表示光的颜色既简便又直观。绝对黑体和白炽体同属热辐射体。黑体的颜色可以由它的温度确定。若光源发光的颜色与某一黑体发光的颜色相同，则黑体的绝对温度（单位符号为K）就是光源的颜色温度，简称色温。因此，若知道了光源的颜色温度，不仅能知道它大致的光色，还能根据普朗克公式计算它的相对光谱功率分布，进而也可计算出它的色品坐标。图 3-11 所示为黑体辐射的色温表现的颜色。

图 3-11　黑体辐射的色温表现的颜色

自然光随着太阳与地球不同的位置，即在不同的时刻，天空有不同的色温，人工光根据需要可以做成各种色温。图 3-12～图 3-18 所示为自然界不同光的色温。

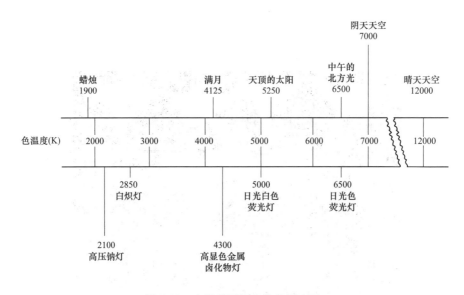

图 3-12　自然界不同光的色温（K）

图 3-13 日落（2000K）

图 3-14 薄雾（3000K）（徐祖方 摄）

图 3-15 有云的天空（4500K）

图 3-16　中午天空（6000K）（徐祖方　摄）

图 3-17　晴天少云天空（7000K）（徐祖方　摄）

图 3-18　晴天天空（12000K）

随着 LED 技术的发展，人们可以做出各种波长的光和各种色温的光，提供给不同的场景需要，图 3-19 所示为不同色温下的颜色。

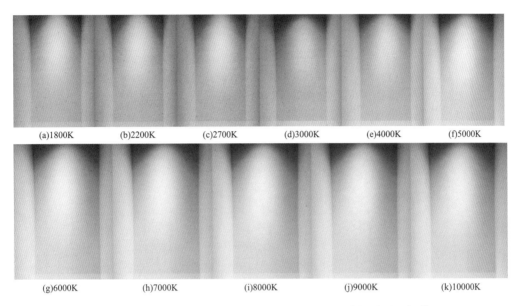

(a)1800K　　(b)2200K　　(c)2700K　　(d)3000K　　(e)4000K　　(f)5000K

(g)6000K　　(h)7000K　　(i)8000K　　(j)9000K　　(k)10000K

图 3-19　不同色温下的颜色（由银河兰晶照明电器有限公司　提供）

色温较高的光源对于褪黑激素的抑制作用要强于色温较低的光源。长期工作或停留的房间或场所在晚上（19：00 以后），应限制入眼的昼夜节律有效光照水平。采用光源色温不宜高于 4000K。

色温较高的光源可以激活和提高认知能力并减少白天的困倦，有助于提高学习成绩和注意力。因此有条件的照明场所，可以采用光源色温 3000～6500K，采用色温可调照明技术，实现白天较高色温，在 19：00 以后将光源色温调至不高于 4000K 或更低，有利于身心健康。

3.1.9　相关色温（correlated color temperature）

当光源的色品点不在黑体轨迹上，且光源的色品与某一温度下的黑体的色品最接近时，该黑体的绝对温度为此光源的相关色温，简称相关色温，符号为 T_{cp}，单位为开（K）。

各种气体放电光源发光的颜色，大多数都找不到与之有相同颜色的黑体，只能找到与它的光色最接近的黑体，这时黑体的绝对温度就是相应光源的相关色温。

某一色温的光源的色度坐标越靠近"黑体轨迹"，其颜色越逼真，偏离黑体轨迹越大，其色偏差越大。为了解决色度图上色差与颜色坐标的直观观察，用 U、V 代替 CIE-xy 色度图中的 x、y。图 3-20 即是黑体轨迹的函数表达式 $v = f(u)$ 在色度学中以色度坐标表示的平面图，而黑体不同温度的光色变化在色度图上又形成了一个弧形轨迹，这个轨迹叫做普朗克轨迹或黑体轨迹。

有的光源发光的颜色与光谱色接近，而与黑体的颜色相去甚远，如各种彩色荧光灯。这时相关色温的概念也失去意义，而只能用色品坐标来表示颜色。

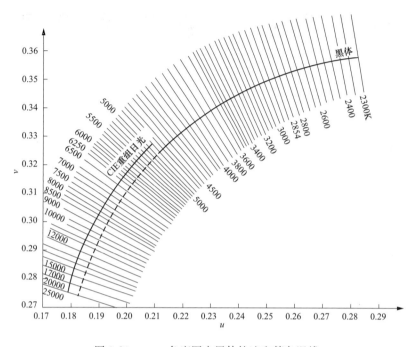

图 3-20　$u-v$ 色度图中黑体轨迹和等色温线

3.1.10　照度与色温关系

为了使照明具有良好的效果，所选用的光源的色温必须与要求的照度相适应。图 3-21 表示了色温和照度值在舒适区内才能做出理想的照明效果。

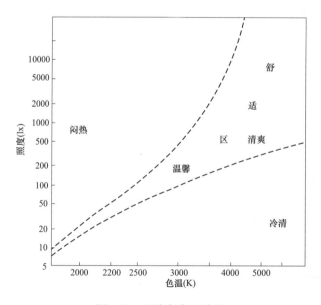

图 3-21　照度与色温关系

3.2　照明评价指标

3.2.1　平均照度（average illuminance）

规定表面上各点的照度平均值。

3.2.2　平均亮度（average luminance）

规定表面上各点的亮度平均值。

3.2.3　最小照度（minimum illuminance）

规定表面上的照度最小值。

3.2.4　最大照度（maximum illuminance）

规定表面上的照度最大值。

3.2.5　法向照度（normal illuminance）

垂直于光的入射方向的平面上的照度值。

3.2.6　水平照度（horizontal illuminance）

水平面上的照度值。

3.2.7　垂直照度（vertical illuminance）

垂直面上的照度值。

3.2.8　维持平均照度（maintained average illuminance）

照明装置必须进行维护时，在规定表面上的平均照度值。

3.2.9　初始平均照度（initial average illuminance）

照明装置新装时在规定表面上的平均照度。初始平均照度由规定的维持平均照度值除以维护系数值求出。

3.2.10　照度均匀度（uniformity ratio of illuminance）

通常指规定表面上的最小照度与平均照度之比，有时也用最小照度与最大照度之比。

规定表面上的最小照度 E_{min} 与最大照度 E_{max} 之比 U_1，最小照度 E_{min} 与平均照度 E_{ave} 之比 U_2。均匀度用来控制整个场地上的视看状况。U_1 有利于视看功能。U_2 有利于视觉舒适。

3.2.11　平均柱面照度（average cylindrical illuminance）

光源在给定的空间某点上一个假想的很小圆柱面上产生的平均照度。圆柱体轴线通常是竖直的。该量的符号为 E_c。

3.2.12 平均半柱面照度（average semi-cylindrical illuminance）

光源在给定的空间某点上一个假想的很小半个圆柱面上产生的平均照度。圆柱体轴线通常是竖直的。该量的符号为 E_{sc}。

3.2.13 平均球面照度（average spherical illuminance）

光源在给定的空间某点上一个假想的很小球整个表面上产生的平均照度。该量的符号为 E_s。

3.2.14 照度比（illuminance ratio）

某一表面上的照度与参考面上一般照明的平均照度之比。

3.2.15 显色性（colour rendering）

与参考标准光源相比较，光源显现物体颜色的特性。

3.2.16 显色指数（colour rendering index）

光源显色性的度量，以被测光源下物体颜色和参考标准光源下物体颜色的相符合程度来表示。该量的符号为 R。

3.2.17 一般显色指数（general colour rendering index）

光源对 CIE 规定的第 1～8 种标准颜色样品显色指数的平均值，通称显色指数，见图 3-22。该量的符号为 R_a，计算式如下

$$R_a = \text{average}(R_1, R_2, R_3, \cdots, R_8) \tag{3-6}$$

图 3-22　一般显色指数

不同显色指数可以用来表达显色性的优劣程度，如表 3-1 所示。图 3-23～图 3-25 所示为分别在 3000、4000、5000K 色温下，不同显色指数所显现的颜色还原的程度不同。

表 3-1	显色性数值含义
含义	显色指数（R_a）
优显色性	91～100
良好显色性	81～90
中等显色性	51～80
差显色性	21～50

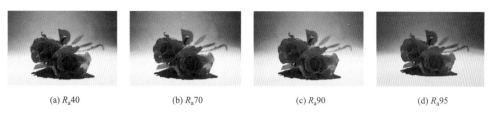

| (a) R_a40 | (b) R_a70 | (c) R_a90 | (d) R_a95 |

图 3-23　不同 R_a 比较（3000K）（由银河兰晶照明电器有限公司　提供）

| (a) R_a40 | (b) R_a70 | (c) R_a90 | (d) R_a95 |

图 3-24　不同 R_a 比较（4000K）（由银河兰晶照明电器有限公司　提供）

| (a) R_a40 | (b) R_a70 | (c) R_a90 | (d) R_a95 |

图 3-25　不同 R_a 比较（5000K）（由银河兰晶照明电器有限公司　提供）

3.2.18　特殊显色指数（special colour rendering index）

光源对 CIE 规定的第 9～第 15 种中某一选定的标准颜色样品的显色指数，该量的符号为 R_i。比如，其中 R_9 是体现对于饱和红色的还原能力。美国能源部对于 R_9 的评价值见图 3-26，红色还原效果对比见图 3-27。

图 3-26　美国能源部对于 R_9 的评价值

| (a) $R_9<0$ | (b) $R_9>50$ |

图 3-27　R_9 红色还原效果对比（由银河兰晶照明电器有限公司　提供）

3.2.19 色容差 (chromaticity tolerances)

表征一批光源中各光源与光源额定色品的偏离，用颜色匹配标准偏差，用 SDCM 表示，色容差值含义见表 3-2。

表 3-2　　　　　　　　　　　　　　色容差值含义

色容差值	1 SDCM	2~3 SDCM	4 SDCM	7 SDCM
颜色一致性	完全无法分辨	肉眼不能分辨	很难分辨	非常容易分辨

光源和灯具的色容差应满足以下规定：

（1）一般情况下，不应大于 5SDCM；

（2）用于人员不长期停留的场所时，不应大于 7SDCM；

（3）用于室内洗墙照明时，不宜大于 3SDCM；

（4）对于路灯，不宜大于 7SDCM。

色度图上，人眼感觉不到颜色差异的变化范围，被称为颜色宽容度。以麦克亚当为代表的科学家，针对颜色差宽容度做了一系列实验，其结论是以椭圆里面的这个点为中心（目标色），一旦待对比的样品色品坐标超出了这个椭圆的范围，99％以上都会认为有色差。麦克亚当椭圆通常用"阶"来描述，这里所说的"阶"其实就是指标准差，一阶（I-step）对应正负标准差（其实一左一右两个方向差了有两个标准差）。两阶对应正负两个标准差，三阶就对应正负三个标准差，依此类推。阶数（Step）越大，椭圆也就越大，判定为有色差的概率就越大。在图 3-28 中，色温 2856K 的光源，在五阶麦克亚当椭圆内，一致性优良，能够确保照明质量，展现优秀光效。

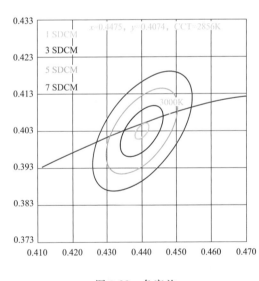

图 3-28　色容差

色容差的计算方法：LED 灯在 CIE 1931XYZ 标准色度系统中的色容差计算公式为

$$g_{11}\Delta x^2 + 2g_{12}\Delta x \Delta y + g_{22}\Delta y^2 \leqslant S^2 \tag{3-7}$$

式中　　　S——允许的色容差，SDCM，标准中取值为 3、5 或 7；

　　　Δx、Δy——LED 灯色坐标与额定坐标值的差，额定值可按表 3-3 确定；

g_{11}、g_{12}、g_{22}——MacAdam 椭圆计算系数，可按表 3-4 确定。

表 3-3　　　　　　　　　　　　　　　　　标准色的额定坐标值

颜色	相对色温 T_c	色坐标 x	色坐标 y
F6500（日光色）	6400	0.313	0.337
F5000（中性白色）	5000	0.346	0.359
F4000（冷白色）	4040	0.380	0.380
F3500（白色）	3450	0.409	0.394
F3000（暖白色）	2940	0.440	0.403
F2700（白炽灯色）	2720	0.463	0.420

表 3-4　　　　　　　　　　　　　　　　MacAdam 椭圆计算系数表

颜色	g_{11}	g_{12}	g_{22}
F6500	86×10^4	-40×10^4	45×10^4
F5000	56×10^4	-25×10^4	28×10^4
F4000	39.5×10^4	-21.5×10^4	26×10^4
F3500	38×10^4	-20×10^4	25×10^4
F3000	39×10^4	-19.5×10^4	27.5×10^4
F2700	44×10^4	-18.6×10^4	27×10^4

传统光源和 LED 都存在色容差问题，从图 3-29 中可明显看出金卤灯的色容差、从图 3-30 中可明显看出 LED 灯的色容差。

图 3-29　金卤灯的色容差

图 3-30　LED 灯的色容差

3.2.20　统一眩光值（unified glare rating）

度量室内视觉环境中的照明装置发出的光对人眼造成不舒适感主观反应的心理参量，用 UGR 表示，其量值可按规定计算条件用 CIE 统一眩光值公式计算，即

$$UGR = 81g \frac{0.25}{L_b} \sum \frac{L_a^2 \omega}{P^2} \tag{3-8}$$

式中　L_b——背景亮度，cd/m^2；

　　　L_a——观察者方向每个灯具的亮度，cd/m^2；

　　　ω——每个灯具发光部分对观察者眼睛所形成的立体角，sr；

　　　P——每个单独灯具偏离视线的位置指数。

UGR 数值含义见表 3-5，UGR 评价方法的应用应符合下列限制条件：

（1）UGR 适用于简单的立方体形房间的一般照明装置设计，不应用于采用间接照明和发光天棚的房间。

（2）灯具应为双对称配光。

（3）坐姿观测者眼睛的高度应取 1.2m，站姿观测者眼睛的高度应取 1.5m。

（4）观测位置宜分别在纵向和横向两面墙的中点，视线水平朝前观测。

（5）房间表面应为高出地面 0.75m 的工作面、灯具安装表面及此两个表面之间的墙面。

表 3-5　　　　　　　　　　　　　　　　　UGR 数值含义

眩光级别	眩光主观感受	UGR
A	严重眩光，不能忍受	>28
B	有眩光，有不舒适感	25
C	有眩光，刚刚感到不舒服	22
D	感觉舒适与不舒适的界限值，可忍受	19
E	轻微眩光，可忽略	16
F	极轻微眩光，无不舒适感	13
G	无眩光	<10

3.2.21　眩光值（glare rating）

度量室外体育场和其他室外场地照明设备发出的光对人眼造成不舒适感主观反应的心理参量，用 GR 表示，其量值可按规定计算条件用 CIE 眩光值公式计算

$$GR = 27 + 24lg\left(\frac{l_{vl}}{l_{ve}^{0.9}}\right) \tag{3-9}$$

式中　l_{vl}——由灯具发出的光直接射向眼睛所产生的光幕亮度，cd/m^2；

l_{ve}——由环境引起直接入射到眼睛的光所产生的光幕亮度，cd/m^2。

GR 数值含义见表 3-6。

表 3-6　　　　　　　　　　　　　　　　　　　　**GR 数值含义**

眩光质量等级 GF	眩光主观感受	GR（眩光值）
1	不可接受	90
2	—	80
3	有干扰	70
4	—	60
5	刚刚可接受	50
6	—	40
7	可察觉	30
8	—	20
9	不可察觉	10

3.3　照度计算基本术语

3.3.1　点光源（point light source）

发光体的最大尺寸与它至被照面的距离相比较非常小的光源。

3.3.2　线光源（line light source）

一个连续的带状发光体的总长度数倍于其到照度计算点之间距离的光源。

3.3.3　面光源〔area（surface）light source〕

发光体宽度与长度均大于发光面至受照面之间距离的光源。

3.3.4　（光源的或灯具的）光中心〔light center（of a light source or luminaire）〕

测定和计算时作为原点用的光点。

3.3.5　灯具间距（spacing of luminaire）

相邻灯具的中心线间的距离。

3.3.6　灯具安装高度（mounting height of luminaire）

灯具底部至地面的距离。

3.3.7　灯具计算高度（calculating height of luminaire）

灯具的光中心到工作面的距离。

3.3.8　灯具距高比（spacing height ratio of luminaire）

灯具的间距与灯具计算高度之比。

3.3.9 灯具最大允许距高比（maximum permissible spacing height ratio of luminaire）

保证所需的照度均匀度时的灯具间距与灯具计算高度比的最大允许值。

3.3.10 上射光通比（upward light output ratio）

当灯具安装在规定的设计位置时，灯具发射到水平面以上的光通量与灯具中全部光源发出的总光通量之比。

3.3.11 下射光通比（downward light output ratio）

当灯具安装在规定的设计位置时，灯具发射到水平面以下的光通量与灯具中全部光源发出的总光通量之比。

3.3.12 灯具效率（luminaire efficiency）

在相同的使用条件下，灯具发出的总光通量与灯具内所有光源发出的总光通量之比。

3.3.13 灯具效能（luminaire efficacy）

在规定的使用条件下，灯具发出的总光通量与其所输入的功率之比，单位为流明每瓦特（lm/W）。

3.3.14 逐点法（point method）

使用灯具的光度数据，逐一算出各点直射光照度的计算方法。

3.3.15 等光强曲线（iso-luminous intensity curve）

在以光源的光中心为球心的假想球面上，将发光强度相等的那些方向所对应的点连接成的曲线，或是该曲线的平面投影。

3.3.16 等照度曲线（iso-illuminance curve）

连接一个面上等照度点的一组曲线。

3.3.17 等亮度曲线（iso-luminance curve）

连接一个面上等亮度点的一组曲线。

3.3.18 利用系数（utilization factor）

投射到参考平面上的光通量与照明装置中的光源的光通量之比。

3.3.19 维护系数（maintenance factor）

照明装置在使用一定周期后，在规定表面上的平均照度或平均亮度与该装置在相同条件下新装时，规定表面上所得到的平均照度或平均亮度之比。维护系数见表3-7。

表 3-7		维 护 系 数	
环境污染特征	房间或场所举例	灯具最少擦拭次数（次/年）	维护系数值
室内　清洁	卧室、办公室、餐厅、阅览室、教室、病房、客房、仪器仪表装配间、电子元器件装配间、检验室等	2	0.80
室内　一般	商店营业厅、候车室、影剧院、机械加工车间、机械装配车间、体育馆等	2	0.70
室内　污染严重	厨房，镪工车间、铸工车间、水泥车间等	3	0.60
室外	雨篷、站台	2	0.65

3.3.20　照明功率密度（lighting power density，LPD）

正常照明条件下，单位面积上一般照明的额定功率（包括光源、镇流器、驱动电源或变压器等附属用电器件），单位符号为 W/m²。

3.4　点光源点照度计算

3.4.1　点光源点照度计算满足距离平方反比定律，即

$$E_p = I/d^2 \qquad (3-10)$$

式中　E_p——光源（灯具）在 p 点的照度，lx；

　　　I——光源在照射 p 点方向上的光强，cd；

　　　d——光源距 p 点的距离，m。

点照度计算见图 3-31。

示例 3-1：一筒灯在距其正下方 1m 处的照度为 900lx，在距其正下方 3m 处的照度应为（D）lx。

(A) 300　　　　　(B) 500

(C) 600　　　　　(D) 100

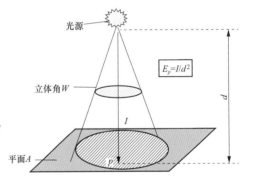

图 3-31　点照度计算

示例 3-2：一筒灯在距其正下方 3m 处的照度为 100lx，在距其正下方 2m 处的照度应为（C）lx。

(A) 300　　　　(B) 400　　　　(C) 225　　　　(D) 100

3.4.2　点光源水平照度计算

点光源水平照度满足余弦定理，即应满足

$$E_h = (I/d^2)\cos\varphi \quad 或 \quad E_h = (I/h^2)\cos^3\varphi \qquad (3-11)$$

式中　E_h——点光源在水平面上 p 点产生的水平照度，其方向与水平面垂直，lx；

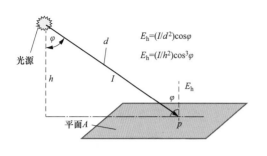

图 3-32 水平照度计算示意图

I——光源在照射 p 点方向上的光强，cd；

d——光源距 p 点的距离，m；

h——点光源距水平面的垂直距离（灯具计算高度），m。

水平照度计算见图 3-32。

3.4.3 点光源垂直照度计算

点光源垂直照度满足余弦定理，即满足

$$E_v = (I/d^2)\sin\varphi \quad 或 \quad E_v = (I/h^2)\cos^2\varphi \sin\varphi \qquad (3\text{-}12)$$

式中 E_v——点光源在垂直面上 p 点产生的垂直照度，其方向与垂直面垂直，lx；

I——光源在照射 p 点方向上的光强，cd；

d——光源距 p 点的距离，m；

h——点光源距水平面的垂直距离（灯具计算高度），m。

垂直照度计算见图 3-33。

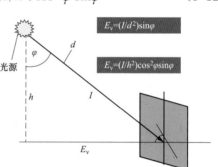

图 3-33 垂直照度计算示意图

示例 3-3：采用吸顶射灯对墙面上的画进行照明，灯具选用 NNNC74409WLE 型，21W 的 LED 灯，灯具光通量 Φ 为 1760lm，其发光强度见表 3-8，图 3-34 中光轴对准地面，灯具距墙 1m，天花板高 2.5m，画中心距地 1.5m，求画中心点的垂直照度。

表 3-8   灯具发光强度表（1000lm）

θ (°)		0	5	10	15	20	25	30	35	40	45
I_θ (cd)	A—A/B—B	2552.8	2351.8	1873.3	1305.7	728.8	360.5	225.0	162.0	118.9	85.4
θ (°)		50	55	60	65	70	75	80	85	90	
I_θ (cd)	A—A/B—B	61.8	46.5	36.7	29.0	21.6	14.7	7.9	4.4	2.3	

注 A—A 方向，即 0°~180°方向配光；B—B 方向，即 90°~270°方向配光。

解：本题依据式（3-12）计算。灯具计算高度 $h = 2.5 - 1.5 = 1$ (m)，$D = 1$m，$d = \sqrt{D^2 + h^2} = \sqrt{2}$，$\cos\varphi = 1/\sqrt{2}$，$\varphi = 45°$，光射向画中心点的方向为光强表中 $\varphi = 45°$ 方向，光强应取表中 $\varphi = 45°$ 时的值，即 $I_\varphi = 85.4$cd，则 $E_v = \dfrac{I_\varphi \cos^2\theta \sin\theta}{h^2} = \dfrac{85.4 \cos^2 45° \sin 45°}{1^2} = 30.2$(lx)，考虑维护系数 K 取 0.8，换算到 1760lm 光通量时，$E_v = \dfrac{\Phi E_v K}{1000} = \dfrac{1760 \times 30.2 \times 0.8}{1000} = 42.5$(lx)。

示例 3-4：示例 3-3 中，画和空间不变、灯具不变，把灯具光轴对准画中心，与墙成 45°，见图 3-35，求画中心点的垂直照度。

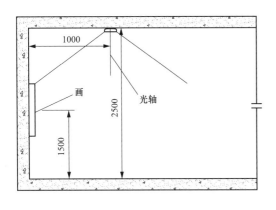

图 3-34　光轴对准地面照射　　　　　图 3-35　光轴对准画中心照射

解：灯具计算高度 $h=2.5-1.5=1(\mathrm{m})$，$\theta=45°$，光轴中心对准画中心照射，光强应取表中 $\theta=0°$ 时的值，即 $I_\theta=2552.8\mathrm{cd}$，则

$$E_\mathrm{v}=\frac{I_\theta\cos^2\theta\,\sin\theta}{h^2}=\frac{2552.8\,\cos^2 45°\,\sin 45°}{1^2}=902.7(\mathrm{lx})$$

考虑维护系数 K 取 0.8，换算到 1760lm 光通量时，$E_\mathrm{v}=\dfrac{\varPhi E_\mathrm{v}K}{1000}=\dfrac{1760\times 902.7\times 0.8}{1000}=1271(\mathrm{lx})$。

3.4.4　多个电光源的点照度计算

在多个光源照射下，某点的水平照度为各个点光源在此点上水平照度的叠加，即满足

$$E_{\mathrm{h}\sum}=E_\mathrm{h1}+E_\mathrm{h2}+\cdots+E_\mathrm{h}n=\sum_{i=1}^{n}E_\mathrm{h}i \tag{3-13}$$

式中　　　　　　　$E_{\mathrm{h}\sum}$——多光源照射下在水平面上某点的总照度，lx；

E_h1，$\cdots$，$E_\mathrm{h}i$，$\cdots$，$E_\mathrm{h}n$——各点光源照射下在水平面上的点照度，lx。

3.4.5　利用空间等照度曲线计算点光源照度

I_θ 为光源的光强分布值，则水平照度 E_h 计算公式为

$$E_\mathrm{h}=\frac{I_\theta\cos^3\theta}{h^2}\quad\text{或}\quad E_\mathrm{h}=f(h,D) \tag{3-14}$$

式中　E_h——工作面水平照度，lx；

h——光源至水平面上的计算高度，m；

D——光源在水平面上的投影至计算点的距离，m。

按此相互对应关系即可制成空间等照度曲线，见图 3-36。通常 I_θ 取光源光通量为 1000lm 时的光强分布值。

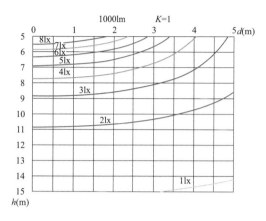

图 3-36 某工矿灯具的空间等照度曲线

已知灯具的计算高度 h 和计算点至灯具轴线的水平距离 D，应用等照度曲线可直接查出光源 1000lm 时的水平照度 ε。如光源光通量为 Φ，灯具维护系数为 K，则计算点的实际水平照度为

$$E_h = \frac{\Phi \varepsilon K}{1000} \qquad (3\text{-}15)$$

则计算点的垂直照度为

$$E_v = \frac{D}{h} E_h \qquad (3\text{-}16)$$

当有多个相同灯具投射到同一点时，其实际水平面照度计算式为

$$E_h = \frac{\Phi \sum \varepsilon K}{1000} \qquad (3\text{-}17)$$

式中　Φ——光源的光通量，lm；

　　　$\sum \varepsilon$——各灯（1000lm）对计算点产生的水平照度之和，lx；

　　　K——灯具的维护系数。

示例 3-5：在图 3-37 中，办公室长 12m、宽 6m、高 4.5m，灯具选用 LDPHpanel 型，40W 的 LED 灯，灯具效能为 100lm/W，其发光强度见表 3-9，图 3-37 中灯具光轴对准地面，灯具均匀布置 8 套，灯具安装高度 3.6m，工作面距地 0.75m，灯具维护系数 K 为 0.8，求办公室中心点 A 处的水平照度。

表 3-9　　　　　　　　　　　　　灯 具 发 光 强 度 表

θ (°)		0	5	10	15	20	25	30	35	40	45
I_θ (cd)	C0～C180	412	412	410	407	401	390	370	338	295	248
	C90～C270	412	412	410	407	401	390	370	338	295	248
θ (°)		50	55	60	65	70	75	80	85	90	95
I_θ (cd)	C0～C180	198	146	106	79	57	40	26	13	1	0
	C90～C270	198	146	106	79	57	40	26	13	1	0

解：从图 3-37 中看出

$$E_{h1} = E_{h2} = E_{h7} = E_{h8}$$

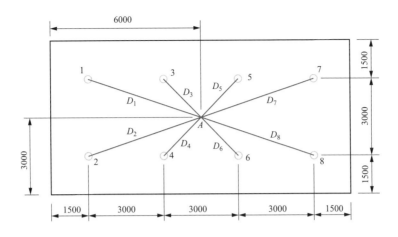

图 3-37 办公室点照度计算示例

计算高度 $h = 3.6 - 0.75 = 2.85(\text{m})$

水平距离 $D_1 = D_2 = D_7 = D_8 = \sqrt{X^2 + Y^2} = \sqrt{4.5^2 + 1.5^2} = 4.74(\text{m})$

A 点至 1、2、7、8 号灯的直线距离 $d_1 = d_2 = d_7 = d_8 = \sqrt{D^2 + h^2} = \sqrt{4.74^2 + 2.85^2} = 5.53(\text{m})$

$$\cos\varphi = \frac{h}{d} = \frac{2.85}{5.53} = 0.52; \quad \varphi = 59°$$

查表 3-9，$I_{55°} = 146\text{cd}$；$I_{60°} = 106\text{cd}$；用内插法求得 $I_{59°} = 114\text{cd}$；则

$$E_{h1} = E_{h2} = E_{h7} = E_{h8} = \frac{I}{h^2}\cos^3\varphi = \frac{114 \times 0.52^3}{2.85^2} = 1.97(\text{lx})$$

水平距离 $D_3 = D_4 = D_5 = D_6 = \sqrt{X^2 + Y^2} = \sqrt{1.5^2 + 1.5^2} = 2.12(\text{m})$

A 点至 3、4、5、6 号灯的直线距离 $d_3 = d_4 = d_5 = d_6 = \sqrt{D^2 + h^2} = \sqrt{2.12^2 + 2.85^2} = 3.55(\text{m})$

$$\cos\varphi = \frac{h}{d} = \frac{2.85}{3.55} = 0.8; \quad \varphi = 36.6°$$

查表 3-9，$I_{35°} = 338\text{cd}$；$I_{40°} = 295\text{cd}$；用内插法求得 $I_{36.6°} = 324\text{cd}$；则

$$E_{h3} = E_{h4} = E_{h5} = E_{h6} = (I/h^2)\cos^3\varphi = \frac{324 \times 0.8^3}{2.85^2} = 20.42(\text{lx})$$

$$\sum_{i=1}^{N} E_{hi} = E_{h1} + E_{h2} + \cdots + E_{hn} = 4(E_{h1} + E_{h3}) = 4(1.97 + 20.42) = 89.57(\text{lx})$$

光强分布是按 1000lm 测得的，40W 灯具的光通量为 4000lm，考虑维护系数 K 取 0.8，折算以后水平照度总计为

$$E_{Ah} = \frac{\Phi E_h \sum K}{1000} = \frac{40 \times 100 \times 89.57 \times 0.8}{1000} = 286.6(\text{lx})$$

3.5 平均照度计算

3.5.1 利用系数法 (method of utilization factor) 或流明法 (lumen method)

使用利用系数计算平均照度的计算方法。利用系数是投射到工作面上的光通量与自光源发射出的光通量之比,计算公式如下

$$U = \frac{\Phi_1}{\Phi} \tag{3-18}$$

式中 Φ——光源的光通量,lm;

Φ_1——自光源发射,最后投射到工作面上的光通量,lm。

利用系数是灯具光强分布、灯具效率、房间形状、室内表面反射比的函数,计算比较复杂。为此常按一定条件编制灯具利用系数表以供设计使用,见表3-10。

表 3-10 典型的利用系数表 (一)

有效顶棚反射比(%)		80		70				50		30		0
墙面反射比(%)		50	50	50	50	50	30	30	10	30	10	0
地面反射比(%)		30	10	30	20	10	10	10	10	10	10	0
室形指数 R_i	0.60	0.62	0.59	0.62	0.60	0.59	0.53	0.53	0.49	0.52	0.49	0.47
	0.80	0.73	0.69	0.72	0.70	0.68	0.62	0.62	0.58	0.61	0.58	0.56
	1.00	0.82	0.76	0.80	0.78	0.75	0.70	0.69	0.65	0.68	0.65	0.63
	1.25	0.90	0.82	0.88	0.84	0.81	0.76	0.76	0.72	0.75	0.72	0.70
	1.50	0.95	0.86	0.93	0.89	0.86	0.81	0.80	0.77	0.79	0.76	0.75
	2.00	1.04	0.92	1.01	0.96	0.92	0.88	0.87	0.84	0.86	0.83	0.81
	2.50	1.09	0.96	1.06	1.00	0.95	0.92	0.91	0.89	0.90	0.88	0.86
	3.00	1.12	0.98	1.09	1.03	0.97	0.95	0.93	0.92	0.92	0.90	0.88
	4.00	1.17	1.01	1.13	1.06	1.00	0.98	0.96	0.95	0.95	0.93	0.91
	5.00	1.19	1.02	1.16	1.08	1.01	1.00	0.98	0.96	0.96	0.95	0.93

查表时允许采用内插法计算。表3-10中有效顶棚反射比及墙面反射比均为零的利用系数,用于室外照明计算。由于LED灯的光源和灯具是一体化的,没有灯具效率的折损,见表3-10,其灯具的利用系数有可能大于1。

利用系数法计算平均照度

$$E_{av} = \frac{N\Phi UK}{A}$$

(3-19)

式中　E_{av}——工作面上的平均照度，lx；

　　　Φ——光源光通量，lm；

　　　N——光源数量；

　　　U——利用系数；

　　　A——工作面面积，m^2；

　　　K——灯具的维护系数。

该方法考虑了由光源直接投射到工作面上的光通量和经过室内表面相互反射后再投射到工作面上的光通量。利用系数法适用于灯具均匀布置、墙和天棚反射系数较高、空间无大型设备遮挡的室内一般照明，但也适用于灯具均匀布置的室外照明，该方法计算比较准确。

3.5.2　室形指数（room index）

表示房间或场所几何形状的数值，其数值为 2 倍的房间或场所面积与该房间或场所水平面周长及灯具安装高度与工作面高度的差之商，其计算公式为

$$R_i = \frac{2S}{lh}$$

(3-20)

对于长方形房间，计算公式为

$$R_i = ab/h(a+b)$$

(3-21)

式中　R_i——室形指数；

　　　S——房间面积，m^2；

　　　l——房间周长，m；

　　　a——房间宽度；

　　　b——房间长度；

　　　h——灯具计算高度（室空间高 h_r），m。

室空间划分见图 3-38。

3.5.3　室空间比（room cavity ratio）

表征房间几何形状的数值，其数值为室形指数倒数的 5 倍，用 RCR 表示，计算公式为

$$RCR = 5/R_i$$

(3-22)

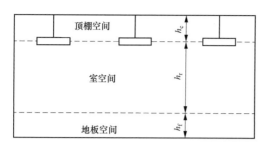

图 3-38　室空间划分

h_c—顶棚空间高，m；h_f—地板空间高，m

对于长方形房间，公式为

$$RCR = 5h(a+b)/ab \quad (3\text{-}23)$$

3.5.4　有效空间反射比

表 3-10 中的反射比是有效空间反射比，特别是墙面开有门窗时，墙面与门窗反射比是不同的，此时查利用系数表时，应计算有效反射比。

为使计算简化，将顶棚空间视为位于灯具平面上，且具有有效反射比 ρ_{cc} 的假想平面。同样，将地板空间视为位于工作面上，且具有有效反射比 ρ_{fc} 的假想平面，光在假想平面上的反射效果同实际效果一样。有效空间反射比计算式为

$$\rho_{eff} = \frac{\rho A_0}{A_S - \rho A_S + \rho A_0} \quad (3\text{-}24)$$

$$\rho = \frac{\sum\limits_{i=1}^{N} \rho_i A_i}{\sum\limits_{i=1}^{N} A_i} \quad (3\text{-}25)$$

式中　ρ_{eff}——有效空间反射比；

A_0——空间开口平面面积，m²；

A_S——空间表面面积（包括顶棚和四周墙面面积），m²；

ρ——空间表面平均反射比；

ρ_i——第 i 个表面反射比；

A_i——第 i 个表面面积，m²；

N——表面数量。

3.5.5　墙面平均反射比

为简化计算，把墙面看成一个均匀的漫射表面，将窗子或墙上的装饰品等综合考虑，求出墙面平均反射比来体现整个墙面的反射条件。墙面平均反射比计算式为

$$\rho_{wav} = \frac{\rho_w(A_w - A_g) + \rho_g A_g}{A_w} \quad (3\text{-}26)$$

式中　A_w——墙的总面积（包括窗面积），m²；

ρ_w——墙面反射比；

A_g——玻璃窗或装饰物的面积，m²；

ρ_g——玻璃窗或装饰物的反射比。

精度不高时，特别是题目中没有给出门窗等开口面积及反射比时，可以认为给出的顶棚和墙面的反射比就是有效反射比。

示例 3-6：某办公室长 12m、宽 6m、高 3m。室内表面反射比分别为顶棚 0.7、墙面 0.5、地面 0.2，清洁环境。采用 T5 双管日光灯具照明，采用一带二的电子镇流器，其功耗 7W，T5 单管光源光通量 2600lm，其利用系数见表 3-11。灯具吸顶安装，顶棚上均匀布置 10 套灯具，求距地面 0.75m 高的工作面上的平均照度为多少？LPD 值是多少？

表 3-11   利用系数表（二）

有效顶棚反射比（%）	80				70				50				30				0
墙反射比（%）	70	50	30	10	70	50	30	10	70	50	30	10	70	50	30	10	0
地面反射比（%）	20																
室空间比 RCR																	
1	0.65	0.62	0.59	0.57	0.63	0.61	0.58	0.56	0.60	0.58	0.56	0.54	0.57	0.55	0.54	0.52	0.49
2	0.59	0.54	0.50	0.46	0.58	0.53	0.49	0.46	0.55	0.51	0.48	0.45	0.52	0.49	0.46	0.44	0.41
3	0.54	0.48	0.43	0.39	0.53	0.47	0.42	0.39	0.50	0.45	0.41	0.38	0.47	0.43	0.40	0.37	0.35
4	0.50	0.42	0.37	0.33	0.48	0.41	0.36	0.33	0.46	0.40	0.36	0.32	0.43	0.38	0.35	0.32	0.30
5	0.46	0.38	0.32	0.28	0.44	0.37	0.32	0.28	0.42	0.36	0.31	0.28	0.40	0.34	0.31	0.27	0.26
6	0.42	0.34	0.29	0.25	0.41	0.33	0.28	0.25	0.39	0.32	0.28	0.25	0.37	0.31	0.27	0.24	0.23
7	0.39	0.31	0.25	0.22	0.38	0.30	0.25	0.21	0.36	0.29	0.25	0.21	0.34	0.28	0.24	0.21	0.20
8	0.36	0.28	0.22	0.19	0.35	0.27	0.22	0.19	0.33	0.26	0.22	0.19	0.32	0.26	0.22	0.19	0.17
9	0.33	0.25	0.20	0.17	0.33	0.25	0.20	0.17	0.31	0.24	0.20	0.17	0.29	0.23	0.19	0.16	0.15
10	0.30	0.22	0.17	0.14	0.30	0.22	0.22	0.14	0.28	0.21	0.17	0.14	0.27	0.21	0.17	0.14	0.12

解：（1）填写原始数据：灯具光源光通量 $\Phi=2600lm$，双管灯具光通量 $2\times2600=5200$（lm），室长 $a=12m$、宽 $b=6m$、高 $h=3m$；反射率：顶棚 0.7、墙面 0.5、地面 0.2；顶棚空间高 $h_c=0m$，地板空间高 $h_f=0.75m$，室空间高 $h_r=3-0.75-0=2.25$（m）。

清洁环境，维护系数 $K=0.8$。

（2）计算室空间比

$$RCR=\frac{5h(a+b)}{ab}=\frac{5\times2.25\times(12+6)}{12\times6}=2.8125$$

（3）求有效反射比。要求精度不高时，$\rho_{cc}=\rho_c=0.7$，$\rho_w=0.5$，$\rho_{fc}=0.2$。

（4）查灯具维护系数得 $K=0.8$。

（5）查表 3-11，$RCR=2.0$，$U=0.53$；$RCR=3$，$U=0.47$；用内插法，$RCR=$

2.8125，利用系数 $U=0.48$。

（6）计算平均照度

$$E_{av} = \frac{N\Phi UK}{A} = \frac{10 \times 5200 \times 0.48 \times 0.8}{12 \times 6} = 277.3(\text{lx})$$

（7）求 LPD 值：$LPD = W/A = 10(2 \times 28 + 7)/(12 \times 6) = 8.75(\text{W/m}^2)$

满足现行标准要求。

示例 3-7：同示例 3-6，办公室长 12m、宽 6m、高 3m。室内表面反射比分别为：顶棚 0.7、墙面 0.5、地面 0.2，清洁环境。采用 31W 的 LED 灯具照明，31W 的 LED 灯具光通量 3500lm，其利用系数见表 3-10。灯具吸顶安装，顶棚上均匀布置 10 套灯具，求距地面 0.75m 高的工作面上的平均照度为多少？LPD 值是多少？

解：（1）填写原始数据：灯具光源光通量 $\Phi=3500\text{lm}$，室长 $a=12\text{m}$、宽 $b=6\text{m}$、高 $h=3\text{m}$；反射率：顶棚 0.7、墙面 0.5、地面 0.2；顶棚空间高 $h_c=0\text{m}$，地板空间高 $h_f=0.75\text{m}$，室空间高 $h_r=3-0.75-0=2.25(\text{m})$。

清洁环境，维护系数 $K=0.8$。

（2）计算室形指数

$$R_i = \frac{2S}{h_r 2(l+b)} = \frac{ab}{h_r(a+b)} = \frac{12 \times 6}{2.25 \times (12+6)} = 1.78$$

（3）求有效反射比。要求精度不高时，$\rho_{cc}=\rho_c=0.7$，$\rho_w=0.5$，$\rho_{fc}=0.2$。

（4）查灯具维护系数得 $K=0.8$。

（5）查利用系数表：$R_i=1.5$，$U=0.89$；$R_i=2.0$，$U=0.96$；用内插法，$R_i=1.78$，利用系数 $U=0.93$。

（6）计算平均照度

$$E_{av} = \frac{N\Phi UK}{A} = \frac{10 \times 3500 \times 0.93 \times 0.8}{12 \times 6} = 361.7(\text{lx})$$

（7）求 LPD 值：$LPD = W/A = (10 \times 31)/(12 \times 6) = 4.3(\text{W/m}^2)$

与示例 3-6 相比，LED 功率是 T5 灯具的 49.2%，照度是 T5 灯具的 1.3 倍。

3.6 道路照明计算

3.6.1 路面任意一点照度的计算

根据等光强曲线图或光强表进行计算，见式（3-27）

$$E_{\mathrm{p}} = \frac{I_{\gamma c}\cos^3\gamma}{h^2} \qquad (3\text{-}27)$$

点照度计算点示意图见图 3-39。

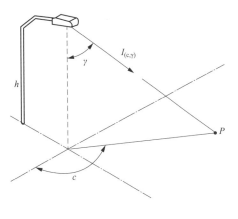

式中　E_{p}——灯具在 p 点的照度（水平照度），lx；

　　　γ——灯具的垂直角度（高度角）；

　　　c——灯具的水平角度（方位角）；

　　　$I_{\gamma c}$——灯具指向 γ 角和 c 角所确定的 p 点的

　　　　　　光强，cd；

　　　h——灯具安装高度，m。

图 3-39　点照度计算点示意图

道路灯具中，每个灯具对 p 点都有贡献，所有灯具在 p 点的照度和即为 p 点的总照度。

3.6.2　利用空间等照度曲线计算点照度

计算方法与 3.4.5 相同。

3.6.3　路面平均照度的计算

计算一条直线路段上的平均照度最简便的方法是采用利用系数曲线图的方法，其计算公式为

$$E_{\mathrm{av}} = \frac{\Phi U K N}{W S} \qquad (3\text{-}28)$$

式中　Φ——灯具内光源总光通量，lm；

　　　U——利用系数，根据灯具的安装高度、悬臂长度和仰角以及道路的宽度，从灯具利

　　　　　　用系数曲线图中查得；

　　　K——维护系数，一般取 0.65；

　　　N——每个灯具内的光源数量，并与路灯排列方式有关，当路灯单侧排列和交错排列

　　　　　　时为 1；双侧对称排列时为 2；

　　　W——道路宽度，m；

　　　S——灯杆间距，m。

3.6.4　路面亮度计算

路面平均亮度计算中最简单和迅捷的方法是使用灯具光度测试报告中所提供的亮度产生

曲线图，其计算公式为

$$L_{\mathrm{av}} = \frac{\Phi \eta K Q_0}{W S} \qquad (3\text{-}29)$$

式中 η——亮度产生系数，可根据已知条件在亮度产生曲线图（见图 3-40）中查得；

Q_0——路面的平均亮度系数。

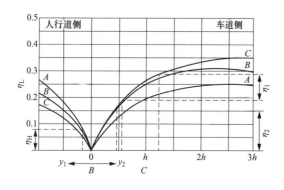

图 3-40 亮度产生曲线图

图 3-40 中曲线 A 表示观察者位于人行道侧，横向距离灯具为 h（安装高度），纵向距离为距灯具 $10h$；曲线 B 表示观察者位于灯具排列线上，纵向距离为距灯具 $10h$；曲线 C 表示观察者位于车道侧，横向距离灯具为 h（安装高度），纵向距离为距灯具 $10h$。

示例 3-8：一条道路路面宽度为 15m，采用单侧布灯方式，灯具安装高度 12m，灯间距 40m，灯具仰角 5°，悬挑长度 2m，见图 3-41，灯具利用系数曲线见图 3-42，灯具采用 150W 的 LED 灯具，其光通量为 15000lm，维护系数为 0.65，计算道路左右各半侧宽度路面的平均照度和整个路面的平均照度。

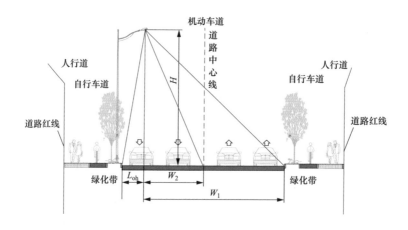

图 3-41 单侧布灯

解：（1）求左半侧道路的平均照度。

左半侧道路：$L_{oh}=2$m，$W_2=7.5-2=5.5$(m)。

车道侧：$W_2/H=5.5/12=0.46$，查车道侧曲线 $U_1=0.35$。

人行道侧：$L_{oh}/H=2/12=0.176$，查人行道侧曲线 $U_2=0.15$。

总利用系数：$U=U_1+U_2=0.35+0.15=0.5$

左侧半路面平均照度

$$E_{av}=\frac{\Phi UKN}{WS}=\frac{15000\times0.5\times0.65\times1}{7.5\times40}=16.25(\text{lx})$$

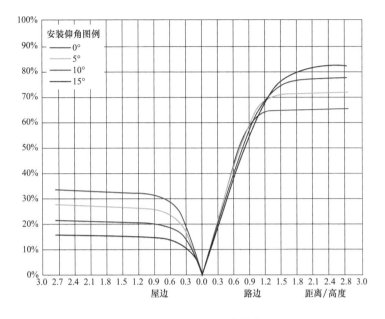

图 3-42　灯具利用系数曲线

（2）求右半侧道路的平均照度。

右半侧道路：车道侧，$W_1=15-2=13$（m），人行道侧 $W_2=7.5-2=5.5$（m）。

车道侧，$W_1/H=13/12=1.08$，查车道侧曲线 $U_3=0.62$。

人行道侧，仍应查车道侧曲线，$W_2/H=5.5/12=0.46$，查车道侧曲线 $U_1=0.35$。

总利用系数 $U=U_3-U_1=0.62-0.35=0.27$。

右侧半路面平均照度 $E_{av}=\dfrac{\Phi UKN}{WS}=\dfrac{15000\times0.27\times0.65\times1}{7.5\times40}=8.775$（lx）

（3）求整个路面的平均照度。

整个道路：车道侧 $W_1=15-2=13$（m），人行道侧 $L_{oh}=2$m。

车道侧，$W_1/H=13/12=1.08$，查车道侧曲线 $U_3=0.62$。

人行道侧，$L_{oh}/H=2/12=0.176$，查人行道侧曲线 $U_2=0.15$。

总利用系数 $U=U_3+U_2=0.62+0.15=0.77$。

路面平均照度 $E_{av}=\dfrac{\Phi UKN}{WS}=\dfrac{15000\times0.77\times0.65\times1}{15\times40}=12.5$（lx）

整个路面的平均照度也可采用左半侧和右半侧平均照度的平均值，即（16.25＋8.775）/2＝12.5（lx）。

 **思考题**

1. 照明基本术语如光通量、发光强度、亮度、照度、色温、相关色温等含义、单位是什么？

2. 照明评价指标如水平照度、垂直照度、初始平均照度、维持平均照度、照度均匀度、眩光值、统一眩光值、显色性、一般显色指数、特殊显色指数、色容差、频闪效应等的含义是什么？

3. 照度计算术语中灯具计算高度、灯具安装高度、点光源、线光源、面光源、室空间比、室形系数、反射率（比）、利用系数、等照度曲线、维护系数等的含义是什么？

4. 如何进行点照度计算？

5. 如何进行平均照度计算？为何说平均照度计算，计算值是比较准确的？

6. 道路照明计算中，如何从利用系数曲线中求出总利用系数？

第 4 章

光源

能够自己发光的物体叫光源。光源可以分为自然光源（天然光源）和人造光源。照明光源是以照明为目的，辐射出主要为人眼视觉的可见光谱（波长 380～780nm）的电光源。电光源成为人类日常生活的必需品，而且在工业、农业、交通运输以及国防和科学研究中，都发挥着重要作用。

4.1 光源分类

4.1.1 自然光

自然光是太阳内核聚变等过程发出的。自然界存在的可见光，如阳光、火光、雷电的闪光，极光、生物发光等（见图 4-1～图 4-4），光谱范围较广。

图 4-1 阳光

图 4-2 闪电

图 4-3 极光

图 4-4 生物光（徐祖文 绘）

4.1.2 人造光

在电光源发明以前，人造光主要是火把、蜡烛、油灯、汽灯等，见图 4-5。

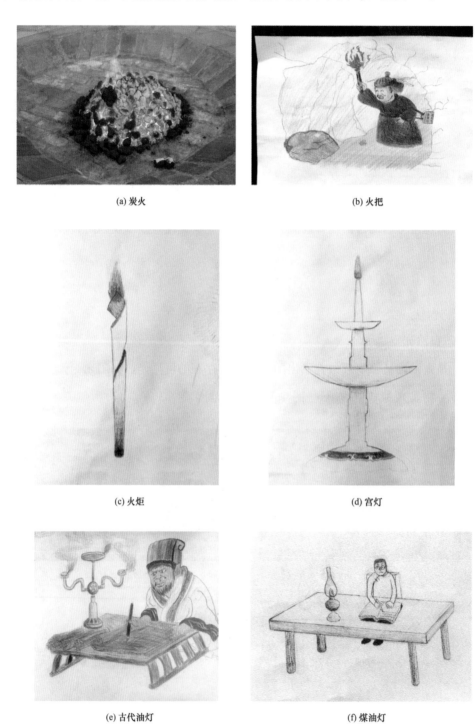

(a) 炭火　　　　　　　　　　　(b) 火把

(c) 火炬　　　　　　　　　　　(d) 宫灯

(e) 古代油灯　　　　　　　　　(f) 煤油灯

图 4-5　电光源之前的人造光〔(b)～(j) 徐祖文　绘〕(一)

(g) 蜡烛

(h) 煤油灯(防风)

(i) 煤气灯

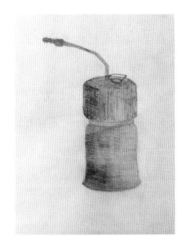

(j) 乙炔灯

图 4-5 电光源之前的人造光 ［（b）～（j）徐祖文 绘］（二）

4.1.3 电光源

电光源按照其发光物质分类，可分为热辐射光源、气体放电光源和固态光源 3 类，详细分类见表 4-1。

表 4-1 电 光 源 分 类 表

电光源	热辐射光源	白炽灯
		卤钨灯
	固态光源	场致发光灯（EL）
		半导体发光二极管（LED） 有机半导体发光二极管（OLED）

		辉光放电	氖灯	
电光源	气体放电光源		霓虹灯	
		弧光放电灯	低气压灯	荧光灯
				低压钠灯
			高气压灯	高压汞灯
				高压钠灯
				金属卤化物灯
				氙灯

4.2 热辐射光源

4.2.1 白炽灯

利用电流通过装在真空或充有惰性（氮或氩）气体的玻璃泡壳内的钨丝，将其加热到白炽状态而发光的光源，称为白炽灯。

25W 以下为真空泡壳，40W 以上为充气泡壳，一般来说，充气灯泡的发光效率要比真空灯泡高出 1/3 以上。充气白炽灯见图 4-6。

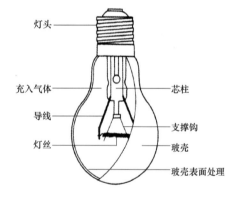

图 4-6 充气白炽灯

常用灯丝结构有单螺旋和双螺旋两种，也有三螺旋形式，主要是可以有效减少灯丝的表观长度，降低热损失；玻壳要选用光损小、近红外投射性高的材料，同真空灯泡相比，充气灯泡不仅寿命长，由于灯丝温度更高，色温、发光效率也更高。

4.2.1.1 白炽灯的基本特性

(1) 显色性最好（98～100）。

(2) 色温较低但舒适（2400～2900K）。

(3) 无需辅助电气元件，安装较为容易、线路较简单。

(4) 寿命短（1000h）。

(5) 发光效率低（7～19lm/W）。

(6) 总功率的 80%～90% 转换为辐射能，绝大部分为红外辐射，可见光辐射占总功率的 10%。

(7) 灯寿命易受电压波动影响。

全球主要国家先后宣布淘汰普通照明用白炽灯，中国于 2012 年发布淘汰白炽灯路线图。

4.2.1.2 普通白炽灯的启动特性

电灯开启前，灯丝是冷的，它的电阻很小；在开灯的一瞬间，通过灯丝的电流很大，约是正常发光时电流的十倍左右。开灯的一瞬间，灯丝的发热功率比正常发光时要大得多，这就有可能使变细、变密部分的灯丝温度达到或超过钨丝的熔点，致使灯丝被熔化，所以灯泡用久了，在开灯的时候，灯丝易从变细、变密的地方烧断。

4.2.1.3 白炽灯的电压特性

白炽灯的主要特性指标与电压的关系见图 4-7。

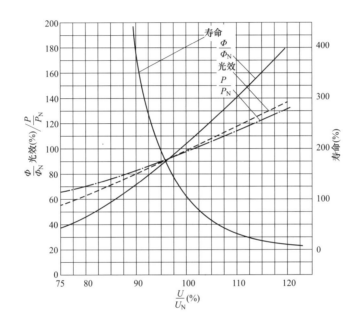

图 4-7　白炽灯的主要特性指标与电压的关系

Φ、P、U—光通量、功率、电压；Φ_N、P_N、U_N—额定光通、额定功率、额定电压

4.2.1.4 白炽灯的调光

通过改变光源的工作电压进行调光。

（1）当光源的工作电压为 100％～50％时：光通量由 100％降至 9.5％、发光效率由 100％降至 26.8％、光源能耗由 100％降至 32.9％。

（2）采用串接可变电阻器降压的方式时：总能耗降低，但电阻器上的有功能耗相当可观，而且由于阻抗增加导致光效急剧下降。

（3）采用双向可控硅降压的方式时：通过改变导通角调节电压的平均值，基本不增加电路中的有功能耗，但产生较多高次谐波和一部分无功损耗。

4.2.1.5 反射型白炽灯

（1）特点：①提高效率；②安装方便，无需灯具反光器光束集中，光束角 $5°\sim 60°$；③寿命较长，1500h。

（2）类型。吹制玻壳：整体玻壳，可以磨砂、涂粉或透明压制玻壳，前透镜与反射镜封接，光束更集中，可以通过前透镜变色、变向、改变配光。反射型白炽灯见图 4-8。

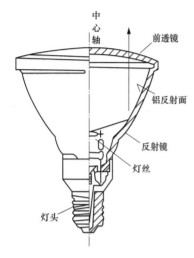

图 4-8 反射型白炽灯

（3）典型反射型——PAR 灯。PAR 灯有聚光型和泛光型两类，光束角为 $5°\sim 60°$，PAR 灯前透镜也可以是彩色的，常用的有红、黄、绿、琥珀，PAR 灯集光性强，利用率高。

4.2.1.6 节能白炽灯

图 4-9 所示将传统的白炽灯丝从横向双螺旋（CC-6）改为纵向双螺旋（CC—8），减少由灯头遮挡的灯向外辐射的光，同时减小导丝的直径、省去了传统灯丝防下垂用支架、减少了灯丝的热传导损失。该类灯可节电 5%～10%。

将双螺旋灯丝的线径、长度和螺距按最佳化设计。玻壳采用扩散性好、透光性好的二氧化硅膜的涂敷技术，二氧化硅的粒度最佳化，在光通量和寿命相同的情况下可节电 5%～10%。

填充气体由氩气改用氪气，可使灯壳体积缩小、重量减轻 50%、光效提高 10%、寿命达 2000h 且灯具可小型化，节省材料和资源。

图 4-9 所示为常用白炽灯，图 4-10 所示为反射型白炽灯（PAR 灯）。

(a) 小型灯泡　　(b) 标准灯泡　　　　(c) 标准烛型灯泡　　(d) 涂粉蘑菇灯泡
　　E27　　　　　　E27　　　　　　　　E27　　　　　　　　E27

图 4-9 白炽灯（朱悦　提供）

(a) 薄壳射灯
E27

(b) PAR38射灯
E27

4-10 反射型白炽灯（PAR灯）（朱悦 提供）

4.2.1.7 白炽灯的灯头

灯头可分为卡口灯头（B）、螺口灯头（E）和预聚焦灯头（P）三大类。表 4-2 列出白炽灯常用灯头。

表 4-2 白炽灯常用灯头

序号	名称
1	E5/8 螺口指示灯泡
2	E10/13 螺口仪表灯泡
3	E14/E27 螺口装饰灯泡、普通灯泡
4	B22d 卡口普通灯泡
5	BA15S 卡口仪表灯泡、装饰灯泡
6	BA9S 卡口指示灯泡
7	P36S 预聚焦仪器灯泡
8	P28S 预聚焦仪器灯泡
9	P45t 预聚焦标志灯泡

4.2.2 卤钨灯

利用卤钨循环原理的热辐射光源，卤钨循环类白炽灯简称卤钨灯，是在白炽灯的基础上改进而得。卤钨灯与白炽灯相比具有体积小、寿命长、光效高、光色好和光输出稳定的特点。

（1）卤钨灯的基本特性：显色性很好（95～100）；色温较低但舒适（2800～3200K）；寿命较短（2000h）；发光效率较低（15～35lm/W）；体积小（白炽灯的 1%～10%）；灯丝温度大约为 3000K、泡壳温度大约为 470K，无泡壳黑化现象，光衰减少；为维持正常的卤钨循环，管形卤钨灯工作时需水平安装，以免降低灯的寿命。

（2）普通卤钨灯特性：10% 可见光，10% 导线损耗，20% 填充气体损耗，60% 红外辐射，玻壳工作温度200～1100℃。

（3）反射卤钨灯。将散发的红外线反射到灯丝上继续加热灯丝，提高了光效（15％转化为可见光），但降低了寿命。PAR灯光束角可控，提高了有效光通量。

（4）低压卤钨灯。

1）反射罩：分色滤光器能够吸收红外辐射、冷光束光源、光束角度精确。

2）盒式灯头：通常加一前置玻璃以保护反射罩和减少紫外辐射。

（5）冷光卤钨灯（见图4-11）。用石英玻璃冷光杯和卤钨泡组合而成的光源称为石英冷光射灯（俗称冷光源或冷光灯）。

Eco Classic 30
P45/B35/BXS35
节能卤钨灯

MR16 GU5.3
冷光卤钨灯

MR11 GU4

图 4-11　常用卤钨灯（朱悦　提供）

（6）卤钨灯特殊应用场所见表4-3。

表 4-3	卤钨灯特殊应用场所
低压照明光源	安全电压，6～36V；JZ6-10～JZ36-100
舞台专用光源	500、650、1000W；JG220-300～1000W；SY220-2000～3000W
影视专用光源	双端500～3000W（3200K）；单端650～10000W（3200K） 双端650～1000W（3400K）；单端650、1000W（3400K）
医用照明光源	无影灯光源；内窥镜光源；冷光灯

4.3　气体放电光源

一般气体放电光源的放电过程见图4-12，在图中：$0-A$段，电流随电压升高；$A-B$段，电流饱和；$B-D$段，电离形成繁流放电，C点称为着火点，相应的电压V_z称为灯管的着火电压；D—E 段，放电击穿后，电压下降；E—F 段，放电形成正常辉光放电；F—G 段，异常辉光放电，阴极电流密度增加并发热；G—H 段，由于热阴极电子发射，电压下降形成弧光放电。

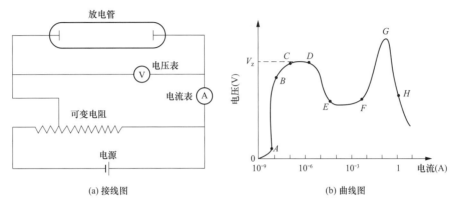

图 4-12　一般气体放电光源的放电过程

气体放电光源的放电过程可分为辉光放电与弧光放电：

（1）辉光放电主要是依赖正离子轰击，因此放电电流密度小、电压高；放电管内充气压力低，多采用冷阴极。主要应用有霓虹灯、冷阴极荧光灯、氖泡等。

（2）弧光放电是基于热电子发射，阴极发射密度可达 $100A/cm^2$ 以上。由于不需要很高的电离概率就能维持阴极温度，所以弧光放电是低电压大电流放电。大多数气体放电光源都是利用弧光放电的原理，包括荧光灯、高压汞灯、高压钠灯、金属卤化物灯等。弧光放电后，放电电压随电流的增加而降低，这称为负阻特性。具有此特性的放电器件必须串联限制电流无限增长的器件——镇流器。

4.3.1　荧光灯

（1）荧光灯的发光原理见图 4-13。灯管内表面涂有荧光粉层，管内充有贡和少量惰性气体。

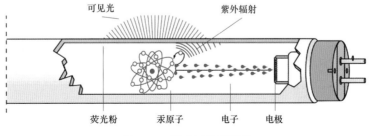

图 4-13　荧光灯发光原理

汞原子谐振激发的辐射约 80%，253.7nm 的紫外线约 20%，当汞蒸汽温度在 40℃时，光通量输出达到最大值。光通量输出在很大程度上依赖于环境温度。

（2）荧光灯的特性。

1）荧光灯的温度特性见图 4-14。

2）荧光灯的寿命特性见图 4-15。

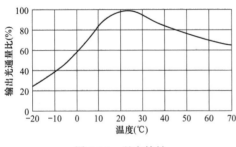

图 4-14　温度特性

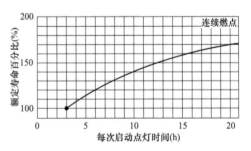

图 4-15　寿命特性

3）光电特性见图 4-16。

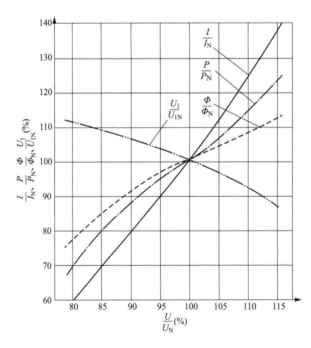

图 4-16　光电特性与电源电压的关系

Φ、P、U、I—光通量、功率、电压、电流；

Φ_N、P_N、U_N、I_N—额定光通、额定功率、额定电压、额定电流；

U_1—光源输入端实际输入电压；U_{1N}—光源输入端额定输入电压

4）荧光灯的光谱和显色性。由于光线中光谱的组成有差别，因此即使光色相同，灯的显色性也可能不同。图 4-17 所示为不同色温、不同显色性的荧光灯。

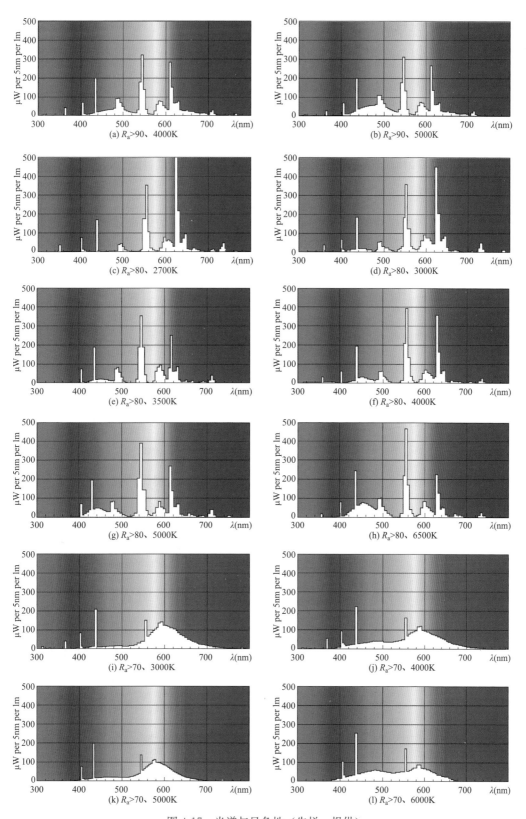

图 4-17 光谱与显色性（朱悦 提供）

5）荧光灯的高频特性。荧光灯在较高频率电源下使用，其发光效率可提高约 10%。因而工作频率 20kHz 以上的电子镇流器不仅自身功耗较小，而且还能提高照明水平。

6）荧光灯的频闪效应。电光源的频闪频率与运动（旋转）物体的速度（转速）呈整倍数关系时，运动（旋转）物体的运动（旋转）状态，在人的视觉中就会产生静止、倒转、运动（旋转）速度缓慢，以及上述三种状态周期性重复的错误视觉。灯在合适电流驱动下，其输出的光被光度计接受后的光电流峰值和低谷值之比不应大于 1.15，即认为输出光无频闪。

频闪效应的危害：引发工伤事故；导致视觉疲劳、偏头痛，降低工作效率。

降低荧光灯频闪效应的传统措施：将照射在同一照明区域的不同灯具分接在不同相别的线路上。

消除荧光灯频闪效应的措施：①提高荧光灯的工作频率；镇流器与额定规格的灯管配套工作时，输出给灯电流的频率应在 40～50kHz 范围内；②控制灯的工作电流波形，在每个连续的半周之内，在电源电压通过零相之后的同一时间，灯电流的包迹波形的差异应不超过 4%；③对于单独的高频波峰系数，峰值与有效值的最大比值不应超过 1.7。

（3）荧光灯的分类。

1）紧凑型荧光灯。将荧光灯的放电电路多次弯曲成形，减少灯的长度，使灯的结构紧凑，光亮度与直管形灯相同，功率现分为低功率（4～32W）和高功率（32～96W）两大类。镇流器内藏在灯具内，又分为分体式灯和一体化式灯两类。紧凑型荧光灯又进一步紧凑化、轻量化和高光效化，已从过去的 2、4 管形发展成为 6、8 管形等，除低功率 5～20W 系列产品外，又发展有 6 管形 32W/2400lm、42W/3200lm 等产品。为使灯更加紧凑化和配光均匀化，20 世纪 80 年代又研制出了螺旋型紧凑式荧光灯，有灯头内装有控制线路、散热性好的长寿命小功率螺旋灯。灯管采用螺旋结构减少了对辐射光遮挡，光效可达 100lm/W，该型号灯的灯具也随之小型化、轻量化。紧凑型荧光灯由于玻璃管细、管内压强高，因此管壁温度很高。又经过多次弯曲成 2U、3U 或螺旋形，很难散热，大大超过所需的最佳冷区温度。为此需要人为设置冷区，如 H 形。

2）单端荧光灯。单端荧光灯具有：体积小，易于配合灯具；镇流器外置；寿命较长，6000h；光效高，60～90lm/W；色温 2700～6400K；显色性 60～80；可做成多管形、方形、环形，见图 4-18。

3）自镇流荧光灯（CFL）。自镇流荧光灯具有：体积小，近似点光源；安装简便无需专业电工；使用方便，启动快捷可靠，约为 0.5～2.0s，可调光；寿命较长，6000h；光效高

40～70lm/W；色温 2800～6500K；显色性 70～84，见图 4-19。

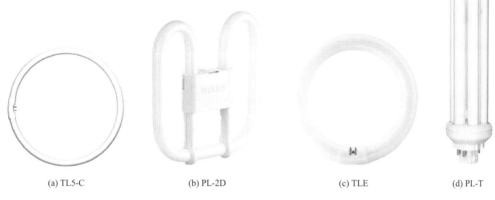

(a) TL5-C　　　　　　(b) PL-2D　　　　　　(c) TLE　　　　　　(d) PL-T

图 4-18　单端荧光灯（朱悦　提供）

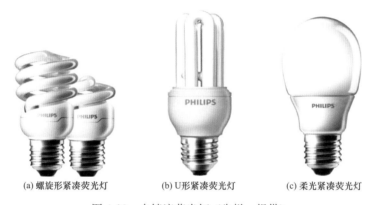

(a) 螺旋形紧凑荧光灯　　　　(b) U 形紧凑荧光灯　　　　(c) 柔光紧凑荧光灯

图 4-19　自镇流荧光灯（朱悦　提供）

4.3.2　高压钠灯

高压钠灯是一种高压钠蒸气放电灯泡，其放电管采用抗钠腐蚀的半透明多晶氧化铝陶瓷制成，工作时发出光偏金黄色。它具有发光效率高（光效可达 120～140lm/W）、寿命长、透雾性能好等优点，广泛用于道路、机场、码头、车站、广场及工矿企业照明；缺点是显色指数低，R_a 仅为 20 左右。中显色 $R_a \geqslant 60$ 和高显色 $R_a \geqslant 80$ 的产品，其光效相应降低。

4.3.3　低压钠灯

低压钠灯是气体放电灯中光效高的品种，光效可达 140～200lm/W，光色柔和、眩光小、透雾能力极强，适用于公路、隧道、港口、货场和矿区等场所的照明，也可作为特技摄影和光学仪器的光源。但低压钠灯辐射近乎单色黄光、分辨颜色的能力差，不宜用于繁华的市区街道和室内照明。

4.3.4　金属卤化物灯

金属卤化物灯是在汞和稀有金属的卤化物混合蒸气中产生电弧放电发光的气体放电灯，

是在高压汞灯基础上添加各种金属卤化物制成的光源，具有发光效率高、显色性好等特点。它具有高光效（65～140lm/W）、长寿命（5000～20000h）、显色性好（R_a65～95）、结构紧凑、性能稳定等特点。它兼有荧光灯、高压汞灯、高压钠灯的优点，并克服了这些灯的缺陷，金属卤化物灯汇集了气体放电光源的主要优点，尤其是光效高、寿命长、光色好三大优点。

从形状来说，金卤灯分为双端金卤灯、单端管状金卤灯、单端泡状金卤灯等。金卤灯的放电管有普通压封型电弧管、橄榄型电弧管、柱形陶瓷电弧管等，如图4-20所示。

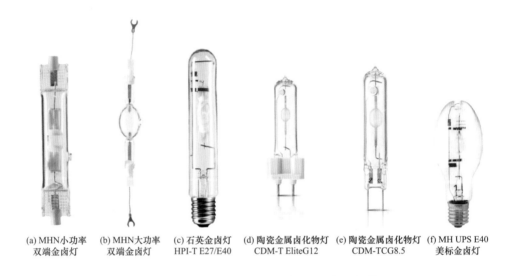

(a) MHN小功率
双端金卤灯   (b) MHN大功率
双端金卤灯   (c) 石英金卤灯
HPI-T E27/E40   (d) 陶瓷金属卤化物灯
CDM-T EliteG12   (e) 陶瓷金属卤化物灯
CDM-TCG8.5   (f) MH UPS E40
美标金卤灯

图4-20 常见金属卤化物灯的类型（朱悦 提供）

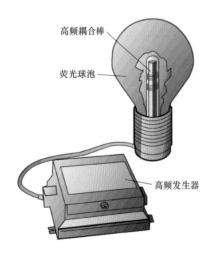

高频耦合棒

荧光球泡

高频发生器

图4-21 无极感应灯

随着技术的进步，采用透光性好、耐高温陶瓷管做放电管，研制出陶瓷金属卤化物灯，其光效更高、光色稳定、寿命更长、显色性好，得到更广泛应用。

4.3.5 无极感应灯

高频电源通过感应线圈耦合，在放电管中产生交变电磁场，从而使放电管中气体电离和激发，频率足够高时，放电管无需电极存在，放电能持续，稳定进行。

无极感应灯的三大部件为高频发生器、高频耦合棒、荧光球泡，见图4-21。

无极荧光灯没有传统光源的灯丝和电极，主要由高频发生器、功率耦合器和玻璃泡壳三部分组成。通过电磁感应方式将能量耦合到灯泡内，激发灯泡内充的特种气体使之电离，发出紫外线辐射到泡壳内壁的荧光粉产生可见光。由于去除了制约传统光源寿命的灯丝和电极，使低频无极灯的有效使用寿命大大延长。图 4-22 所示为无极荧光灯工作原理。

无极荧光灯的特性：长寿命：60000h；较高光效：85lm/W；显色指数 R_a 达 80 以上；高光输出：12000lm；高稳定性：55～125℃光通量变化率≤10％。

无极荧光灯分类：按工作频率分为高频无极荧光灯和低频无极荧光灯；按灯的形状分为球形、柱形、环形、矩形以及小功率螺口一体灯。

适用场所：换灯困难且费用昂贵的场所，安全要求尤为重要的场所。

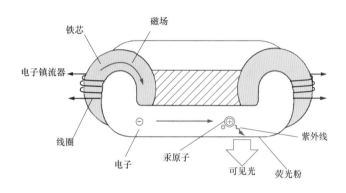

图 4-22　无极荧光灯工作原理

4.3.6　冷阴极管和冷阴极荧光灯

冷阴极灯管是利用气体的辉光放电，有两种类型：利用负辉区发光的灯如辉光指示灯，灯管做得较短，如果充氖气 Ne，利用负辉区发光会发出橙色光；利用正柱区发光可以将灯管拉长，如果充 Ne 会发出红紫色光；在灯管中加入汞蒸汽，就做成冷阴极汞气辉光灯，常用于作紫外线光源。如果在灯管内壁涂上合适的荧光粉，就做成了冷阴极荧光灯管。

冷阴极灯管具有：辉光放电，瞬时启动；低温（－25℃）启动并正常工作；寿命长（约20000h）；光效低（30～40lm/W）；灯管功率：10～30W；色温：2700～6500K 的特点。

4.3.7　外置电极荧光灯

外置电极荧光灯（External Electrode Fluorescent Lamp，EEFL）的结构特点：由密封的玻璃管两端外部附着的金属电极组成，玻璃管内充有惰性气体及内表面涂有荧光粉层，其外置电极间产生的电场形成灯管的发光体——等离子体。

EEFL 具有：多种尺寸（灯管长度从 200～1200mm，随意组合）；功耗低（根据灯管不同长度，功率只有 3～6W）；寿命长（50000h）；体积小（直径 5～8mm，节约灯箱体积）；低温度（表面温度 38℃ 左右，降低空调的负荷，使用安全）；多色彩（红、黄、蓝、白、绿，色温可以从 2500～17500K 选择）；光线均匀（EEFL 可形成沿管轴的一个均匀的等离子体柱）；驱动多支灯管（一只 EEFL 镇流器可以驱动多支灯管）的特点。

4.3.8 霓虹灯

霓虹灯具有：辉光放电发光；高压触发（3～18kV）；瞬时启动；光色是由充入惰性气体的光谱特性决定；低温（－25℃）启动并正常工作；工作时灯管温度在 60℃ 以下；寿命长达 10000h 以上；制作灵活的特点。充不同气体可显示不同颜色，如充氖气显示红色光，充氖汞气显示蓝色光，充氩汞＋荧光粉则显示各种色光。

4.3.9 气体放电光源的镇流器

气体放电灯的镇流器主要分电感镇流器和电子镇流器两大类。电感式镇流器包括普通型和节能型。荧光灯用交流电子镇流器，包括可控式电子镇流器和应急照明用交流/直流电子镇流器。

4.4 固态光源

4.4.1 LED 灯

半导体发光二极管（Light Emitting Diode，LED）是利用固体半导体芯片作为发光材料，当两端加上正向电压，半导体中的载流子发生复合放出过剩的能量，从而引起光子发射产生光。发光二极管发明于 20 世纪 60 年代，只有红光，随后出现绿光、黄光，其基本用途是作为指示灯。直到 20 世纪 90 年代，研制出蓝光 LED，很快就合成出白光 LED，从而进入普通照明领域成为一种新型光源。

4.4.1.1 白光 LED 的生成方式

白光 LED 灯大多是用蓝光 LED 激发黄色荧光粉发出白光，生成白光的方式见表 4-4。

表 4-4　　　　　　　　　　　　　　　白光 LED 的生成方式

芯片数	激发源	发光材料	发光原理
1	蓝色 LED	InGaN/YAG 黄色荧光粉	InGaN 的蓝光与 YAG 的黄光混合成白光
1	蓝色 LED	InGaN/三基色荧光粉	InGaN 的蓝光激发的红、绿、蓝三基色荧光粉发白光
1	蓝色 LED	ZnSe	由薄膜层发出的蓝光和在基板上激发出的黄光混色成白光

续表

芯片数	激发源	发光材料	发光原理
1	紫外 LED	InGaN/荧光粉	InGaN 发出的紫外激发红、绿、蓝三基色荧光粉发白光
2	蓝色 LED＋黄绿色 LED	InGaN GaP	将具有补色关系的二种类芯片封装在一起，构成白色 LED
3	红色 LED＋绿色 LED＋蓝色 LED	AlInGaP InGaN	将发三原色的三种芯片封装在一起，构成白色 LED
多个	多种光色的 LED	InGaN、GaPN、AlInGaP	将遍布可见光区的多种色光芯片封装在一起，构成白色 LED

4.4.1.2　白光 LED 的发展

2015 年 7 月 24 日，诺贝尔奖得主中村修二教授在"GaN 掀起能源革命"研讨会上表示：蓝光会抑制褪黑素分泌、阻挡睡意，使用蓝色 LED 的白色 LED 早晚会消失。南昌大学江风益院士在黄光 LED 上的突破，缓解了光效不平衡问题，图 4-23 所示为白光 LED 发展趋势。

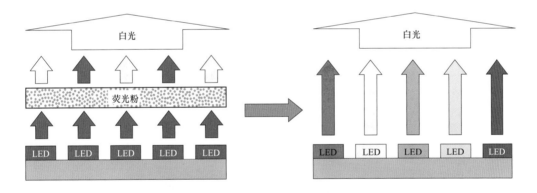

图 4-23　白光 LED 发展趋势（南昌大学国家硅基 LED 工程技术研究中心　提供）

LED 为不同光色提供的光配方提供了可能，多基色 LED 光源将满足不同时空和个性化照明需求，在不同的色温下可实现高显色性，图 4-24 所示为不同色温下的显色指数。

LED 为要求各种纯色光的场景成为可能，图 4-25 所示为定制的各种光色的 LED。

4.4.1.3　LED 光源的优点

（1）寿命长，芯片寿命达 50000h。

（2）单色性好，辐射光谱为窄带。

（3）多种颜色，有红、黄、绿、蓝、白，无需滤色。

（4）耐震性好、体积小、质量轻。

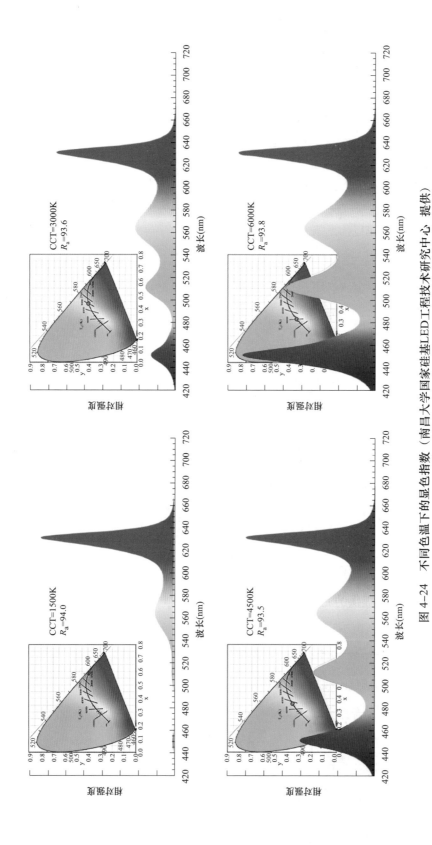

图 4-24　不同色温下的显色指数（南昌大学国家硅基LED工程技术研究中心　提供）

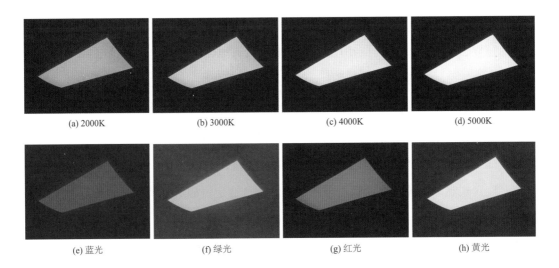

(a) 2000K	(b) 3000K	(c) 4000K	(d) 5000K
(e) 蓝光	(f) 绿光	(g) 红光	(h) 黄光

图 4-25　定制的各种光色的 LED（南昌大学国家硅基 LED 工程技术研究中心　提供）

（5）安全性好，低电压、低温升。

（6）节能，整灯光效目前达到 120lm/W 以上，光利用率高。

（7）显色性好。

（8）响应时间短，起点快捷可靠。

（9）调光方便，可结合控制技术、通信技术实现自动调光。

4.4.1.4　选择 LED 灯的技术要求

对长时间有人工作的场所，选用 LED 应符合下列要求：

（1）显色指数（R_a）不应小于 80；特殊显色指数 R_9（饱和红色）>0。

（2）同类光源的色容差不应超过 5SDCM（对所有光源）。

（3）色温不宜高于 4000K。

（4）寿命期内的色偏差不应超过 0.07（称为色维持）。

（5）不同方向的色偏差不应超过 0.04。

（6）灯具宜有漫射罩或有不小于 30°的遮光角。

（7）灯的谐波应符合 GB 17625.1—2012《电磁兼容 限值 谐波电流发射限值（设备每相输入电流≤16A)》的规定。

（8）灯的功率因数：功率 $P>25$W 的不应小于 0.9；$P≤25$W 的不小于 0.7；$P≤5$W 的不小于 0.4。

（9）光效不低于中国能效标识 3 级，即符合国家能效标准规定的能效限定值，最好达到节能评价值。

4.4.1.5 LED独立式驱动电源应符合的规定

（1）15W及以下LED灯可采用独立安装的隔离式恒压驱动电源集中供电。

（2）独立式驱动电源的负载率宜为60%～80%。

（3）独立式驱动电源输出端应设置直流过负荷及短路的过电流保护。

（4）独立式驱动电源应考虑其谐波电流、启动冲击电流、骚扰特性和电磁兼容抗扰度。

（5）独立式驱动电源负载率不低于75%时的功率因数不应低于0.90、效率不应低于85%。

（6）独立式驱动电源的启动输出电压或电流超过额定值的最大瞬时幅度不应大于10%。

（7）独立式驱动电源应满足使用场所环境的要求。

（8）独立式驱动电源和灯具（或模组）的安装距离应符合现场使用的要求。

（9）独立式驱动电源的表面温度应符合GB 7000.1《灯具 第1部分：一般要求和试验》及国家现行相关标准的规定。

（10）独立式驱动电源外壳最高温度不超过75℃时，寿命不应低于50000h。

4.4.2 有机发光二极管

有机发光二极管（Organic Light-Emitting Diode，OLED）是指有机半导体材料和发光材料在电场驱动下，通过载流子注入和复合导致发光的现象。OLED发光大致包括以下5个基本物理过程：

（1）电子和空穴注入：在外加电场的作用下，电子和空穴分别从阴极和阳极向夹在电极之间的有机薄膜层注入。

（2）载流子的迁移：注入的电子和空穴分别从电子输送层和空穴输送层向发光层迁移。

（3）载流子的复合：电子和空穴复合产生激子。

（4）激子迁移：由于电子和空穴传输的不平衡，激子的主要形成区域通常不会覆盖整个发光层，因而会由于浓度梯度产生扩散迁移。

（5）激子辐射退激发出光子：激子辐射跃迁，发出光子，释放能量。

图4-26所示为OLED灯具应用。

OLED有如下优点：

（1）有机电致发光器件的核心层厚度约为十万分之一毫米，这比LCD厚度小得多。

（2）OLED制作工艺简单，成本低廉。

图4-26 OLED灯具应用

（3）OLED 的组成为全固态结构，无真空腔，无液态成分，从而抗震动性强，可实现柔软显示。

（4）OLED 可以自身发光，对比度大，色彩效果丰富，OLED 电压低，更加节能，显示画面不失真。

（5）具有快速响应特性。

（6）发光转化效率高，环保效益更佳。

（7）光谱中没有紫外线和红外线，既没有热量也没有辐射，眩光小，而且废弃物可回收，没有污染，不含汞元素，冷光源，可以安全触摸，属于典型的绿色照明光源。

（8）蓝光成分低。LED 虽然无红外，紫外辐射，但是蓝光成分相对较高，对于展品保护还是有影响。OLED 蓝光成分非常低，更适合展品保护，图 4-27 所示为 OLED、LED 与阳光波长对比。

（9）OLED 器件单个像素可以相当小，非常适合应用在微显示设备中。

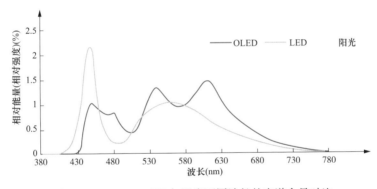

图 4-27　OLED、LED 与阳光不同波长的光谱含量对比

思考题

1. 自然光有几种？人工光包含哪些？它们之间有何区别？

2. 电光源分为几类？

3. 气体放电灯有几种？所有的气体放电灯都不能快速点亮吗？

4. 钠灯显色性如何？光效如何？一般适用哪些场所？

5. 金属卤化物光源显色性如何？光效如何？一般适用哪些场所？

6. 节能灯专指哪种光源？性能如何？

7. 固态光源主要有哪些？比较其优缺点。

第5章

灯具

灯具（luminaire）是能透光、分配和改变光源光分布的器具，包括除光源外所有用于固定和保护光源所需的全部零部件，以及与电源连接所必需的线路附件。

5.1 灯具的功能、作用与分类

5.1.1 灯具的功能与作用

灯具主要有如下功能和作用：

（1）固定光源并提供安全的电流通路保证光源的正常发光。

（2）对光源、电气附件及其连接线提供机械防护，并为自身的安装提供条件。

（3）控制光源发出的光线空间分配，实现需要的配光。

（4）限制直接眩光。

（5）保证照明安全，如防水、防尘、防爆、防触电等。

（6）满足建筑装饰要求。

5.1.2 灯具分类

5.1.2.1 按照使用光源进行分类

主要有白炽灯和卤钨灯、荧光灯、高强气体放电灯、LED 灯、场致发光灯具、辉光放电灯具等，典型分类见表 5-1。

表 5-1　　　　　　　　　　　按照使用光源典型分类表

序号	名称	特点	适用场所
1	白炽灯/卤钨灯	光源点燃时不需要任何电气附件，灯具结构简单、体积较小，适于各类配光	瞬时点燃、调光、无电磁干扰场所
2	直管荧光灯/单端荧光灯	除自镇流单端荧光灯外，均需在灯具内设置镇流器，光源体积较大	高度较低的公共和一般工业场所

序号	名称	特点	适用场所
3	高强气体放电灯灯具	高强气体放电光源光效高、功率大、表面温度高	高度较高的公共与工业、户外场所
4	LED 灯	灯具造型丰富	所有场所

5.1.2.2 按照安装方式进行分类

主要有吊灯、吸顶灯、壁灯、嵌入式灯具、暗槽灯、台灯、落地灯、发光顶棚、高杆灯、草坪灯、埋地灯等，室内典型灯具分类见表5-2。

表 5-2　　　　　　　　　　　　　**室内典型灯具分类**

序号	名称	特点	示例
1	吸顶式灯具	对整个空间包括顶棚均产生较均匀的照明效果，易于安装	
2	嵌入式灯具	顶棚与灯具亮度对比大，垂直面照明效果较差，装于顶棚内空间	
3	悬吊式灯具	光通量利用率高，在一定范围内可移动调节，顶棚有时会产生阴影	
4	轨道式灯具	光通量利用率高，顶棚有时会产生阴影	

序号	名称	特点	示例
5	壁装式灯具	垂直面照明效果好，可能产生眩光，易于安装维护	
6	发光顶棚	顶棚内安装光源，顶棚整体作为透光器，光线柔和	
7	反射式灯具	灯具通过反射板照射，适用于高大空间照明	

5.1.2.3　按照配光方式进行分类

室内灯具可根据光通量在上下空间的分布划分为 A、B、C、D 和 E 五种类型，并符合表 5-3 规定。

表 5-3　　　　　　　　　按照配光方式进行分类表

型号	名称	光通量比（%）		光强分布
		上半球	下半球	
A	直接型	0~10	100~90	

型号	名称	光通量比（%）		光强分布
		上半球	下半球	
B	半直接型	10～40	90～60	
C	漫射型 （直接-间接型）	40～60	60～40	
D	半间接型	60～90	40～10	
E	间接型	90～100	10～0	

5.1.2.4 按灯具配光的光束角分类

按光束角分类，主要应用于投光灯，可分为泛光灯、聚光灯、探照灯等。

光束角（beam angle）是在给定平面上，以极坐标表示的发光强度曲线的两矢径间所夹的角度，该矢径的发光强度值通常等于 10% 或 50% 的发光强度最大值。图 5-1 所示为 50% 的发光强度最大值的光束角，图 5-2 所示为 10% 的发光强度最大值的光束角。

投光灯（projector）是利用反射器和折射器在限定的立体角内获得高光强的灯具，投光灯光分布按表 5-4 进行分类。

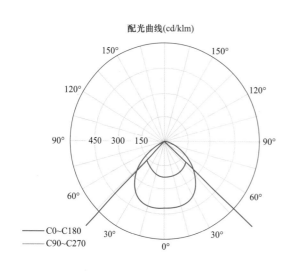

图 5-1　50%的发光强度最大值的光束角
（光束角为 90°）

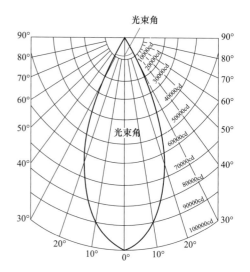

图 5-2　为 10%的发光强度最大值的光束角
（光束角为 60°）

表 5-4　　　　　　　　　　　　　投 光 灯 光 分 布 分 类

光束分类	类型	光束角 α（°）
窄光束	1	$10 < \alpha \leqslant 18$
	2	$18 < \alpha \leqslant 29$
	3	$29 < \alpha \leqslant 46$
中光束	4	$46 < \alpha \leqslant 70$
	5	$70 < \alpha \leqslant 100$
宽光束	6	$100 < \alpha \leqslant 130$
	7	$\alpha > 130$

注　光束角为 10%最大光强的张角。

泛光灯（floodlight）是光束发散角（光束宽度）大于 10°的投光灯的统称，通常可转动并指向任意方向。其中窄光束为光束角 10°～29°，中光束为光束角 29°～70°，宽光束为光束角＞70°。

探照灯（search light）的光束角小于 10°，通常具有直径大于 0.2m 的出光口并产生近似平行光束的高光强投光灯。

聚光灯也称射灯（spotlight），通常具有直径小于 0.2m 的出光口并形成一般不大于 0.35rad（20°）发散角的集中光束的投光灯。

美国电气制造商联合会（NEMA）根据光束角大小把投光灯分为 9 类（10%的发光强度最大值的光束角），见表 5-5，投光灯有水平和垂直两个方向的光束角，光束性能 H5V4，表示投光灯水平光束角为 71°～100°、垂直光束角为 47°～70°。

表 5-5　　　　　　　　　　　　　按 NEMA 分类的光束角

类别	光束角（°）	光束特征
NN	＜5	特窄
N	5～10	很窄
1	11～18	窄
2	19～29	窄
3	30～46	窄
4	47～70	中
5	71～100	中
6	101～130	宽
7	＞130	宽

用于重点照明的射灯、导轨灯和筒灯也用光束角表示光分布，射灯和导轨灯光分布根据光束角按表 5-6 分类，筒灯光分布根据光束角按表 5-7 分类。

表 5-6　　　　　　　　　　　　　射灯和导轨灯光分布分类

光束分类	类型	光束角 α（°）
特窄光束	1	$\alpha \leqslant 10$
窄光束	2	$10 < \alpha \leqslant 30$
中光束	3	$30 < \alpha \leqslant 60$
宽光束	4	$\alpha > 60$

注　光束角为 50％最大光强的张角。

表 5-7　　　　　　　　　　　　　筒 灯 光 分 布 分 类

光束分类	类型	光束角 α（°）
窄光束	1	$\alpha \leqslant 30$
中光束	2	$30 < \alpha \leqslant 60$
宽光束	3	$\alpha > 60$

注　光束角为 50％最大光强的张角。

5.1.2.5　按照防触电性能进行分类

灯具防触电保护的类型分为：0、Ⅰ、Ⅱ、Ⅲ四类，见表 5-8。0 类灯具已经淘汰，严禁使用 0 类灯具。

表 5-8　　　　　　　　　　　　　灯具防触电保护的类型

灯具等级	灯具主要性能	安全措施
0	易触及外壳和带电体之间依靠基本绝缘	使用环境要与地绝缘
Ⅰ	除基本绝缘外，在易触及的外壳上有接地措施，使之在基本绝缘失效时不致有危险	接地线与固定布线中的 PE 线连接
Ⅱ	不仅依靠基本绝缘，而且具有附加安全措施，如双重绝缘或加强绝缘但没有保护接地的措施或依赖安装条件	双重绝缘或加强绝缘，不需要保护接地
Ⅲ	防触电保护依靠电源电压为安全特低电压，并且不会产生高于 SELV 的电压（交流不大于 50V）	安全特低电压供电

5.1.2.6　灯具的其他分类

（1）按照使用场所：防爆灯具、防腐灯具、洁净灯具、水下灯具、应急灯具等。

（2）按照使用功能：舞台灯具、影视灯具、无影灯、观片灯、灭蝇灯等。

（3）按灯具构造形式：开敞式、封闭式等。

（4）按灯具的防护等级分类见5.2。

5.2　灯具防护等级

灯具的防护等级分类由"IP"和两个特征数字组成。IP后的第一位特征数字所表示的是防止接近危险部件（见表5-9）、防止固体异物进入的防护等级（见表5-10）。

表5-9　　　　　　　　　　　防止接近危险部件的防护等级

第一位特征数字	防护等级	
	简要说明	含义
0	无防护	—
1	防止手背接近危险部件	直径50mm球形试具应与危险部件有足够的间隙
2	防止手指接近危险部件	直径12mm、长80mm的铰接试指应与危险部件有足够的间隙
3	防止工具接近危险部件	直径2.5mm的试具不得进入壳内
4~6	防止金属线接近危险部件	直径1.0mm的试具不得进入壳内

表5-10　　　　　　　　　　　防止固体异物进入的防护等级

第一位特征数字	防护等级	
	简要说明	含义
0	无防护	—
1	防止直径不小于50mm的固体异物	直径50mm球形物体试具不得完全进入壳内
2	防止直径不小于12.5mm的固体异物	直径12.5mm的球型物体试具不得完全进入壳内
3	防止直径不小于2.5mm的固体异物	直径2.5mm的物体试具完全不得进入壳内
4	防止直径不小于1.0mm的固体异物	直径1.0mm的物体试具完全不得进入壳内
5	防尘	不能完全防止尘埃进入，但进入的灰尘量不得影响设备的正常运行，不得影响安全
6	尘密	无灰尘进入

IP后的第二位特征数字所表示的是防止水进入的防护等级，见表5-11。

表5-11　　　　　　　　　　　防止水进入的防护等级

第二位特征数字	防护等级	
	简要说明	含义
0	无防护	—
1	防止垂直方向滴水	垂直方向滴水应无有害影响
2	防止当外壳在15°倾斜时垂直方向滴水	当外壳的各垂直面在15°倾斜时，垂直滴水应无有害影响
3	防淋水	当外壳的垂直面在60°范围内淋水，无有害影响

第二位特征数字	防护等级	
	简要说明	含义
4	防溅水	向外壳各方向溅水无有害影响
5	防喷水	向外壳各方向喷水无有害影响
6	防强烈喷水	向外壳各个方向强烈喷水无有害影响
7	防短时间浸水影响	没入规定压力的水中经规定时间后外壳进水量应对设备无影响
8	防持续发水影响	持续潜水后外壳进水量应对设备无影响
9	防高温/高压喷水的影响	向外壳各方向喷射高湿/高压水无有害影响

一般室内灯具外壳防护等级 IP 不低于 IP30；路灯不低于 IP54、路灯优化不低于 IP65；地埋灯不低于 IP67；水下灯不低于 IP68。

5.3　灯具的光生物安全性

光辐射对人体造成的伤害，传统的测试手段是评估光波中所包含的紫外或不可见光的含量，主要测试内容有：①皮肤和眼睛的紫外危害；②眼睛的近紫外危害（315～400nm）；③视网膜蓝光危害；④视网膜蓝光危害（小光源）；⑤视网膜热危害；⑥视网膜热危害（对微弱视觉刺激）（780～1400nm）；⑦眼睛的红外辐射危害（780～3000nm）；⑧皮肤热危害（380～3000nm）。

5.3.1　无危险类（RG0）

无危险类是指灯在标准极限条件下也不会造成任何光生物危害，满足此要求的灯应当满足以下条件：在 8h（约 30000s）内不造成对皮肤和眼睛的光化学紫外危害；在 10000s 内不造成对视网膜的蓝光危害；在 1000s 内不造成对眼睛的近紫外和红外辐射危害；在 10s 内不造成对视网膜的热危害。

5.3.2　1 类危险（RG1）

该分类是指在光接触正常条件限定下，灯不产生危害，满足此要求的灯应当满足以下条件：在 10000s 内不造成对皮肤和眼睛的光化学紫外危害；在 300s 内不造成对眼睛的近紫外危害；在 100s 内不造成对视网膜的蓝光和对眼睛的红外辐射危害；在 10s 内不造成对视网膜的热危害。

5.3.3　2 类危险（RG2）

该分类是指灯不产生对强光和温度的不适反应的危害，满足此要求的灯应当满足以下条件：在 1000s 内不造成对皮肤和眼睛的光化学紫外危害；在 100s 内不造成对眼睛的近紫外危害；在 10s 内不造成对眼睛的红外辐射危害；在 0.25s 内不造成对视网膜的蓝光和热危害。

5.3.4 3 类危险（RG3）

该分类是指灯在更短瞬间造成光生物危害，当限制量超过 2 类危险的要求时，即为 3 类危险。在进行照明设计时，应当根据使用功能的需求选择光生物安全性能满足要求的照明产品。

对于 RG2 灯具，GB 7000.1—2015《灯具　第 1 部分：一般要求》第 3.2.23 条规定，当灯具与观察者眼睛之间的距离不小于 X_m（X_m 为辐照度 E_{thr} 刚好达到 RG1 与 RG2 临界点时的距离，通常标示在产品上）时，可以使用。

光生物安全不仅与蓝光有关，还与紫外线、红外线及热危害都有关系，在 LED 进入照明领域后，由于白光 LED 是由蓝光生成的，人们特别关注蓝光的危害。因此，照明规范中特别强调了使用 LED 时，人们长期工作的场所色温不宜超过 4000K。因为，色温和蓝光含量有关，高色温的光源，蓝光含量较高；低色温的光源，蓝光成分较低，从表 5-12 可看出蓝光含量与色温的大致关系。

表 5-12　　　　蓝光成分与色温（南昌大学国家硅基 LED 工程技术研究中心　提供）

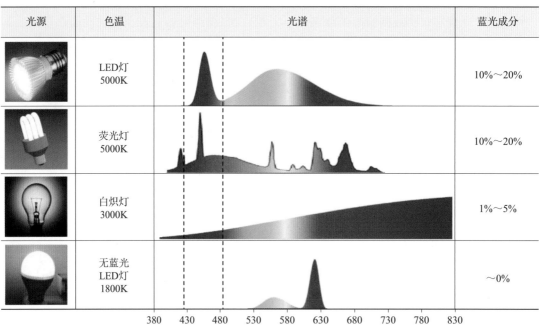

5.4　灯具光度曲线

5.4.1　灯具的配光曲线

灯具的配光曲线表述了灯具的光强在空间分布上的特性，由分布光度计测量直接获得。它是获得其他光度学数据的基础，表征在空间某一方向上对应的光强值，是进行精确的照明计算的必要数据。在实际应用中常用极坐标或直角坐标法表示灯具在某一平面上的光分布。

为了便于对各种灯具的光强分布特性进行比较，曲线的光强值都是按光通量为 1000lm 给出的。因此，实际光强值应当是光强的测定值乘以灯具中光源实际光通量与 1000 之比值。

在通过光源中心的某一测光平面上，测出灯具在不同角度的光强值。在极坐标 $(\rho，\theta)$ 中，θ 表示相应的角度，对应角度上的光强 I_θ 用矢量 ρ 标注出来，连接矢量顶端的连线就是灯具配光的极坐标曲线。绝大多数灯具的形状都是轴对称的旋转体，所以其光强分布也是轴对称的。这类灯具的光强分布曲线是以通过灯具轴线一个平面上的光强分布曲线，来表示灯具在整个空间的光强分布，在与轴线垂直的平面上各方向的光强值相等，因此只用通过轴线的一个测光面上的光强分布曲线就能说明其光强在空间的分布，见图 5-3。

对于非轴对称旋转体的灯具，如直管形荧光灯灯具，其发光强度的空间分布是不对称的，这时，则需要若干个测光平面的光强分布曲线来表示灯具的光强分布，通常取两个平面，即纵向（平行灯管平面）和横向（垂直于灯管平面），见图 5-4。

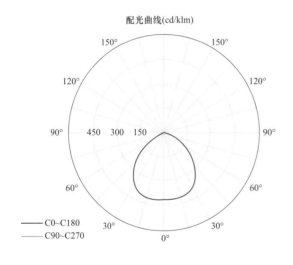

图 5-3　极坐标法（旋转对称）

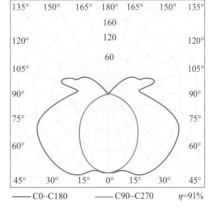

图 5-4　极坐标法（非对称）

为了得到更详细的配光数据，必要时还可增加 45°测量平面，见图 5-5。

将光强 I_θ 作为直角坐标系的纵轴，角度 θ 作为直角坐标系的横轴，这样表示方法为直角坐标表示法，特别适用于窄光束分布的灯具配光，见图 5-6。

5.4.2　等光强曲线

不对称配光的灯具需要用许多平面上的配光曲线才能表示其光强在空间的分布，非常不便，不能反映各平面间的联系，此时可采用等光强图来表示。常用的等光强图有圆形网图、矩形网图及正弦网图等，这些图将空间坐标系平面化，并将光分布在平面上表示出来，给光通量的计算提供了极大的方便。图 5-7 所示为用矩形网图所表示的灯具空间分布，这种表示方法不但表示出某一方位上的光强值，还计算出了对应区域中的光通量，使用起来较为快捷。虽然其精度不够高，但仍能为人们对灯具的光度数据提供较为直观和快捷的选择和判断依据。

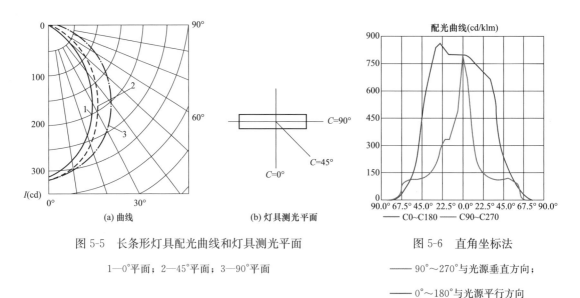

图 5-5 长条形灯具配光曲线和灯具测光平面

1—0°平面；2—45°平面；3—90°平面

图 5-6 直角坐标法

—— 90°～270°与光源垂直方向；

—— 0°～180°与光源平行方向

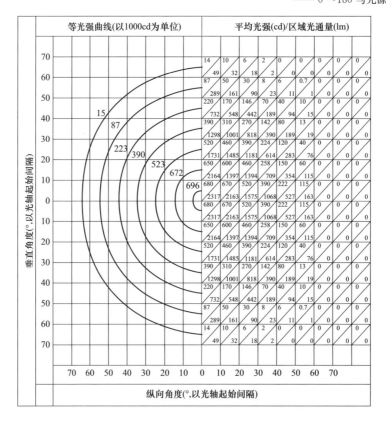

图 5-7 等光强曲线

5.4.3　空间等照度曲线

对于旋转对称配光分布的灯具，常采用对称面上的等照度曲线来表示，如图 5-8 所示。横坐标表示与灯的轴向距离 D，纵坐标表示灯的高度 h，图中各曲线分别代表不同的照度值。

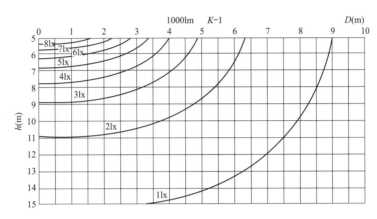

图 5-8　空间等照度曲线

对于具有非旋转对称配光的灯具，通过绘制 1m 高度处空间相对等照度值来表示，并由平方反比定律可以推算出任意满足平方反比定律下的高度平面上的照度分布。

5.4.4　灯具概算曲线

在照明设计的初期，特别是对于高大空间场所，人们往往不需要进行非常精确的照度计算，而仅需要知道为了达到一定的平均维持照度，某一面积的被照面大约需要多少灯具。灯具的概算曲线是把横坐标表示被照面积 S，纵坐标表示需要达到平均维持照度 100lx 时所需要的灯具数目 N，不同高度 h 下可画出灯具个数与被照面积的曲线，如图 5-9 所示，可以方便的估算灯数。

5.4.5　亮度限制曲线

灯具亮度限制曲线，作为评价一般室内照明灯具直接眩光的标准和方法。CIE 按照限制直接眩光的不同要求分为 5 个质量等级，即 A—很高质量、B—高质量、C—中等质量、D—低质量、E—很低质量。

评价室内直接不舒适眩光的方法仅适用于工作房间，并有以下限定条件（见图 5-10）：

（1）房间形状为矩形平行六面体。

（2）灯具规则地排列在房间顶部且主轴与墙平行。

（3）眩光评价的视点在地面以上 1.2m 高度（坐姿），并贴近后墙居中。

照明设计基础

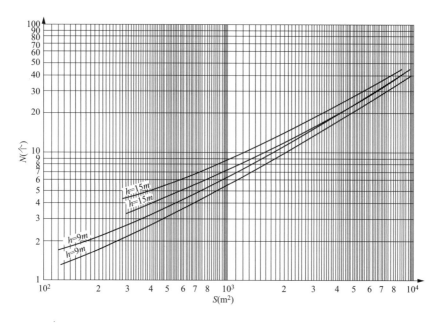

图 5-9　灯具概算曲线

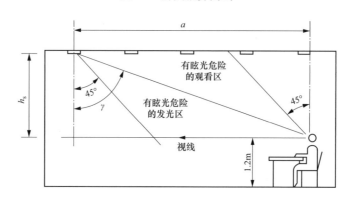

图 5-10　限制灯具亮度的眩光区

（4）视线主要是水平的和向下的，其方向与墙平行。

（5）顶棚反射比不小于 0.50，墙和家具设备的反射比不小 0.25。

此外，发光顶棚或间接照明的顶棚表面在 $\gamma \geqslant 45°$ 方向上不宜超过 $500cd/m^2$（γ 是灯具与眩光评价视点连线同灯具下垂线之间的夹角）。

根据确定的质量等级、照度水平、灯具类型和布灯方式可以在图 5-11 或图 5-12 两组灯具亮度曲线中选出一条合适的限制曲线。将此曲线同在设计中采用的灯具的平均亮度曲线进行对照检验，只要在最远端灯具下垂线以上 45°角至临界角 γ（见图 5-10）的范围内，灯具各个方向上的平均亮度均小于限制曲线规定的亮度极限值，则限制直接眩光的要求即可满足。其中，图 5-11 适用于无发光侧面的所有灯具、从纵向看有发光侧面的长条形灯具，

图 5-12 适用于有发光侧面的所有非长条形灯具、从横向看有发光侧面的长条形灯具。

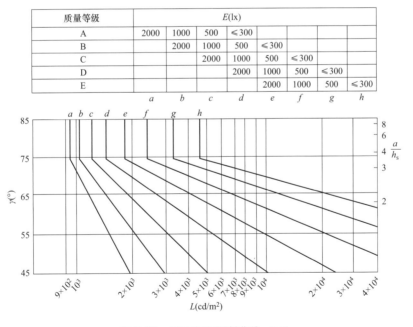

图 5-11　灯具亮度限制曲线（一）

图 5-12　灯具亮度限制曲线（二）

如果灯具平均亮度曲线与图 5-11 或图 5-12 中所选的那条灯具亮度限制曲线有交叉，则自交点向右引平行线可找到对应的 a/h_s 值，交点向左引平行线可找到对应的 γ 角值，则在 γ 角值范围内的灯具亮度低于限制亮度值，选用这种灯具不会产生超出相应质量等级允许的直接眩光。超过 γ 角值以外的灯具亮度值高于限制值，会产生相应质量等级允许的直接眩光。

5.4.6 直接眩光和反射眩光

直接眩光和反射眩光的区域见图 5-13。

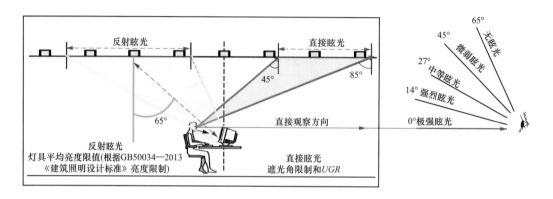

图 5-13　直接眩光和反射眩光区域

直接眩光可采用上述灯具亮度限制曲线或 UGR 值判定，可通过限制灯具的遮光角来限制直接眩光。

遮光角（shielding angle）光源发光体最边沿一点和灯具出光口的连线与通过光源光中心的水平线之间的夹角，也称保护角，见图 5-14。

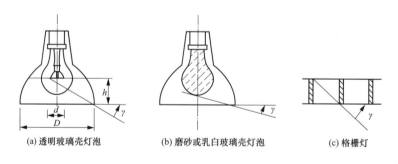

图 5-14　灯具遮光角

长期工作或停留的房间或场所，选用的直接型灯具的遮光角不应小于表 5-13 的规定

表 5-13　　　　　　　　　　　　　　直接型灯具的遮光角

光源平均亮度（kcd/m²）	遮光角（°）
1～20	10
20～50	15
50～500	20
≥500	30

截光角（cut-off angle）是遮光角的余角，即光源发光体最外沿一点和灯具出光口的连线与通过光源光中心的竖直线之间的夹角，见图 5-15。

防止或减少光幕反射和反射眩光应采用下列措施：

（1）应将灯具安装在不易形成眩光的区域内。

（2）可采用低光泽度的表面装饰材料。

（3）应限制灯具出光口表面发光亮度。

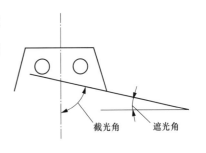

图 5-15　灯具截光角

有视觉显示终端的工作场所，在与灯具中垂线成 65°～90°内的灯具平均亮度限值（见图 5-16）应符合表 5-14 的规定。

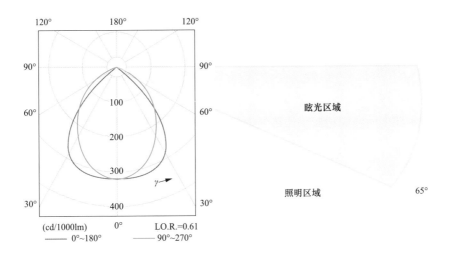

图 5-16　灯具中垂线成 65°～90°反射眩光区域

表 5-14　　　　　　　　　　　　　　灯具平均亮度限值

屏幕分类	灯具平均亮度限值（cd/m²）	
	屏幕亮度大于 200	屏幕亮度小于等于 200
亮背景暗字体或图像	3000	1500
暗背景亮字体或图像	1500	1000

5.5　灯具参数

照明设计时，灯具的照明设计参数应包括灯具基本信息、光学参数和电气参数。灯具基本信息应包括灯具型号，适用的光源类型、型号与规格，外形尺寸、质量、安装尺寸、安装方式和适用场所等基本信息；灯具应提供表面的最高温度、外壳防护等级、防电击类别、光生物安全等级，用于博物馆展陈的灯具应提供紫外线相对含量。LED 灯具应提供整灯的使用寿命和光通量维持率，非 LED 灯具应提供光源的使用寿命。

5.5.1 灯具的基本光学参数

灯具的基本光学参数包括下列内容：

（1）光通量、灯具效率（或效能）。

（2）光分布分类。

（3）光强分布、最大允许距高比。

（4）光束角、遮光角。

（5）相关色温、一般显色指数、特殊显色指数 R_9、色容差。

（6）频闪比或频闪效应可视度。

5.5.2 灯具的附加光学参数

灯具的附加光学参数包括下列内容：

（1）利用系数表。

（2）灯具概算图表。

（3）空间等照度曲线或相对平面等照度曲线。

（4）表面亮度。

（5）UGR 眩光限制表格。

（6）光谱功率分布。

5.5.3 灯具的电气参数

灯具的电气参数应提供额定电压或输入电压范围、输入电流、额定功率、功率因数、谐波电流等参数。

5.5.4 LED 灯具应提供的电气参数

LED 灯具应提供下列电气参数：

（1）灯具的输入电压和额定功率。

（2）灯具的额定电流和启动电流。

（3）驱动电源的类型、效率和功率因数。

（4）调光、调色的灯具应提供最大工作功率。

思考题

1. 灯具主要功能和作用有哪些？

2. 室内灯具按配光方式分为哪几类?

3. 灯具的光束角是如何规定的?

4. 何为灯具遮光角? 何为灯具截光角?

5. 灯具按防触电防护分为几类? 举例说明应用场所。

6. 灯具的防护等级是如何规定的? 室外场所灯具的防护等级是如何规定的?

7. 灯具的光生物安全等级是如何划分的?

8.CIE 按照限制直接眩光的不同要求分为几个质量等级? 简要说明。

9. 从灯具的配光曲线可以读取哪些有用数据和信息?

10. 防止或减少光幕反射和反射眩光应采用哪些措施?

11. 灯具的基本光学参数和附加光学参数包括哪些内容?

12. 灯具的电气参数包括哪些内容?

第6章

应急照明

应急照明是在正常状态下因正常照明电源的失效而启用的照明，或者是在火灾等紧急状态下按预设逻辑和时序而启用的照明。应急照明作为民用建筑及一般工业场所照明设施的一部分，同人身安全和建筑物、设备安全密切相关。当电源中断特别是建筑物内发生火灾或其他灾害而电源中断时，应急照明对人员疏散、保证人身安全、保证工作的继续进行、防止导致再生事故，都占有特殊地位，消防应急照明和疏散指示系统是一种辅助人员安全疏散和消防作业的建筑消防系统，其主要功能是在火灾等紧急情况下，控制消防应急照明灯具的光源应急点亮，为建（构）筑物的疏散路径的地面以及消防控制室、消防水泵房等消防作业场所提供基本的照度条件，以便有效确保人员对疏散路径的识别和消防作业的顺利开展；控制消防应急标志灯具光源的应急点亮、熄灭，正确指示各疏散路径的疏散方向、疏散出口和安全出口的位置和可用状态信息、人员所处的楼层信息等疏散引导信息，确保人员准确识别疏散路径和相关引导信息、增强疏散信心，有效提高人员安全疏散的能力。

6.1 应急照明概念与含义

根据 GB 50034—2013，应急照明分为疏散照明、备用照明、安全照明。疏散照明是用于确保疏散通道被有效地辨认和使用的应急照明；备用照明是用于确保正常活动继续或暂时继续进行的应急照明；安全照明是用于确保处于潜在危险之中的人员安全的应急照明。

根据 GB 51309—2018《消防应急照明和疏散指示系统技术标准》，消防应急照明和疏散指示系统是为人员疏散和发生火灾时，仍需工作的场所提供照明和疏散指示的系统。此标准特别强调了疏散和消防状态。

综合 GB 50034—2013 和 GB 51309—2018，疏散照明由疏散照明灯和疏散标志灯构成，疏散照明灯强调了对疏散照度的要求，疏散标志灯包括出口标志灯、方向标志灯、楼层标志灯和多信息复合标志灯，标志灯表示对安全出口、疏散出口、疏散方向、楼层等信息的标志、标识的要求，标志灯主要强调对标志灯具表面亮度的要求。

CIE 把应急照明分为疏散照明和备用照明，其中，疏散照明包括逃生路线照明、开放区域照明（有些国家称为防恐慌照明）、高危作业区域照明，见图 6-1。高危作业区域照明相当于 GB 50034—2013 中的安全照明。

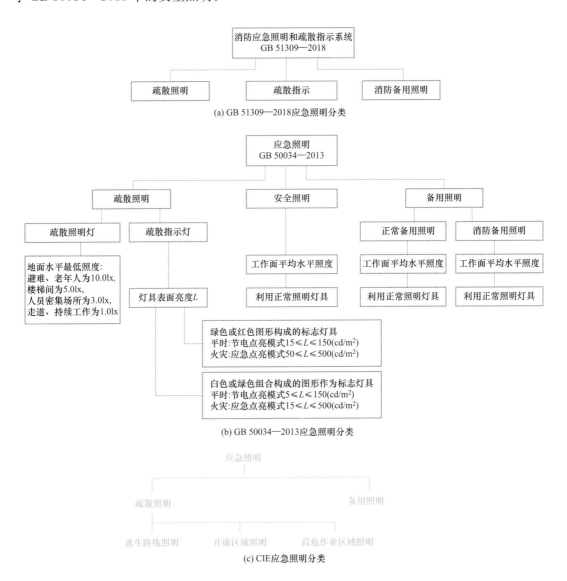

图 6-1　不同标准的应急照明分类

备用照明是用于确保正常活动继续或暂时继续进行的应急照明。对于一些重要建筑，相关规范中尤其是人员密集的高大空间、具有重要功能的特定场所的照明，设置一部分照明来确保正常照明失效时使正常活动继续或暂时继续进行，属于备用照明的范畴。为了与 GB 51309—2018 中的备用照明有所区别，国家标准图集 19D702-7《应急照明设计与安装》（简称《设计与安装》）把备用照明分为消防备用照明和非消防备用照明，上述场所非火灾情况下的备用照明就称之为非消防备用照明。

消防备用照明主要对避难间（层）及配电室、消防控制室、消防水泵房、自备发电机房等火灾时仍需工作、值守区域场所的照明要求。消防备用照明是专业人员值守的场所，要求与正常照明相同的照度，应保证供电可靠性。消防备用照明可以与正常照明兼用相同的灯具。消防备用照明可采用主电源（市政电源）和备用电源切换后供电，备用电源可以是市政电源或柴油发电机组或蓄电池电源。

非消防备用照明是对于重要建筑物尤其是人员密集的高大空间、具有重要功能的特定场所的照明系统提出了更高的要求，要求除正常照明和消防应急照明外，设置一部分照明确保正常照明失效，使正常活动继续或暂时继续进行。

安全照明是用于确保处于潜在危险之中人员安全的应急照明，如手术室、抢救室、游泳馆高台跳水区域、工业圆盘锯等场所。

对于民用和一般工业建筑，对于重要建筑物或人员密集场所，在非火灾状态下的备用照明和安全照明，在保证供电可靠性条件下，对使用的灯具没有特别要求，根据场所具体照度要求，可以采用正常照明的一部分或全部灯具。

为人员疏散、消防作业提供照明和指示标志的各类灯具为消防应急灯具，包括消防应急照明灯具和消防应急标志灯具。消防应急灯具除主电源（市政电源）外，必须配置蓄电池电源作为应急电源，蓄电池电源可以是集中的也可以是灯具自带的。图 6-1 表示了不同标准的应急照明概念的架构和含义。

6.2　备用照明

6.2.1　消防备用照明

GB 51309—2018 明确了备用照明主要对避难间（层）及配电室、消防控制室、消防水泵房、自备发电机房等火灾时仍需工作、值守场所的照明要求，不仅提出了在火灾时应保持正常照明的照度；也提出了具体做法，即"备用照明灯具可采用正常照明灯具，备用照明灯具应由正常照明电源和消防电源专用应急回路互投后供电"。条文很清晰的说明了做法和要求，但并没有要求采用蓄电池供电。GB 51309—2018 主要是基于上述有人值班的场所，一般都是双路电源供电，其中一路消防电源在火灾情况下是不会切断的，因此不必再装设蓄电池。另外这些场所还需要设置疏散照明和出口标志，疏散照明和出口标志是有蓄电池电源的。如果上述场所只有一路市电，同消防电源一样，另一路电源可以是柴油发电机组或蓄电池电源，GB 51309—2018 中并没有规定备用照明的切换时间，如果第二路电源采用柴油发电机组供电，柴油发电机快速启动时间为 15s，最大不超过 30s，这个时间是可以接受的。消防备用照明可采用主电源（市政电源）和备用电源切换后供电，备用电源可以是市政电源或柴油发电机组或蓄电池电源，这些备用电源是有先后顺序的，最优的就是市政电源，在没有市政电源作为备用电源的情况下，才考虑柴油发电机组或蓄电池电源。

另外，在此还需要强调的是"火灾时仍需工作、值守场所"的限定，对于建筑物中特别是楼上的一些竖井、风机房、电梯机房等，火灾时无人工作和值守，就不需要再设置备用照明。

《设计与安装》第 77～80 页中，具体示意了配电室、消防控制室、消防水泵房、自备发电机房的消防备用照明做法，图中也示例了疏散照明和出口标志的做法。在图 6-2 中 1AT 为双电源切换箱，就代表了两路电源的切换，灯具是没有蓄电池的。备用照明灯具与正常照明灯具兼用，这些灯具就是正常照明灯具，也不是消防应急灯具。

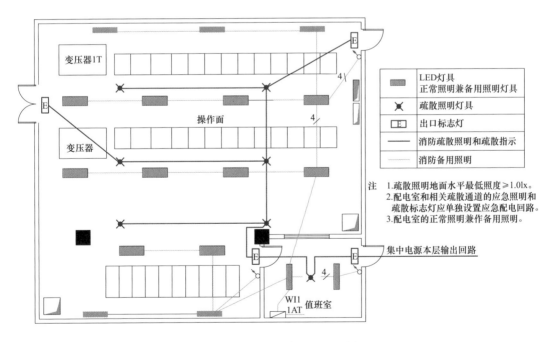

图 6-2　配电室备用照明示例

6.2.2　非消防备用照明

根据建筑物性质和重要程度，非消防备用照明的照度是正常照明照度的 100%、50%、10% 这几种情况，也有个别规范要求具体照度值 30lx。

一般要求非消防备用照明照度是正常照明照度 100％、50％时，通常建筑规模较大、重要程度高，其供电电源基本能够满足双重电源供电条件，此时，非消防备用照明为 100％正常照明照度的场所，与消防备用照明类似，采用双电源切换供电，利用正常照明灯具；非消防备用照明为 50％正常照明照度的场所，仍然采用正常照明灯具，交叉供电的形式，引自不同母线的两路电源各带 50％照明灯具，满足了该场所 50％灯具互为备用的条件，也满足了备用照明的要求，此场所内同时设置正常照明配电箱和备用照明配电箱，图 6-3 所示即为此种情况的备用照明供电示例。

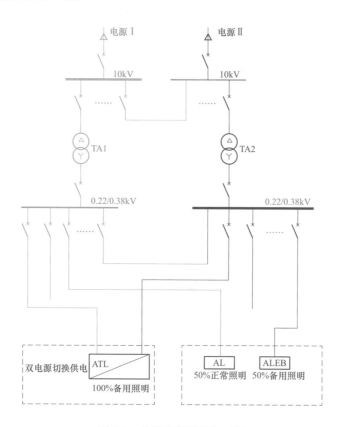

图 6-3　非消防备用照明示例

ATL—带有双电源切换装置（ATS）的照明配电箱；AL—正常照明配电箱；ALEB—备用照明配电箱

由于双电源切换供电的 ATS 切换时间一般在 100ms 以内，能够满足备用照明切换时间的要求，备用照明不需要用蓄电池电源满足 ATS 切换的过度补充。由于备用照明的负荷等级在民用建筑中最高等级为一级，也不需要设置第三电源。

对于备用照明照度为 10％正常照明照度的场所，大型场所的 10％照度的灯具可采用专用的备用照明配电箱供电，参见《设计与安装》相关示例；小型场所的备用照明灯具较少，采用正常照明配电箱供电，备用照明灯具自带蓄电池更为方便，带蓄电池灯具平时可受开关控制，并保持蓄电池充电状态，例如老年人公寓，每套公寓很小，有可能还需要设置计量表计，根据 JGJ 450—2018《老年人照料设施建筑设计标准》要求其备用照明照度为一般照明照度的 10%，如果公寓内设置两个配电箱，则明显不合理。此时，采用备用照明灯自带蓄电池，平时受开关控制，电源失电后蓄电池放电，完全能满足要求，见图 6-4。

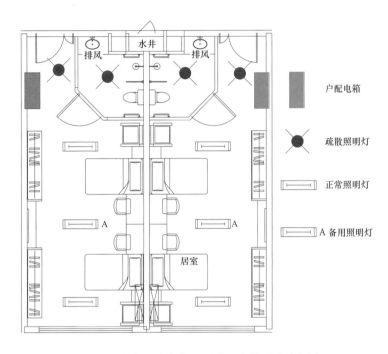

图 6-4 老年人公寓备用照明、疏散照明示意图

对于具体要求 30lx 的场所可与 10% 照度要求做法类似。对于场所内非消防备用照明灯具很少的情况，采用正常照明配电箱供电，灯具自带蓄电池的方案是最佳方案，由此也看出消防备用照明和非消防备用照明的区别，消防备用照明不用蓄电池供电，非消防备用照明反而采用了蓄电池供电，颠覆了传统做法，应引起注意。

对于非消防备用照明，一些规范规定的转换时间的要求，如 0.25、0.5、1.5、5、15s 等要求，如采用两路市政电源，即采用 ATS 切换或两段母线的两路电源供电，均能满足时间要求，不需要再设蓄电池电源；如果只有一路市电，另一路可以是蓄电池电源，但如果另一路采用柴油发电机组供电，考虑柴油发电机的启动时间，建议设置 UPS 作为过渡电源，电源时间满足 10~15min 即可。

6.3 疏散照明照度及设计要求

GB 51309—2018 是指导我国消防应急照明和疏散指示系统工程应用的主要技术标准，

第 3.2.5 条对疏散照明灯具的设置部位及其地面的最低水平照度做出了明确规定。疏散照明灯的部位或场所及其地面水平最低照度如表 6-1 所示。

表 6-1 　　　　　　　　　　　疏散照明灯的部位或场所及其地面水平最低照度

类别	设置部位或场所	地面最低水平照度（lx）
I	（1）病房楼或手术部的避难间； （2）老年人照料设施； （3）人员密集场所、老年人照料设施、病房楼或手术部内的楼梯间、前室或合用前室、避难走道； （4）逃生辅助装置存放处等特殊区域； （5）屋顶直升机停机坪	不应低于 10.0
II	（1）除 I 中（3）规定的敞开楼梯间、封闭楼梯间、防烟楼梯间及其前室，室外楼梯； （2）消防电梯间的前室或合用前室； （3）除 I 中（3）规定的避难走道； （4）寄宿制幼儿园和小学的寝室、医院手术室及重症监护室等病人行动不便的病房等需要救援人员协助疏散的区域	不应低于 5.0
III	（1）除 I 中（1）规定的避难层（间）； （2）观众厅，展览厅，电影院，多功能厅，建筑面积大于 200m² 的营业厅、餐厅、演播厅，建筑面积超过 400m² 的办公大厅、会议室等人员密集场所； （3）人员密集厂房内的生产场所； （4）室内步行街两侧的商铺； （5）建筑面积大于 100m² 的地下或半地下公共活动场所	不应低于 3.0
IV	（1）除 I 中（2）、II 中（4）、III 中（2）～（5）规定场所的疏散走道、疏散通道； （2）室内步行街； （3）城市交通隧道两侧、人行横道通道和人行疏散通道； （4）宾馆、酒店的客房； （5）自动扶梯上方或侧上方； （6）安全出口外面及附近区域、连廊的连接处两端； （7）进入屋顶直升机停机坪的途径； （8）配电室、消防控制室、消防水泵房、自备发电机房等发生火灾时仍需工作、值守的区域	不应低于 1.0

在表 6-1 中，规定了走道、楼梯和一些人员密集场所的疏散照明的照度要求，要求这些场所的最低水平照度为 1.0、3.0、5.0、10.0lx 不等。在布灯设计时，应进行照度计算，要求是在疏散照明区域内的点照度值，此值仅基于来自灯具的直射光，不考虑房间表面相互反射的影响，采用点照度计算方法计算，在已知灯具配光的情况下，点照度计算比较方便，在《设计与安装》中已有计算示例，此处不赘述。由于此方法没有考虑空间表面反射的影响，实际测量得到的值应比计算值大。照度测量的范围在 GB 51309—2018 中没有明确，为标准易于实施，参考了 CIE S020 和欧盟（en1838：Application rules）标准，对于走道和楼梯，

照度测量范围为走道和楼梯中心线两侧，走道和楼梯宽度的一半，并已与 GB 51309—2018 编制组沟通达成一致意见，见图 6-5。

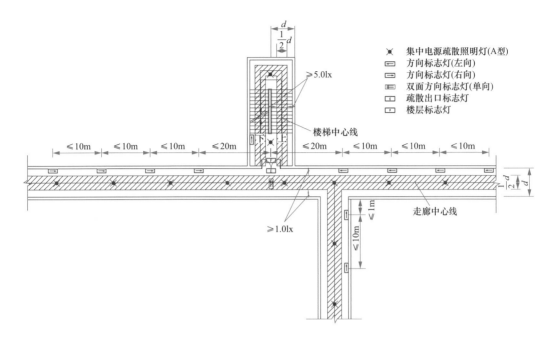

图 6-5　走道与楼梯照度测量范围

对于人员密集场所等区域，区域内能够划分出疏散路径的，照度测量范围按疏散路径范围，具有疏散路径的人员密集场所见图 6-6。

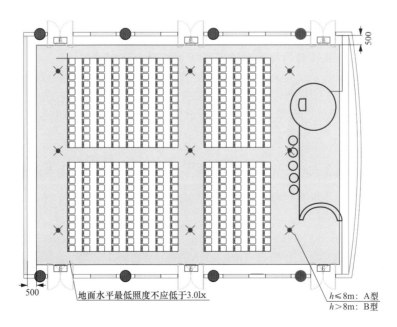

图 6-6　具有疏散路径的人员密集场所

对于无法确定疏散路径的区域场所，按区域四周各减少 500mm 的范围内，满足疏散照度要求，图 6-7 所示为无疏散路径的多功能厅测量范围。

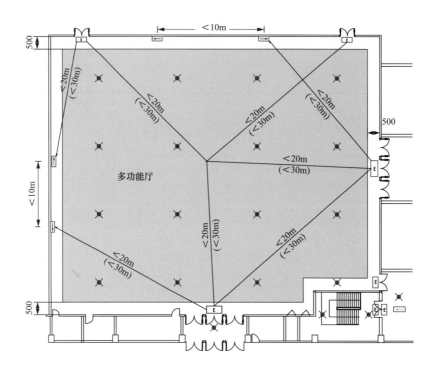

图 6-7　无疏散路径的多功能厅测量范围

在此还需说明，GB 50016—2014《建筑设计防火规范（2018 年版）》第 10.3.2 条要求如下：

10.3.2 建筑内疏散照明的地面最低水平照度应符合下列规定：

1 对于疏散走道，不应低于 1.0lx；

2 对于人员密集场所、避难层（间），不应低于 3.0lx；对于老年人照料设施、病房楼或手术部的避难间，不应低于 10.0lx；

3 对于楼梯间、前室或合用前室、避难走道，不应低于 5.0lx；对于人员密集场所、老年人照料设施、病房楼或手术部内的楼梯间、前室或合用前室、避难走道，不应低于 10.0lx。

需要对比 GB 51309—2018 与 GB 50016—2014 这两个标准，特别是要注意不能违背强条。

6.4　系统分类及工作原理

消防应急照明和疏散指示系统按消防应急灯具的控制方式可分为集中控制型消防应急照

124

明和疏散指示系统（简称集中控制型系统）、非集中控制型消防应急照明和疏散指示系统（简称非集中控制型系统）。

6.4.1 集中控制型系统的组成及工作原理

集中控制型系统是设置应急照明控制器，由应急照明控制器集中控制并显示应急照明集中电源或应急照明配电箱及其配接的消防应急灯具工作状态的消防应急照明和疏散指示系统。

根据消防应急灯具蓄电池电源供电方式的不同，集中控制型系统分为灯具采用集中电源供电方式的集中控制型系统和灯具采用自带蓄电池供电方式的集中控制型系统两种形式。

6.4.1.1 灯具采用集中电源供电方式的集中控制型系统的组成

在灯具的蓄电池电源采用应急照明集中电源供电方式的集中控制型系统中，消防应急灯具自身不带蓄电池电源，灯具的主电源和蓄电池电源均由消防应急照明集中电源提供。该系统由应急照明控制器、应急照明集中电源、集中电源集中控制型消防应急灯具及相关附件组成，见图6-8。

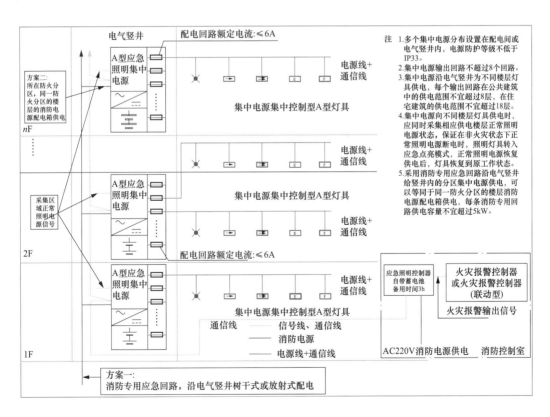

图 6-8 集中电源供电方式的集中控制型系统组成

6.4.1.2 灯具采用自带电源供电方式的集中控制型系统的组成

在灯具的蓄电池电源采用自带蓄电池供电方式的集中控制型系统中，消防应急灯具自带蓄电池电源，灯具的主电源由消防应急照明配电箱提供。该系统由应急照明控制器、应急照明配电箱、自带电源集中控制型消防应急灯具及相关附件组成，见图6-9。

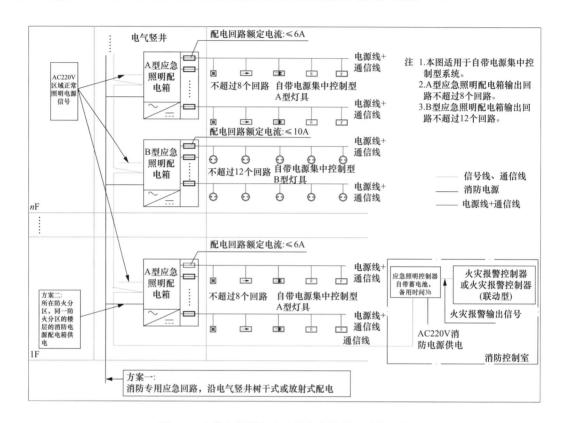

图6-9　自带电源供电方式的集中控制型系统组成

6.4.1.3　集中控制型系统的工作原理

在火灾等紧急情况下，采用自动和手动方式控制消防应急照明和疏散指示系统应急启动，在建（构）筑物火灾持续时间内为人员的安全疏散和灭火救援行动提供必要的照度条件及正确的疏散指示信息，是消防应急照明和疏散指示系统最基本的消防功能。

6.4.1.3.1　集中控制型系统的自动应急启动

应急照明控制器接收到火灾报警控制器的火灾报警输出信号后，向应急照明集中电源或应急照明配电箱发出系统自动应急启动控制信号，应急照明集中电源或应急照明配电箱接收到控制信号后，控制其配接非持续型消防应急照明灯具的光源应急点亮、持续型标志灯具的光源由节电点亮模式转入应急点亮模式。基于电击防护的考虑，应急照明控制器在接收到火灾报警控制器的火灾报警输出信号后，控制其配接的额定输出电压等级大于DC36V的B型应急照明集中电源转入蓄电池电源输出、B型应急照明配电箱切断主电源输出；基于在无电击风险的前提下，有效延长系统持续应急时间的考虑，额定输出电压等级不大于DC36V的

A 型应急照明集中电源和 A 型应急照明配电箱仍保持主电源输出，待其主电源断电后，应急照明集中电源自动转入蓄电池电源输出、应急照明配电箱切断主电源输出。集中控制型系统自动应急启动的控制框图如图 6-10 所示。

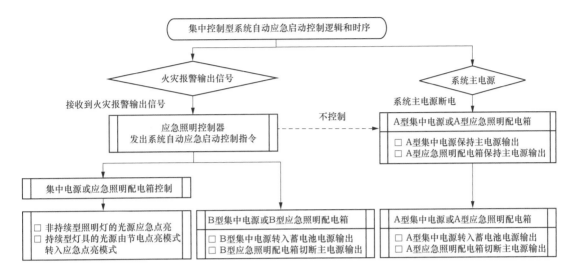

图 6-10　集中控制型系统自动应急启动的控制框图

6.4.1.3.2　集中控制型系统的手动应急启动

手动操作应急照明控制器的应急启动按钮，应急照明控制器向应急照明集中电源或应急照明配电箱发出系统手动应急启动控制信号，应急照明集中电源或应急照明配电箱接收到控制信号后，控制其配接非持续型消防应急照明灯具的光源应急点亮、持续型标志灯具的光源由节电点亮模式转入应急点亮模式；同时应急照明集中电源转入蓄电池电源输出、应急照明配电箱切断主电源输出。集中控制型系统手动应急启动的控制框图如图 6-11 所示。

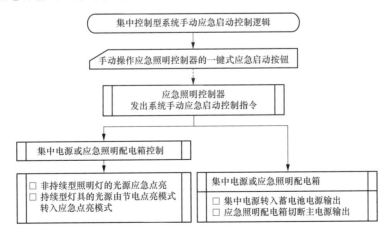

图 6-11　集中控制型系统手动应急启动的控制框图

6.4.2 非集中控制型系统的组成及工作原理

系统未设置应急照明控制器,由应急照明集中电源或应急照明配电箱控制配接的消防应急灯具光源工作状态及主电源和蓄电池电源转换的消防应急照明、疏散指示系统。

根据消防应急灯具蓄电池电源供电方式的不同,非集中控制型系统分为灯具采用集中电源供电方式的非集中控制型系统和灯具采用自带蓄电池供电方式的非集中控制型系统两种形式。

6.4.2.1 灯具采用集中电源供电方式的非集中控制型系统的组成

在灯具的蓄电池电源采用应急照明集中电源供电方式的非集中控制型系统中,消防应急灯具自身不带蓄电池电源,灯具的主电源和蓄电池电源均由消防应急照明集中电源提供。该系统由集中电源非集中控制型应急照明、集中电源非集中控制型消防应急灯具及相关附件组成,见图6-12。

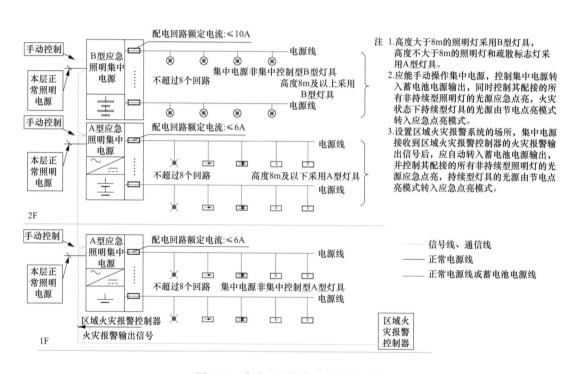

图6-12 集中电源非集中控制型系统

6.4.2.2 灯具采用自带蓄电池供电方式的非集中控制型系统的组成

在灯具的蓄电池电源采用自带蓄电池供电方式的非集中控制型系统中,消防应急灯具自带蓄电池电源,灯具的主电源由消防应急照明配电箱提供。该系统由非集中控制型应急照明配电箱、自带电源非集中控制型消防应急灯具及相关附件组成,见图6-13。

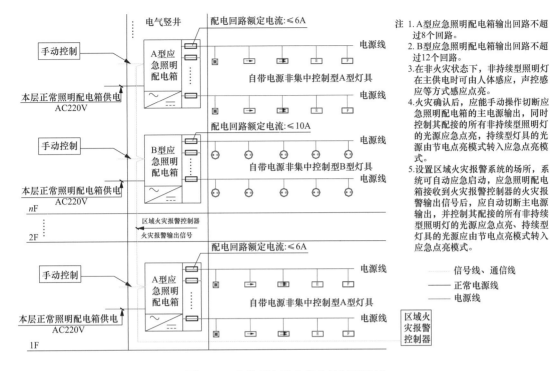

图 6-13　自带蓄电池非集中控制型系统

6.4.2.3　非集中控制型系统的工作原理

与集中控制型系统类似，在确认火灾后，应能采用自动和手动方式控制非集中控制型系统的应急启动。

6.4.2.3.1　非集中控制型系统的自动应急启动

在设置火灾自动报警系统但未设置消防控制室的建（构）筑物中、未选择集中控制型系统而采用非集中控制型时，应急照明集中电源或应急照明配电箱在接收到火灾报警控制器的火灾报警输出信号后，控制其配接的所有非持续型照明灯的光源应急点亮、持续型灯具的光源由节电点亮模式转入应急点亮模式；应急照明集中电源转入蓄电池电源输出、应急照明配电箱切断主电源输出。非集中控制型系统自动应急启动的控制框图如图 6-14 所示。

6.4.2.3.2　非集中控制型系统的手动应急启动

手动操作应急照明集中电源或应急照明配电箱的应急启动按钮后，应急照明集中电源或应急照明配电箱控制其配接的所有非持续型照明灯的光源应急点亮、持续型灯具的光源由节电点亮模式转入应急点亮模式；应急照明集中电源转入蓄电池电源输出、应急照明配电箱切断主电源输出。非集中控制型系统手动应急启动的控制框图如图 6-15 所示。

图 6-14 非集中控制型系统自动 图 6-15 非集中控制型系统手动

应急启动的控制框图 应急启动的控制框图

6.5 供电与控制

GB 51309—2018 对消防应急照明的供电和控制提出了明确的要求，供电与控制的正确与否关系到系统的可靠运行，供电电源与系统是集中控制型系统还是非集中控制型系统密切相关，其系统架构分别见图 6-16 和图 6-17。

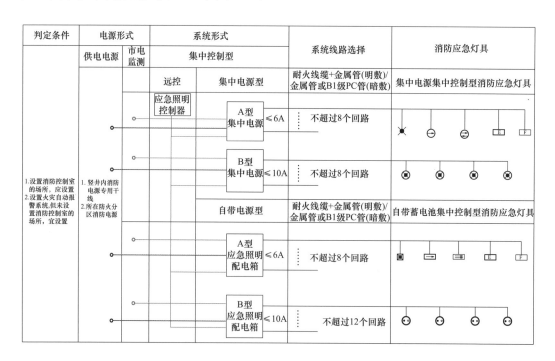

图 6-16 集中控制型系统架构

A 型应急照明配电箱的变压装置可设置在应急照明配电箱内或其附近。正常照明配电箱是指为普通照明配电的配电箱，其电源为非消防电源，在火灾状态下根据消防控制要求可被切断。GB 51309—2018 中所述的消防电源是指为消防设备供电的市政电源或柴油发电机电源，与正常电源独立自成系统。

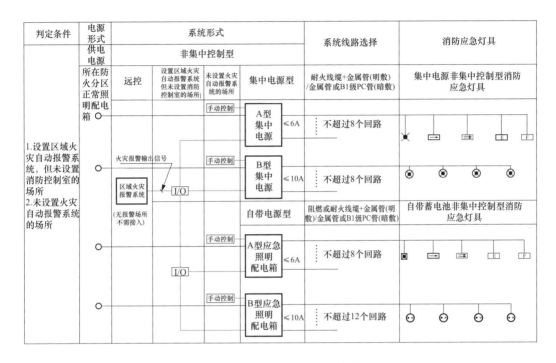

图 6-17　非集中控制型系统架构

6.5.1　消防应急灯具的供电

消防应急灯具的电源应由主电源和蓄电池电源组成，并且蓄电池电源的供电方式分为集中电源供电方式和灯具自带蓄电池供电方式。灯具的供电与电源转换应符合下列规定：

（1）当灯具采用集中电源供电时，灯具的主电源和蓄电池电源应由集中电源提供，灯具主电源和蓄电池电源在集中电源内部实现输出转换后，应由同一配电回路为灯具供电。

（2）当灯具采用自带蓄电池供电时，灯具的主电源应通过应急照明配电箱一级分配电后为灯具供电，应急照明配电箱的主电源输出断开后，灯具应自动转入自带蓄电池供电。

（3）在集中控制型系统中，集中设置的集中电源应由消防电源的专用应急回路供电，分散设置的集中电源应由所在防火分区、同一防火分区的楼层的消防电源配电箱供电；应急照明配电箱应由消防电源的专用应急回路或所在防火分区、同一防火分区的楼层的消防电源配电箱供电。

（4）在非集中控制型系统中，集中设置的集中电源应由正常照明线路供电，分散设置的集中电源应由所在防火分区、同一防火分区的楼层的正常照明配电箱供电；应急照明配电箱应由防火分区、同一防火分区的楼层的正常照明配电箱供电。

6.5.2 消防应急灯具的控制与通信

在集中控制型系统中，对每个灯具可以进行监测和控制，对于 A 型消防应急灯具，电源线与控制线可以采用二总线，即电源线与控制线采用两根线，如果控制线与电源线不采用二总线，则电源线与控制线可以共管敷设。对于 B 型集中控制型消防应急灯具，每个灯具应具有 2 根电源线和 2 根通信线，如果应急照明集中电源或应急照明配电箱的通信回路与电源回路均采用了安全隔离措施，满足电磁兼容要求，并且电源线路电压等级、线路绝缘等级与控制回路保护等级均满足要求，则电源线和通信线可共管敷设，否则应分管敷设。

非集中控制系统中，不要求对每个灯具可以进行监测和控制，系统仅仅控制到集中电源或应急照明配电箱，在火灾情况下，应确保切断集中电源或应急照明配电箱的市政电源，启动蓄电池供电。

6.6 蓄电池供电持续工作时间

GB 51309—2018 规定，系统应急启动后，在蓄电池电源供电时的持续工作时间应满足下列要求：

---

1 建筑高度大于 100m 的民用建筑，不应小于 1.5h。

2 医疗建筑、老年人照料设施、总建筑面积大于 100000m² 的公共建筑和总建筑面积大于 20000m² 的地下、半地下建筑，不应少于 1.0h。

3 其他建筑，不应少于 0.5h。

4 城市交通隧道应符合下列规定：

1) 一、二类隧道不应小于 1.5h，隧道端口外接的站房不应小于 2.0h；

2) 三、四类隧道不应小于 1.0h，隧道端口外接的站房不应小于 1.5h。

5 在非火灾状态下，系统主电源断电后，集中电源或应急照明配电箱应连锁控制其配接的非持续型照明灯的光源应急点亮、持续型灯具的光源由节电点亮模式转入应急点亮模式；灯具持续应急点亮时间应符合设计文件的规定，且不应超过 0.5h。

6 集中电源的蓄电池组和灯具自带蓄电池达到使用寿命周期后，标称的剩余容量应保证放电时间满足火灾和非火灾状态下规定的持续工作时间。

其中第 5、6 款是比 GB 50016—2014（2018 年版）要求更细更具体的条款，涉及非火灾

状态下，主电源断电后，蓄电池可以点亮照明灯，但点亮时间最长不能超过 0.5h。如果这段时间内主电源没有恢复供电，则系统需要把疏散照明灯熄灭，以保证一旦此时发生火灾，蓄电池供电的时间满足 GB 50016—2014（2018 年版）的要求，GB 51309—2018 要求蓄电池供电时间要满足火灾和非火灾情况下供电时间，但非火灾时间在 0～0.5h 范围没有具体指定，《设计与安装》推荐了非火灾状态下的时间，蓄电池电源供电持续工作时间 $t(t=t_1+t_2)$ 见表 6-2。

表 6-2 　　　　　　　　　　蓄电池电源供电持续工作时间 $t(t=t_1+t_2)$

火灾工况条件，持续应急时间	t_1	非火灾状态，主电源断电持续应急时间 t_2（推荐值）	
		场所推荐值	t_2
高度大于 100m 的民用建筑	≥1.5h	≤54m 住宅	10min
医疗建筑、老年人照料设施、总建筑面积大于 100000m² 的公共建筑和总建筑面积大于 2000m² 的地下、半地下建筑	≥1.0h	>54m 住宅	15min
其他建筑	≥0.5h	一类高层民用建筑及人员密集场所	30min

（注：$t_2≤0.5h$ 跨越中间三行）

在此还需明确，这是系统设计要求而不是产品要求，蓄电池初装容量应根据电池充放电特性确定，产品应符合 GB 17945《消防应急照明和疏散指示系统》的规定。

6.7　特低电压照明装置的保护与线缆要求

6.7.1　特低电压照明装置的保护

GB 51309—2018 从防火救援时防人身电击出发，把消防应急灯具安装在距地 8m 及以下时，应采用 A 型消防应急灯具，即要求主电源和蓄电池电源额定工作电压均不大于 DC36V 的消防应急灯具。对于安装在距地 8m 以上的消防应急灯具，可以采用 B 型消防应急灯具（B 型消防应急灯具是灯具电源额定工作电压大于 AC36V 或 DC36V 的消防应急灯具），并且规定设有消防控制室的建筑均采用集中控制型系统。由此可见，大部分建筑场所均会采用低压直流供电，即是国际电工标准定义的特低电压（SELV）供电，从电压等级上，防人身电击有了安全保障，但 SELV 系统的可靠、安全运行，才能使消防应急照明系统安全可靠，由于系统与消防息息相关，系统本身的可靠性应当引起格外重视。

根据 GB/T 16895.30—2008/IEC 60364-7-715：1999《建筑物电气装置　第 7—715 部分：特殊装置或场所的要求　特低电压照明装置》，特低电压线路当采用裸导体布线时，很容易引起短路故障，同样能引起火灾事故。为防止电气火灾，当采用裸导体布线时，GB/T 16895.30—2018 对特低电压照明回路采用"特殊保护电器"保护，并对此"特殊保护电器"

提出了以下要求：

> ——对灯具的负荷有连续的监视；
>
> ——发生短路故障或引起功率增加 60W 以上的其他故障时，在 0.3s 以内自动切断电源；
>
> ——供电回路正在降低功率情况下工作时（例如在进行导通角控制时或调整功率过程中或灯泡损坏时），如发生引起功率增加 60W 以上的故障时，自动切断电源；
>
> ——供电回路的开关合闸时，如发生引起功率增加 60W 以上的故障时，自动切断电源；
>
> ——特殊保护电器应是即使元件故障也不影响安全的电器。

目前，国内外的低压电器生产商还没有生产此种"特殊保护电器"。因此，布线系统不应采用裸导体，应采用导管或槽盒保护的绝缘导线布线。

另外，由于集中控制型系统采用了电子线路对疏散照明灯和疏散指示灯进行集中监视和控制，除采用绝缘布线系统外，是可以尽量达到上述特殊保护电器要求的，即集中电源对 LED 灯具的开关电源采用"微短路保护"技术，对开关电源每一路电源的输出线路进行实时监测，对每一路负载实现"跟随式"保护，无论哪一路负载的工作电流是多少，集中供电电源都会跟随实际的负载电流自动设定有效的保护值，从而实现在发生单路负载异常或短路时，可快速有效地切断电源并发出提示警告，A 型应急照明配电箱或集中电源出线回路简单采用 6A 以下熔断器或断路器作为过电流保护器件，无法满足上述特殊保护电器要求，但输出端的熔断器或断路器仅作为后备保护，此种情况下基本满足了"特殊保护电器"的要求，提高了安全性。

6.7.2 线缆要求

应急照明的线缆选型应满足以下要求：

（1）A 型灯具配电线路除地面设置的灯具外，均采用 WDZN-BYJ（F）或 WDZN-YJ（F）E 型铜芯耐火线缆，线路电压等级不低于交流 300/500V。

（2）B 型灯具配电线路除地面设置的灯具外，均采用 WDZN-BYJ（F）或 WDZN-YJ（F）E 型铜芯耐火线缆，线路电压等级不低于交流 450/750V。

（3）地面设置的标志灯配电线路和通信线路，均采用耐腐蚀 YGC 硅橡胶绝缘硅橡胶护套电力电缆或 KGG 硅橡胶绝缘和护套控制电缆。

（4）系统通信线路均采用铜芯耐火线缆或耐火光纤。

（5）线路色标应保持一致性，正极"＋"线应为红色，负极"－"线应为蓝色或黑色，接地线应为黄绿相间色。

6.8　需要注意的问题

对消防应急照明和疏散指示系统，应注意以下问题。

6.8.1　消防应急照明和疏散指示系统设计依据

建筑是否设置消防应急照明和疏散指示系统，主要依据是 GB 50016—2014《建筑设计防火规范（2018 年版）》，如果设置了系统，具体做法主要依据 GB 51309—2018。GB 51348—2019《民用电气设计标准》中有部分应急照明的条文，特别是第 13.4.6 条（"疏散照明应在消防控制室集中手动、自动控制。不得利用切断消防电源的方式直接强启疏散照明灯"）是强制性条文，本条仅适用于集中控制型系统。对于非集中控制型系统，是要切断正常电源强启疏散照明灯的，也可以理解为非集中控制型系统启动疏散照明灯切断的是正常电源而非消防电源。GB 51309—2018 是我国指导消防应急照明和疏散指示系统工程应用的主要技术标准，所以设计依据主要应以 GB 51309—2018 为准。

6.8.2　系统选型及疏散照度

设置了消防控制室的建筑，均应采用集中控制型系统；设置的消防控制室所管辖范围内又设置有火灾自动报警系统的建筑，均应采用集中控制型系统。

对于住宅建筑尤其是同时建有高层和多层住宅建筑的住宅小区，原则上：当住宅小区设有消防控制室时，在设置火灾自动报警系统的住宅建筑中均应采用集中控制型系统；该小区未设置火灾自动报警系统的多层建筑中可以采用非集中控制型系统。基于对消防设备集中管理的考虑，该部分建筑也可以采用集中控制型系统，纳入消防控制室集中监管。

疏散照明的照度是点照度而不是平均照度，该照度不考虑房间表面反射的影响，点照度计算在 19D702-7《应急照明设计与安装》的第 32 页有具体介绍。

6.8.3　疏散照度的测量范围

（1）对于走廊、楼梯，测量范围为走道、楼梯中心线两侧，测量宽度为走道、楼梯宽度 1/2。

（2）对于人员密集场所，区域型的疏散照明的照度，关键看区域内有无疏散路径：区域内有疏散路径，照度按疏散路径测量；区域内无疏散路径，照度按四周各减小 500mm 后的范围测量。

6.8.4　灯具电压等级的选择

设置在距地面 8m 及以下灯具的电压等级及供电方式应符合下列规定：

（1）应选择 A 型灯具。

（2）地面上设置的标志灯应选择集中电源 A 型灯具。

（3）未设置消防控制室的住宅建筑，疏散走道、楼梯间等场所可选择自带电源 B 型灯具。

6.8.5 保持视觉连续的方向标志灯的设置

GB 50016—2014 第 10.3.6 条：

> 下列建筑或场所应在疏散走道和主要疏散路径的地面上增设能保持视觉连续的灯光疏散指示标志或蓄光疏散指示标志：
>
> 1 总建筑面积大于 8000m² 的展览建筑；
>
> 2 总建筑面积大于 5000m² 的地上商店；
>
> 3 总建筑面积大于 500m² 的地下或半地下商店；
>
> 4 歌舞娱乐放映游艺场所；
>
> 5 座位数超过 1500 个的电影院、剧场，座位数超过 3000 个的体育馆、会堂或礼堂；
>
> 6 车站、码头建筑和民用机场航站楼中建筑面积大于 3000m² 的候车、候船厅和航站楼的公共区。

地面上如果设置了保持视觉连续的方向标志灯，应符合下列规定：

（1）应设置在疏散走道、疏散通道地面的中心位置。

（2）灯具的设置间距不应大于 3m。

地面上的保持视觉连续的方向标志灯，是增设的辅助标志，是侧墙或顶部标志灯的补充，不应仅采用地面上的保持视觉连续的蓄光型指示标志替代消防应急标志灯具。

6.8.6 A 型灯具可否兼用日常照明的问题

GB 51309—2018 第 3.1.6 条要求"住宅建筑中，当灯具采用自带蓄电池供电方式时，消防应急照明可以兼用日常照明"，并没有否定 A 型灯具兼日常照明。对于楼梯间，区域比较小，如果 A 型灯具的光通量和功率指标可以满足工程日常和消防的实际需求，A 型灯具可以兼用日常照明，这样可以简化线路敷设。

在此还需强调的是：目前集中控制型应急灯控制协议还不统一，不同厂商产品没有互换性，在采用兼用方案时，更应重视产品的可靠性。

6.8.7 疏散照明过度设置问题

GB 51309—2018 规定："观众厅，展览厅，电影院，多功能厅，建筑面积大于 200m² 的营业厅、餐厅、演播厅，建筑面积超过 400m² 的办公大厅、会议室等人员密集场所"，设置疏散照明最小照度 3lx，对于"营业厅、餐厅、演播厅，办公大厅、会议室"是有面积指标限定的，小于上述面积可不设置，不应到处都设。

6.8.8　楼梯间方向标志灯设置

所有的地下楼梯间均需要设置方向标志灯，并且指向应向上。地上的公共建筑楼梯间宜设置，地上的住宅楼梯间可不设置。因为公共建筑人员密集，对现场有可能不熟悉，故宜设置方向标志灯，而住宅建筑中的人员对环境熟悉，楼梯间有疏散照度的要求，火灾时大家都知道向楼下疏散，并且住宅楼梯间一般比较小，安装后又容易毁坏。GB 50016—2014（2018 年版）中要求住宅建筑设疏散指示标志，并没有要求楼梯间设置，因此，住宅走廊、门厅等部位设置了方向标志灯，而楼梯间不设置方向标志灯，也是满足要求的。

在 GB 51348—2019 图 13.6.5-1 中，明确了楼梯间不设置方向标志灯。

6.8.9　借用相邻防火分区与"智能疏散"

具有一种疏散指示方案的区域，应按照最短路径疏散的原则确定该区域的疏散指示方案；

需要借用相邻防火分区疏散的防火分区，应根据火灾时相邻防火分区可借用和不可借用的两种情况，分别按最短路径疏散原则和避险原则确定相应的疏散指示方案；仅在借用防火分区的通道上安装双向的方向标志灯，此双向标志灯根据相邻防火分区情况改变方向，见图 6-18，其他通道均采用单方向的方向标志灯，以最短路径原则设置。"智能疏散"均为宣传，标准不认可。

6.8.10　灯具配电回路设计要点

6.8.10.1　水平疏散区域灯具配电回路

（1）应按防火分区、同一防火分区的楼层、隧道区间、地铁站台和站厅等为基本单元设置配电回路。

（2）除住宅建筑外，不同的防火分区、隧道区间、地铁站台和站厅不能共用同一配电回路。

（3）避难走道应单独设置配电回路。

（4）防烟楼梯间前室及合用前室内设置的灯具，应由前室所在楼层的配电回路供电。

（5）配电室、消防控制室、消防水泵房、自备发电机房等发生火灾时仍需工作、值守的区域和相关疏散通道，应单独设置配电回路。

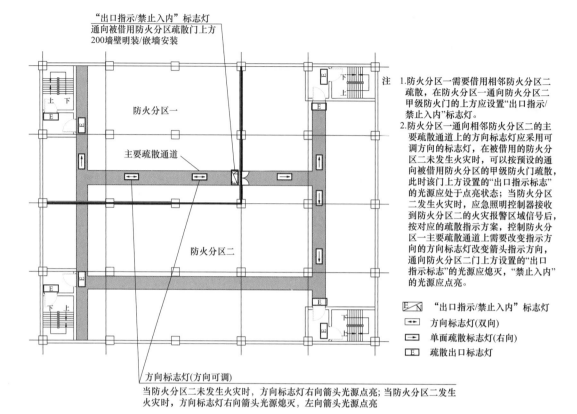

"出口指示/禁止入内"标志灯
通向被借用防火分区疏散门上方
200墙壁明装/嵌墙安装

注 1.防火分区一需要借用相邻防火分区二
　　疏散，在防火分区一通向防火分区二
　　甲级防火门的上方应设置"出口指示/
　　禁止入内"标志灯。
　　2.防火分区一通向相邻防火分区二的主
　　要疏散通道上的方向标志灯应采用可
　　调方向的标志灯，在被借用的防火分
　　区二未发生火灾时，可以按预设的通
　　向被借用防火分区的甲级防火门疏散，
　　此时该门上方设置的"出口指示标志"
　　的光源应处于点亮状态；当防火分区
　　二发生火灾时，应急照明控制器接收
　　到防火分区二的火灾报警区域信号后，
　　按对应的疏散指示方案，控制防火分
　　区一主要疏散通道上需要改变指示方
　　向的方向标志灯改变箭头指示方向，
　　通向防火分区二门上方设置的"出口
　　指示标志"的光源应熄灭，"禁止入内"
　　的光源应点亮。

防火分区一

主要疏散通道

防火分区二

	"出口指示/禁止入内"标志灯
	方向标志灯(双向)
	单面疏散标志灯(右向)
E	疏散出口标志灯

方向标志灯(方向可调)
当防火分区二未发生火灾时，方向标志灯右向箭头光源点亮；当防火分区二发生
火灾时，方向标志灯右向箭头光源熄灭，左向箭头光源点亮

图 6-18　借用防火分区疏散方案示意

6.8.10.2　竖向疏散区域灯具配电回路

（1）封闭楼梯间、防烟楼梯间、室外疏散楼梯应单独设置配电回路。

（2）敞开楼梯间内设置的灯具应由灯具所在楼层或就近楼层的配电回路供电。

（3）避难层和避难层连接的下行楼梯间应单独设置配电回路。

6.8.11　集中电源或应急照明配电箱供电范围

沿电气竖井垂直方向为不同楼层的灯具供电时，应急照明配电箱的每个输出回路在公共建筑中的供电范围不宜超过8层，在住宅建筑的供电范围不宜超过18层。集中电源的每个输出回路在公共建筑中的供电范围不宜超过8层，在住宅建筑的供电范围不宜超过18层。每个集中电源箱或应急照明配电箱有8个回路，可供电的范围可以很大，住宅建筑甚至不止18层，但还需要注意：安装在竖井中的每个集中电源箱的容量不能超过1kW，每个回路不能超过6A，这就限制了供电的范围不能太大，需要综合考虑，不能只从一个限定条件考虑。根据 GB 51309—2018 对输出回路数和电流的限制条件，实际允许每台集中电源或应急照明配电箱配接的最大灯具容量见表6-3。

系统	类型	回路数	单路容量（A）	功率因数	额定容量（W）			实际可接灯具容量（W）		
					DC36V	DC24V	AC220V	DC36V	DC24V	AC220V
应急照明配电箱	A 型	8	6	1	1728	1152		1382.4	921.6	
	B 型	12	10	0.9			23760			19008
集中电源装置	A 型	8	6	1	1728	1152		1382.4	921.6	
	B 型	8	10	0.9			15840			12672

表 6-3　　　　　　　　　每台集中电源或应急照明配电箱配接的最大灯具容量

注　安装在竖井中的集中电源箱的容量不能超过 1kW。

6.8.12　应急照明配电箱、集中电源设置

6.8.12.1　应急照明配电箱的设置

（1）宜设置于值班室、设备机房、配电间或电气竖井内。

（2）人员密集场所，每个防火分区应设置独立的应急照明配电箱；非人员密集场所，多个相邻防火分区可设置一个共用的应急照明配电箱。

（3）防烟楼梯间应设置独立的应急照明配电箱，封闭楼梯间宜设置独立的应急照明配电箱。

6.8.12.2　集中电源的设置

（1）应综合考虑配电线路的供电距离、导线截面、压降损耗等因素，按防火分区的划分情况设置集中电源；灯具总功率大于 5kW 的系统，应分散设置集中电源。

（2）应设置在消防控制室、低压配电室、配电间内或电气竖井内；集中电源的额定输出功率不大于 1kW 时，可设置在电气竖井内。

（3）设置场所不应有可燃气体管道、易燃物、腐蚀性气体或蒸汽。

（4）酸性电池的设置场所不应存放带有碱性介质的物质，碱性电池的设置场所不应存放带有酸性介质的物质。

（5）设置场所宜通风良好，设置场所的环境温度不应超出电池标称的工作温度范围。

6.8.13　疏散照明灯和出口标志灯具安装

GB 51309—2018 规定：灯具在顶棚、疏散走道或通道的上方安装时，应符合下列规定：

> 1）照明灯可采用嵌顶、吸顶和吊装式安装；
>
> 2）标志灯可采用吸顶和吊装式安装；室内高度大于 3.5m 的场所，特大型、大型、中型标志灯宜采用吊装式安装；
>
> 3）灯具采用吊装式安装时，应采用金属吊杆或吊链，吊杆或吊链上端应固定在建筑构件上；
>
> 4）室内高度不大于 3.5m 的场所，标志灯底边离门框距离不应大于 200mm；室内高度大于 3.5m 的场所，特大型、大型、中型标志灯底边距地面高度不宜小于 3m，且不宜大于 6m。

从以上条文要求可看出，照明灯可采用嵌顶、吸顶和吊装式安装，但对于安全出口外面的照明灯，如果没有雨棚，也可采用壁装形式，见图6-19。

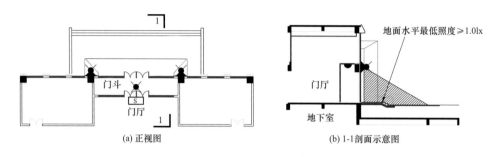

图 6-19 安全出口外侧疏散照明灯壁装形式

对于高大空间，出口标志灯安装底边离门框距离不应大于200mm，距地高度应在3～6m范围内，才有利于人的视线。

6.8.14 方向标志灯的安装

方向标志灯应符合 GB 51309—2018 以下规定：

> 安装在疏散走道、通道两侧的墙面或柱面上时，标志灯底边距地面的高度应小于1m；安装在疏散走道、通道上方时：①室内高度不大于3.5m的场所，标志灯底边距地面的高度宜为2.2～2.5m；②室内高度大于3.5m的场所，特大型、大型、中型标志灯底边距地面高度不宜小于3m，且不宜大于6m。

由此可见，方向标志灯并不一定必须安装在1m以下的墙上或柱面上，安装在通道上方更有利于人的视线时，可以安装在通道上方，如地下车库，方向标志灯安装在1m以下的柱子上时，很容易被车遮挡，安装在通道上方更有利于视线，安装做法见图6-20。

对于高大空间，由于视线的关系，方向标志灯如果安装在通道上方时，高度应在3～6m范围，如果是二三十米高的航站楼出发大厅，吊装的吊杆或吊链长达20m左右，安装困难并有安全隐患。此时，则采用地面立柱式安装，方向标志的标识可距地2.2～2.5m，下部2.2～2.5m支撑部分还可综合利用用于其他相关的标识，也可利用通道边墙壁装，更有利于方向指示，见图6-21。

当安全出口或疏散门在疏散走道侧边时，在疏散走道增设的方向标志灯应安装在疏散走道的顶部，且标志灯的标志面应与疏散方向垂直、箭头应指向安全出口或疏散门，安装示例见图6-22。

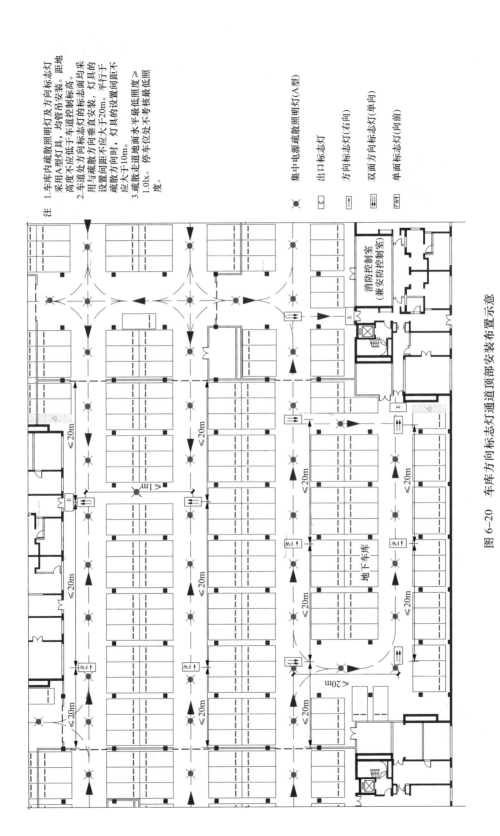

图 6-20 车库方向标志灯通道顶部安装布置示意

注

1. 车库内疏散照明灯及方向标志灯采用A型灯具，均管吊安装。距地高度不应低于车道控制标高。

2. 车道处疏散方向标志灯的标志面均采用与疏散方向垂直安装。平行于疏散间距不应大于20m。灯具的设置间距不应大于疏散间距不大于，灯具的设置间距应大于10m。

3. 疏散走道地面水平最低照度≥1.0lx。停车位处不考核最低照度。

* 集中电源疏散照明灯（A型）
E 出口标志灯
→ 方向标志灯（右向）
↔ 双面方向标志灯（单向）
FW 单面标志灯（向前）

(a) 示例一   (b) 示例二

图 6-21 方向标志灯地面立柱式、壁装式安装示例

6.8.15 体育场馆疏散照明与安全照明

JGJ 354—2014《体育建筑电气设计规范》强制性条文第 9.1.4 条规定：

> 1 观众席和运动场地安全照明的平均水平照度值不应低于 20lx；
> 2 体育场馆出口及其通道、场外疏散平台的疏散照明地面最低水平照度值不应低于 5lx。

图 6-22 走道增设指向疏散
出口的方向标志灯

由于体育场馆有 8m 以上的空间，也有 8m 以下的空间，从人员应急疏散和救火时人员安全方面考虑，应尽量使用 A 型灯具，在《设计与安装》第 67 页中示意了疏散照明和安全照明的两种做法：

方案一是完全采用 A 型灯具，在低于 8m 的通道、室外台阶、大堂等场所，采用 A 型灯具可以实现 5.0lx 的最低照度要求，而在场地室内台阶处，采用低电压小功率的台阶灯，把每层台阶面都照亮，使台阶面最低照度很容易达到 5.0lx。

方案二是利用观众席和场地的安全照明灯兼用于疏散通道的疏散照明灯，保证安全照明平均照明达到 20lx 时，疏散通道的最低照度达到 5.0lx。

观众席和场地为高空间场所，所使用的灯具功率较大，由于使用安全照明兼用疏散照明，此时安全照明可采用集中电源集中控制型系统。一般情况下安全照明采用双重电源供电，再加上集中电池供电，则满足了一级负荷中特别重要负荷的要求，灯具也是专用灯具，安全照明与疏散照明兼用灯具，可靠性比较高。

LED 没有进入体育照明领域之前，场地照明灯多采用金属卤化物灯。由于气体放电灯再启动困难的问题，金属卤化物灯是不能用于应急照明的，常用卤钨灯做专用的应急照明灯。如果采用了专用的应急照明灯具，安全照明与疏散照明可以兼用。

现在场地照明多采用 LED 灯，不存在采用金属卤化物灯具再启动困难的问题，如果安全照明采用场地照明灯具的一部分，也是可行的。但由于安全照明和疏散照明供电要求高，而照度要求不高，为了控制管理方便、配电系统清晰，一般不采用场地照明灯兼用安全照明灯，仍然设置专用的安全照明灯。

对于体育场馆场地内运动员的疏散指示，体育场多为露天场所，场地上不必再设置疏散指示灯。体育馆场地四周疏散门上方安装特大型或大型标志灯时，场地上人员视线与四周装灯面基本是垂直的，距门 30m 内是可以不用安装方向标志灯的。另外，在比赛场地四周墙上也可以安装大型方向标志灯，指向疏散出口，在场地上视线与这些标志灯的标志面也是垂直的，相当于在场地两侧墙间距 60m 内不需要再考虑方向标志灯，也不需要在场地地面装设方向标志灯，长度 60m 的范围，基本上覆盖了整个场地范围。

6.9　隧道消防应急照明和疏散指示系统

长度大于 500m 的公路隧道及隧道横通道，应设置消防应急照明和疏散指示系统；对长度小于 500m 的隧道可参照设置。隧道发生火灾时，主隧道的车道就变成行人逃往紧急出口的步行道，人员疏散情形见图 6-23，在图 6-23 中，疏散路径是从主隧道内的疏散路线到紧急出口，再沿逃生路线到最终出口，最后到达安全区域，安全区域可以是室外，可以是另一个主隧道，也可是安全走廊或避难区域。

（1）疏散路线：静止车辆与紧急出口之间的步行路线。

（2）紧急出口：旨在紧急情况下供行人使用的导向安全区域的出口（直接或通过逃生路线），也可称疏散出口。

（3）逃生路线：从紧急出口到最终出口的路线。

（4）最终出口：在逃生路线终点直接通向安全区的出口，也称安全出口。

（5）避难区域：供使用者安全等待撤离的区域。

(6) 安全走廊：出口可通向室外的室内安全区。

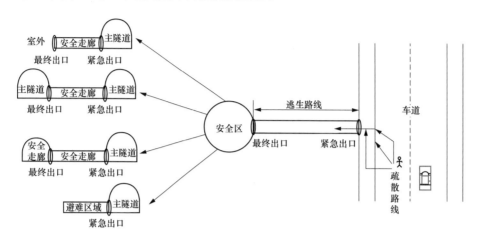

图 6-23 隧道安全疏散情形

在正常条件下，正常照明是为确保驾驶员在整个隧道中的任何时候都具有适当能见度所提供的恒定照明系统。备用照明是配置的正常照明的一部分，以便在正常供电发生故障时照明并为驾驶员驾车驶离隧道提供足够的照度，在隧道照明设计标准中有相应规定。

疏散应急照明应包括如下部分：

(1) 疏散路线标志灯：为行人提供指引并划定通往紧急出口的疏散路线的可见标志。

(2) 紧急出口照明：为隧道使用者清晰识别紧急出口位置的照明。

(3) 紧急出口标志灯：为清晰指示紧急出口边界而设置的标志灯。

(4) 逃生路线照明：在紧急出口与最终出口之间设置的为使用者提供指引和保障其视觉功能的照明。

(5) 紧急模式的持续时间：能够满足应急照明规定照明水平的时间段。

(6) 响应时间：从呼叫启动应急照明系统到达到应急照明设计水平所需的最大时间。

6.9.1 疏散路线标志灯

在紧急事件发生时，主隧道的车道就变成行人逃往紧急出口的步行道。当能见度正常时，可以假定主隧道的正常照明或备用照明足以达到这一目的。在任何紧急情况下，作为正常照明的补充，特别是在能见度受损的情形下，疏散路线标志灯为隧道使用者提供指引，以方便其徒步通往紧急出口，撤离隧道。

疏散路线标志灯应设置在隧道两侧，视线与标志面平行时，间距不超过 10m，视线与标志面垂直时，间距不超过 20m，且距地面不高于车道水平上方 1m 的位置安装，且标志清晰，见图 6-24。

(a) 标志面与视线平行　　　　　　　　　　　　　(b) 标志面与视线垂直

图 6-24　疏散路线指示灯

在任何情况下，沿疏散路线的疏散路线标志灯应能够启动并按规定的时间持续点亮。为减少对驾驶员产生的失能眩光，应限制特定方向上的光强。在典型隧道的亮度条件下，与驾驶员观察方向 15°圆锥内的光强值不宜超过 40cd。为了提高烟雾中的能见度，所有方向上每个灯具的最低维持光强值为 1cd。标志灯的设置见图 6-25。

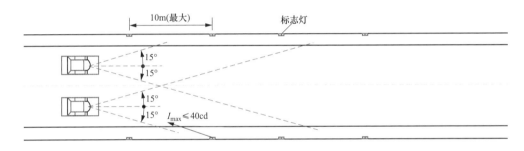

图 6-25　疏散路线标志灯的设置

研究发现，在紧急情况发生的早期阶段，驾乘人员更倾向于留在车内并不愿意离开。强烈建议在紧急情况发生的早期阶段，能够让指示灯闪烁或增设显示，督促驾驶员离开其车辆，尽快疏散。

6.9.2　紧急出口照明

在通过专用的紧急出口照明让驾乘人员明确地辨别出口、帮助驾乘人员必要时离开其车辆的同时，还应采用功能性照明照亮紧急出口区域和标志灯标记紧急出口。

（1）功能性照明。为了提高紧急出口可见度，并帮助所有隧道使用者了解他们所处的位置和形状，每个紧急出口包括出口及出口外 2m 的隧道墙壁区域（见图 6-26）均应照亮。在任何时候，紧急出口处的垂直维持平均照度应为白天隧道中间段距离路面 2m 高的范围内墙壁表面平均照度水平的 3～5 倍，其照度的整体照度的均匀度不应低于 0.6。功能照明光源的显色指数 R_a 不应低于 60。

（2）紧急出口标志灯。出口处应设置绿色的紧急出口标志灯，但应只在紧急情况下启动。图 6-27 所示为建议的布置方式。建议使用闪烁的标志灯引起撤离中的行人注意。令人满意的条件是闪烁频率在 1~2Hz 范围内，所有方向上的光强不低于 150cd。

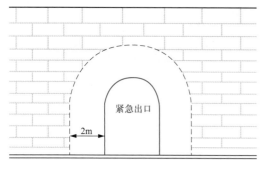

图 6-26　紧急出口照明的区域

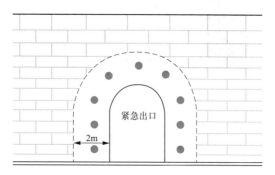

图 6-27　绿色紧急出口标志灯的建议的布置方式

6.9.3　疏散路线照明

紧急情况中，逃生路线照明提供的水平维持平均照度不应低于白天隧道中间段的照度水平，照度均匀度不应低于 0.2，光源的显色指数 R_a 不应低于 40。

6.9.4　避难区域照明

紧急情况中，庇护所照明提供的水平平均维持照度不应低于 100lx，整体均匀度不低于 0.2，光源的显色指数 R_a 不应低于 40。

6.10　系统检测、调试与验收

消防应急照明和疏散指示系统是独立的建筑消防系统。系统竣工后，建设单位应负责组织施工、设计、监理等单位进行系统验收，验收不合格不得投入使用。消防应急照明和疏散指示系统能否运行正常，检测、调试和验收是十分重要的环节。调试分为产品调试和系统调试，可按 GB 17945《消防应急照明和疏散指示系统》的要求进行调试。

6.10.1　系统验收前的资料查验

消防应急照明和疏散指示系统验收前，应对施工单位提供的下列资料进行齐全性和符合性检查：

（1）竣工验收申请报告、设计变更通知书、竣工图。

（2）工程质量事故处理报告。

（3）施工现场质量管理检查记录。

（4）系统安装过程质量检查记录。

（5）系统部件的现场设置情况记录。

（6）系统控制逻辑编程记录。

（7）系统调试记录。

（8）系统部件的检验报告、合格证明材料。

6.10.2　系统验收的合格判定准则

（1）系统验收项目类别的划分。GB 51309—2018 的第 6.0.4 条根据各项目对系统工程质量影响程度的不同，将验收的项目划分为 A、B、C 三个类别：

---

1 A 类项目：

1）系统中的应急照明控制器、集中电源、应急照明配电箱和灯具的选型与设计文件的符合性；

2）系统中的应急照明控制器、集中电源、应急照明配电箱和灯具消防产品准入制度的符合性；

3）应急照明控制器的应急启动、标志灯指示状态改变控制功能；

4）集中电源、应急照明配电箱的应急启动功能；

5）集中电源、应急照明配电箱的连锁控制功能；

6）灯具应急状态的保持功能；

7）集中电源、应急照明配电箱的电源分配输出功能。

2 B 类项目：

1）本标准第 6.0.3 条规定资料的齐全性、符合性；

2）系统在蓄电池电源供电状态下的持续应急工作时间。

3 其余项目应为 C 类项目。

（2）系统验收结果判定准则。GB 51309—2018 的第 6.0.5 条对系统验收结果的判定准则作出了明确的规定：

---

1 A 类项目不合格数量应为 0，B 类项目不合格数量应小于等于 2，B 类项目不合格数量加上 C 类项目不合格数量应小于等于检查项目数量的 5％的，系统检测、验收结果应为合格；

2 不符合合格判定准则的，系统检测、验收结果应为不合格。

6.10.3　系统验收的项目及数量要求

消防应急照明和疏散指示系统工程技术检测、验收对象、项目及检测、验收数量具体要求应满足表 6-4 的规定。

表 6-4 　　　　　消防应急照明和疏散指示系统工程技术检测、验收对象、
项目及检测、验收数量具体要求

序号	检测、验收对象		检测、验收项目	检测数量	验收数量
1	文件资料		齐全性、符合性	全数	全数
2	系统形式和功能选择	Ⅰ集中控制型	符合性	全数	全数
		Ⅱ非集中控制型			
3	系统线路设计	Ⅰ灯具配电线路设计	符合性	全部防火分区、楼层、隧道区间、地铁站台和站厅	建（构）筑物中含有5个及以下防火分区、楼层、隧道区间、地铁站台和站厅的，应全部检验；超过5个防火分区、楼层、隧道区间、地铁站台和站厅的应按实区域数量20%的比例抽验，但抽验总数不应小于5个
		☆Ⅱ集中控制型系统的通信线路设计			
4	布线		①线路的防护方式；②槽盒、管路安装质量；③系统线路选型；④电线电缆敷设质量		
5	灯具	Ⅰ照明灯	①设备选型；②消防产品准入制度；③设备设置；④安装质量	实际安装数量	与抽查防火分区、楼层、隧道区间、地铁站台和站厅相关的设备数量
		Ⅱ标志灯			
6	供配电设备	☆集中电源	①设备选型；②消防产品准入制度；③设备设置；④设备供配电；⑤安装质量；⑥基本功能		
		☆应急照明配电箱			
7	集中控制型系统	Ⅰ应急照明控制器	①应急照明控制器设计；②设备选型；③消防产品准入制度；④设备设置；⑤设备供电；⑥安装质量；⑦基本功能		
		Ⅱ系统功能	1 非火灾状态下的系统功能： (1) 系统正常工作模式； (2) 系统主电源断电控制功能； (3) 系统正常照明电源断电控制功能。 2 火灾状态下的系统控制功能： (1) 系统自动应急启动功能； (2) 系统手动应急启动功能；①照明灯设置部位地面的最低水平照度；②系统的在蓄电池电源供电状态下的应急工作时间		
8	非集中控制型系统	☆未设置火灾自动报警系统的场所	1 非火灾状态下的系统功能： (1) 系统正常工作模式； (2) 灯具的感应点亮功能。 2 火灾状态下的系统手动应急启动功能： (1) 照明灯设置部位地面的最低水平照度； (2) 系统在蓄电池电源供电状态下的应急工作时间		
		☆设置区域火灾自动报警系统的场所	1 非火灾状态下的系统功能： (1) 系统正常工作模式； (2) 灯具的感应点亮功能。 2 火灾状态下的系统应急启动功能： (1) 系统自动应急启动功能； (2) 系统手动应急启动功能；①照明灯设置部位地面的最低水平照度；②灯具在蓄电池电源供电状态下的应急工作时间		
9	系统备用照明		系统功能	全数	全数

注　1. 表中的抽检数量均为最低要求。
　　2. 每一项功能检验次数均为1次。
　　3. 带有"☆"标的项目内容为可选项，系统设置不涉及此项目时，检测、验收不包括此项目。

思考题

1. 简述应急照明如何分类。

2. 备用照明设计有哪几种方式？

3. 消防应急照明与疏散指示系统形式分哪几类？

4. 消防应急照明与疏散指示系统如何供电？

5. 如何确定消防应急照明与疏散指示系统蓄电池供电时间？

6. 消防应急照明与疏散指示系统在特低电压供电时应注意什么问题？

7. 如何设计隧道紧急出口的应急照明？

8. 消防应急照明系统验收前应查验哪些资料？

第7章

照明配电

照明系统是否能够安全正常运行，与合理的配电系统密切相关。配电系统牵涉的内容较为广泛，有电路的基本概念、电源电压等级、负荷计算、电压质量、照明配电线路的保护、电击防护、低压电器的选择、接地等内容。

7.1 电路基本概念

7.1.1 欧姆定律

在同一电路中，通过某一导体的电流跟这段导体两端的电压成正比，跟这段导体的电阻成反比

$$I = \frac{U}{R} \tag{7-1}$$

式中 I——电流，A；

U——电压，V；

R——电阻，Ω。

欧姆定律成立时，以导体两端电压 U 为横坐标，导体中的电流 I 为纵坐标，所做出的曲线，称为伏安特性曲线。这是一条通过坐标原点的直线，它的斜率为电阻的倒数。具有这种性质的电器元件叫线性元件，其电阻叫线性电阻或欧姆电阻。

欧姆定律不成立时，伏安特性曲线不是过原点的直线，而是不同形状的曲线。把具有这种性质的电器元件，称作非线性元件。

在通常温度或温度变化范围不太大时，像电解液（酸、碱、盐的水溶液）这样离子导电的导体，欧姆定律也适用。而对于气体电离条件下所呈现的导电状态，和一些导电器件，如电子管、晶体管等，欧姆定律不成立。

电阻（Resistance，通常用"R"表示），是一个物理量，在物理学中表示导体对电流阻

碍作用的大小。导体的电阻越大，表示导体对电流的阻碍作用越大。不同的导体，电阻一般不同，电阻是导体本身的一种特性。电阻越小，电子流通量越大，反之亦然。而超导体则没有电阻。

电阻的量值与导体的材料、形状、体积以及周围环境等因素有关。对于由某种材料制成的柱形均匀导体，其电阻 R 与长度 L 成正比，与横截面积 S 成反比

$$R = \rho \frac{L}{S} \tag{7-2}$$

式中　L——导体长度，m；

　　　S——导体截面积，mm^2；

　　　ρ——电阻率，为比例系数，由导体的材料和周围温度所决定，国际单位制（SI）是欧姆·米，即 $\Omega \cdot m$。

常温下一般金属的电阻率与温度的关系为

$$\rho = \rho_0 (1 + \alpha t) \tag{7-3}$$

式中　ρ_0——0℃时的电阻率；

　　　α——电阻的温度系数；

　　　t——温度，℃。

半导体和绝缘体的电阻率与金属不同，它们与温度之间不是按线性规律变化的。当温度升高时，它们的电阻率会急剧地减小，呈现出非线性变化的性质。电阻率的倒数 $1/\rho$ 称为电导率，用 σ 表示，它也是描述导体导电性能的参数，其国际单位制（SI）是西门子/米，即 S/m。

电阻的串联

$$R = R_1 + R_2 + \cdots + R_n \tag{7-4}$$

电阻的并联

$$\frac{1}{R} = \frac{1}{R_1} + \frac{1}{R_2} + \cdots + \frac{1}{R_n} \tag{7-5}$$

7.1.2　基尔霍夫电路定律

7.1.2.1　基尔霍夫第一定律

又称基尔霍夫电流定律，简记为 KCL，所有进入某节点的电流的总和等于所有离开这节点的电流的总和。或者描述为：假设进入某节点的电流为正值，离开这节点的电流为负值，则所有涉及这节点的电流的代数和等于零，见图 7-1

$$\sum_{k=1}^{n} i_k = 0 \tag{7-6}$$

式中 i_k——第 k 个进入或离开这节点的电流，是流过与这节点相连接的第 k 个支路的电流；

n——进入和离开这个节点的支路总数。

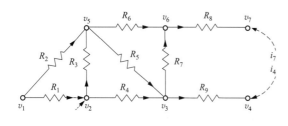

图 7-1　电路的节点和回路

7.1.2.2　基尔霍夫第二定律

又称基尔霍夫电压定律，简记为 KVL，沿着闭合回路所有元件两端的电势差（电压）的代数和等于零。或者描述为：沿着闭合回路的所有电动势的代数和等于所有电压降的代数和，见图 7-1

$$\sum_{k=1}^{m} v_k = 0 \tag{7-7}$$

式中　m——这闭合回路的元件数目；

v_k——元件两端的电压。

7.1.3　交流电

交流电流（AC）是指大小和方向都发生周期性变化的电流，在一个周期内的运行平均值为零。通常波形为正弦曲线。

三根相线中任意相线与 N 线之间的电压叫相电压 U_a、U_b、U_c，我国的低压供电系统中，三根相线各自与中性线之间的电压为 220V。

三根相线彼此之间的电压称为线电压。在对称的三相系统中，线电压的大小是相电压的 1.73 倍。在我国的低压供电系统中，线电压为 380V，见图 7-2。

三相电压的星形接法是将各相电源或负载的一端都接在一点上，而它们的另一端作为引出线，分别为三相电压的三条相线。对于星形接法，既可以将中点（称为中性点）引出作为中性线，形成三相四线制，也可以不引出，见图 7-3。

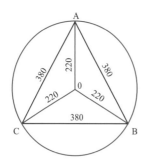

图 7-2　线电压和相电压

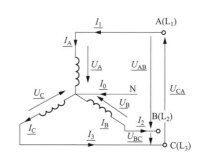

图 7-3　星形接法

三相电压的三角形接法是将各相电源或负载依次首尾相连，并将每个相连的点引出，作为三相电压的三条相线。三角形接法没有中性点，也不可引出中性线，因此只有三相三线制，见图7-4。

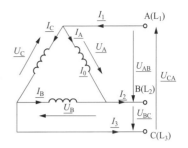

图 7-4　三角形接法

插座接线应符合下列规定（见图7-5、图7-6）：

（1）对于单相两孔插座，面对插座的右孔或上孔应与相线连接，左孔或下孔应与中性导体（N）连接；对于单相三孔插座，面对插座的右孔应与相线连接，左孔应与中性导体（N）连接。

（2）单相三孔、三相四孔及三相五孔插座的保护接地导体（PE）应接在上孔；插座的保护接地导体端子不得与中性导体端子连接；同一场所的三相插座，其接线的相序应一致。

（3）保护接地导体（PE）在插座之间不得串联连接。

（4）相线与中性导体（N）不应利用插座本体的接线端子转接供电。

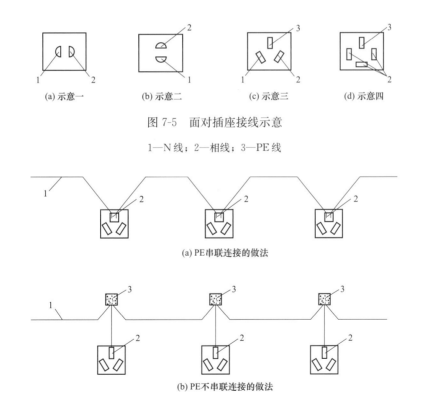

(a) 示意一　　(b) 示意二　　(c) 示意三　　(d) 示意四

图 7-5　面对插座接线示意

1—N线；2—相线；3—PE线

(a) PE串联连接的做法

(b) PE不串联连接的做法

图 7-6　插座 PE 线连接做法

7.1.4　电压、电流、功率基本公式

电压、电流、功率基本公式见表7-1。

表 7-1 电压、电流、功率基本公式

	项目	公式		单位
单相电路	有功功率	$P = UI\cos\varphi = S\cos\varphi$		W
	视在功率	$S = UI$		VA
	无功功率	$Q = UI\sin\varphi$		var
	功率因数	$\cos\varphi = \dfrac{P}{S} = \dfrac{P}{UI}$		
三相对称电路	有功功率	$P = 3U_{ph}I_{ph}\cos\varphi = \sqrt{3}U_LI_L\cos\varphi$		W
	视在功率	$S = 3U_{ph}I_{ph} = \sqrt{3}U_LI_L$		VA
	无功功率	$Q = 3U_{ph}I_{ph}\sin\varphi = \sqrt{3}U_LI_L\sin\varphi$		var
	功率因数	$\cos\varphi = \dfrac{P}{S}$		
	线电压、线电流相电压、相电流换算	Y	$U_L = \sqrt{3}U_{ph}\quad I_L = I_{ph}$	
		△	$U_L = U_{ph}\quad I_L = \sqrt{3}I_{ph}$	
三相不对称电路	有功功率	$P = P_A + P_B + P_C$		
	无功功率	$Q = Q_A + Q_B + Q_C$		

注　U_{ph}为相电压，V；I_{ph}为相电流，A；U_L为线电压，V；I_L为线电流，A；$\cos\varphi$为每相功率因数；P_A、P_B、P_C为每相有功功率；Q_A、Q_B、Q_C为每相无功功率。

7.2　电源电压等级

7.2.1　低压范围

低压配电适用于额定电压交流 1000V 及以下、直流 1500V 及以下的各类电气设备和电气装置。

用户的供电电压应根据用电容量、用电设备特性、供电距离、供电线路的回路数、当地公共电网现状及其发展规划等因素，经技术经济比较确定。低压配电电压宜采用 220/380V。

7.2.2　特低电压（extra-low voltage，ELV）

相间电压或相对地电压不超过交流方均根值 50V 的电压，极间电压或极对地电压不超过直流 120V 的电压。普通场所交流电压区段见表 7-2，直流电压区段见表 7-3。

表 7-2 普通场所交流电压区段

区段	接地系统（V）		不接地或非有效接地系统*（V）
	相对地	相间	相间
Ⅰ	$U \leqslant 50$	$U \leqslant 50$	$U \leqslant 50$
Ⅱ	$50 < U \leqslant 600$	$50 < U \leqslant 1000$	$50 < U \leqslant 1000$

注　U 为装置的标称电压，V。

* 如果系统配有中性导体，则由相导体和中性导体供电的电气设备选择，应使其绝缘适应其相间电压。

表 7-3   直 流 电 压 区 段

区段	接地系统（V）		不接地或非有效接地系统*（V）
	极对地	极间	极间
Ⅰ	$U \leqslant 120$	$U \leqslant 120$	$U \leqslant 120$
Ⅱ	$120 < U \leqslant 900$	$120 < U \leqslant 1500$	$120 < U \leqslant 1500$

* 如果系统配有中间导体，则由相导体和中间导体供电的电气设备选择，应使其绝缘适应其极间电压。

安全特低电压系统（safety extra low voltage system，SELV）：在正常条件下不接地的、电压不超过特低电压的电气系统。

保护特低电压系统（protection of extra low voltage system，PELV）：在正常条件下接地的、电压不超过特低电压的电气系统。

7.2.3 照明灯具及独立式附属装置采用交流（AC）电源供电时的要求

照明灯具及独立式附属装置采用交流（AC）电源供电时，应符合下列规定：

（1）光源额定功率 1500W 以下宜采用 AC220V 供电，1500W 及以上的高强度气体放电灯的电源电压宜采用 AC380V 供电。

（2）安装在水下的灯具应采用安全特低电压（SELV）供电，其电压值不应大于 AC12V（有人接触）。

（3）当移动式和手提式灯具采用防电击类别为Ⅲ类灯具时，应采用安全特低电压供电，在干燥场所不大于 AC50V，在潮湿场所不大于 AC25V。

7.2.4 照明灯具采用直流（DC）电源供电时的要求

照明灯具采用直流（DC）电源供电时，应符合下列规定：

（1）直流回路功率 500W 及以下时宜采用 DC48V，500W 以上时宜采用 DC220V。

（2）使用单灯功率 1500W 及以上的大功率灯具的电源电压宜采用 DC375V。

（3）安装在水下的灯具应采用安全特低电压供电，其电压值不应大于 DC30V（有人接触）。

（4）当移动式和手提式灯具采用防电击类别为Ⅲ类的灯具时，应采用安全特低电压供电，在干燥场所不大于 DC120V，在潮湿场所不大于 DC60V。

（5）采用以太网供电时输出电压范围应为 DC44～57V。

7.3 负荷计算

7.3.1 单台用电设备的设备功率

（1）连续工作制电动机的设备功率等于额定功率。

（2）周期工作制电动机的设备功率是将额定功率换算为负载持续率100％的有功功率

$$P_e = P_N \sqrt{\varepsilon_N}$$ (7-8)

式中　P_e——统一负载持续率的有功功率，kW；

　　　P_N——电动机额定功率，kW；

　　　ε_N——电动机额定负载持续率，常见的周期工作制电动机有起重机用电动机。

（3）短时工作制电动机的设备功率是将额定功率换算为连续工作制的有功功率。可把短时工作制电动机近似看做周期工作制电动机。0.5h工作制电动机可按$\varepsilon \approx 15\%$考虑，1h工作制电动机可按$\varepsilon \approx 25\%$考虑。

（4）交流电梯用电动机通常是短时工作制电动机，但在设计阶段难以得到确切数据，还宜考虑其频繁启动和制动。建议按电梯工作情况为"较轻、频繁、特重"，分别按$\varepsilon \approx 15\%$、$\varepsilon \approx 25\%$、$\varepsilon \approx 40\%$考虑。

（5）整流器的设备功率取额定直流功率。

（6）照明设备的设备功率直接取灯输入功率。

7.3.2　多台用电设备的设备功率

多台用电设备的设备功率的合成原则是：计算范围内不同时出现的负荷不叠加，比如季节性负荷、消防负荷等。

用电设备组的设备功率是所有单个用电设备的设备功率之和，但不包括备用设备和专门用于检修的设备。

计算范围的总设备功率应取所接入的用电设备组设备功率之和，并符合下列要求：

（1）计算正常电源的负荷时，仅在消防时才工作的设备不应计入总设备功率。

（2）同一计算范围内的季节性用电设备，应选取两者中较大者计入总设备功率。

（3）计算备用电源的负荷时，应根据负荷性质和供电要求，选取应计入的设备功率。

（4）当单相负荷与三相负荷同时存在，单相负荷设备功率之和不大于三相负荷设备功率之和的15％时，单相负荷可直接与三相负荷相加；单相负荷设备功率之和大于三相负荷设备功率之和的15％时，应将单相负荷换算为等效三相负荷，再与三相负荷相加。

（5）只有单相负荷时，等效三相负荷取最大相负荷的3倍。

（6）数量多而单台功率小的用电器具，如灯具、家用电器，容易分配到三相上，在大范围内可视同三相负荷，不进行换算。

7.4　电压质量

7.4.1　电压偏移

正常情况下，照明器具的端电压偏差允许值（以额定电压的百分数表示）宜符合下列要求：

（1）在一般工作场所为±5%。

（2）露天工作场所、远离变电站的小面积一般工作场所，难于满足±5%时，可为+5%、−10%；

（3）应急照明、道路照明和警卫照明等为+5%、−10%。

照明器具的端电压不宜过高或过低：电压过高，会缩短光源寿命；电压低于额定值，会使光通量下降，照度降低。当气体放电灯的端电压低于额定电压的90%时，甚至不能可靠地工作。当电压偏移在−10%以内，长时间不能改善时，计算照度应考虑因电压不足而减少的光通量。

对于 LED 光源，电压只是为了能使其点亮的基础，超过其门槛电压，二极管就会发光，而电流决定其发光亮度，所以二极管一般采用恒流源来驱动。只要保持驱动电源是恒流源，电压在一定范围内变化是不影响 LED 光通量的变化的。新的应急照明标准把电压偏差定为±20%是允许的。

7.4.2　电压波动与闪变

电压波动是指电网电压有规律的快速变动而不是单方向的偏移，冲击性负荷引起连续电压变动或电压幅值包络线周期性变动，变化速度不低于 0.2%/s 的电压变化为电压波动。

闪变是指电压波动引起照度波动对人的视力造成的影响，是人眼对灯闪的生理感觉。闪变电压是冲击性功率负荷造成供配电系统的波动频率大于 0.01Hz 闪变的电压波动，闪变电压 ΔU_f 就是引起闪变刺激性程度的电压波动值。人眼对波动频率为 10Hz 的电压波动值最为敏感。

电压波动和闪变会引起人的视觉不舒适，也会降低光源寿命，为了减少电压波动和闪变的影响，照明配电尽量与动力负荷配电分开。

当电压波动值小于额定电压的 1% 时，灯具对电压波动次数不限制；当电压波动值大于额定电压的 1% 时，允许电压波动次数按式（7-9）限定

$$n = 6/(U_t\% - 1) \tag{7-9}$$

式中　n——在 1h 内最大允许电压波动次数；

$U_t\%$——电压波动百分数绝对值。

如电压波动数值 $U_t\%=4$ 时，每小时内最大允许电压波动次数 $n=6/(U_t\%-1)=2$；电压波动数值 $U_t\%=7$ 时，每小时内最大允许电压波动次数 $n=6/(U_t-1)=1$。

7.5　电压降

当电流通过导体或用电设备（电阻）后，其导体或设备两端产生的电位差（电势差）称其为电压降。

（1）交流线路电压降计算公式见表 7-4。

表 7-4　　　　　　　　　　　交流线路电压降计算公式

回路	电压降（ΔU）	
	（V）	按百分比（%）计
单相：相/相	$\Delta U=2I_B(R\cos\varphi+X\sin\varphi)L$	$\Delta U\%=\dfrac{100\Delta U}{U_n}$
单相：相线/中性线	$\Delta U=2I_B(R\cos\varphi+X\sin\varphi)L$	$\Delta U\%=\dfrac{100\Delta U}{U_o}$
三相平衡：三相（有/无中性）	$\Delta U=\sqrt{3}I_B(R\cos\varphi+X\sin\varphi)L$	$\Delta U\%=\dfrac{100\Delta U}{U_n}$

注　I_B 为满载电流，A；L 为线路长度，km；U_n 为相间电压，V；U_o 为相/中性点电压；V；R 为回路导线单位长度电阻，Ω/km，当导线截面积 S 超过 500mm² 时 R 可忽略不计，对于铜导线 $R=\dfrac{23.7\Omega\cdot\mathrm{mm^2/km}}{S}$；$X$ 为回路导线单位长度感抗，Ω/km，截面积小于 50mm²，X 可以忽略不计。对于电缆和穿管线路，无说明时，$X=0.08\Omega/\mathrm{km}$。

采用简化计算，表 7-5 给出了电流矩 K，线路的电压降由式（7-10）求出，可相应求出电压降百分数

$$\Delta U=KI_BL \tag{7-10}$$

表 7-5　　　　　　　　　　　铜导线电流矩 K　　　　　　　　$[\mathrm{V/(A\cdot km)}]$

截面积（mm²）	单相回路			三相平衡回路		
	电动机		照明	电动机		照明
	正常工作	启动		正常工作	启动	
	$\cos\varphi=0.8$	$\cos\varphi=0.35$	$\cos\varphi=1$	$\cos\varphi=0.8$	$\cos\varphi=0.35$	$\cos\varphi=1$
1.5	25.4	11.2	32	22	9.7	27
2.5	15.3	6.8	19	13.2	5.9	16
4	9.6	4.3	11.9	8.3	3.7	10.3
6	6.4	2.9	7.9	5.6	2.5	6.8
10	3.9	1.8	4.7	3.4	1.6	4.1
16	2.5	1.2	3	2.1	1	2.6

截面积（mm²）	单相回路			三相平衡回路		
	电动机		照明	电动机		照明
	正常工作	启动		正常工作	启动	
	$\cos\varphi=0.8$	$\cos\varphi=0.35$	$\cos\varphi=1$	$\cos\varphi=0.8$	$\cos\varphi=0.35$	$\cos\varphi=1$
25	1.6	0.81	1.9	1.4	0.7	1.6
35	1.18	0.62	1.35	1	0.54	1.2
50	0.89	0.5	1	0.77	0.43	0.86
70	0.64	0.39	0.68	0.55	0.34	0.59
95	0.5	0.32	0.5	0.43	0.28	0.43
120	0.41	0.29	0.4	0.36	0.25	0.34
150	0.35	0.26	0.32	0.3	0.23	0.27
185	0.3	0.24	0.26	0.26	0.21	0.22
240	0.25	0.22	0.2	0.22	0.19	0.17
300	0.22	0.21	0.16	0.19	0.18	0.14

注 $\cos\varphi=0.8$ 为电动机正常工作，$\cos\varphi=0.35$ 为电动机启动阶段，$\cos\varphi=1$ 为照明负荷。

（2）直流线路电压降计算公式见表 7-6。

表 7-6　　　　　　　　　**直流线路电压降计算公式**

回路	电压降（ΔU）	
	（V）	按百分比（％）计
直流	$\Delta U = I_B R = \dfrac{\rho P 2L}{U_o S}$	$\Delta U\% = \dfrac{100\Delta U}{U_o} = \dfrac{\rho P 2L}{U_o^2 S} \times 100$

注 I_B 为满载电流，A；L 为线路长度，km；S 为导线截面积，mm²；U_o 为正极/负极电压，V；R 为回路导线电阻，Ω；P 为功率，W；ρ 为电阻率，对于铜导体，工作温度 70℃时 $\rho_{70}=0.02064\Omega \cdot$ mm²/m$=2.064\times10^{-6}\Omega \cdot$ cm$=2.064\times10^{-2}\Omega \cdot \mu$m，计算时，应注意电阻率的单位。

（3）查表法求电压降。为简化计算，根据线路的敷设方式、导线材料、截面和线路功率因数等有关条件，算出三相线路每安培每千米（电流矩）的电压损失百分数，常用线、缆每安培每千米电压损失百分数见表 7-7 和表 7-8，查出表中电压损失百分数数值，根据式（7-11）～式（7-14），即可算出相应的电压损失。

三相平衡负荷线路

$$\Delta U\% = \Delta U_a\% \, I_l \tag{7-11}$$

接于线电压的单相负荷线路

$$\Delta U\% = 1.15\Delta U_a\% \, I_l \tag{7-12}$$

接于相电压的两相—N 线平衡负荷线路

$$\Delta U\% = 1.15\Delta U_a\% \, I_l \tag{7-13}$$

接于相电压的单相平衡负荷线路

$$\Delta U \% = 2\Delta U_a \% \ I_1 \qquad\qquad (7\text{-}14)$$

表 7-7   **1kV 交联聚氯乙烯绝缘电力电缆用于三相 380V 系统的电压损失 $\Delta U_a \%$**

铜截面积（mm²）	电阻 θ=80℃（Ω/km）	感抗（Ω/km）	电压损失 [%/(A·km)]					
			cosφ					
			0.5	0.6	0.7	0.8	0.9	1.0
4	5.33	0.09	1.25	1.49	1.73	1.97	2.20	2.43
6	3.55	0.09	0.84	1.00	1.16	1.32	1.47	1.62
10	2.17	0.08	0.52	0.62	0.72	0.81	0.90	0.99
16	1.35	0.08	0.34	0.40	0.46	0.51	0.57	0.61
25	0.87	0.08	0.23	0.26	0.30	0.34	0.37	0.39
35	0.62	0.08	0.17	0.19	0.22	0.24	0.27	0.28
50	0.43	0.07	0.13	0.14	0.16	0.18	0.19	0.19
70	0.31	0.07	0.10	0.11	0.12	0.13	0.14	0.14
95	0.22	0.07	0.08	0.09	0.09	0.10	0.10	0.10
12	0.18	0.07	0.07	0.07	0.08	0.08	0.09	0.08
15	0.14	0.07	0.06	0.06	0.07	0.07	0.07	0.06
18	0.11	0.07	0.05	0.06	0.06	0.06	0.06	0.05
24	0.09	0.07	0.05	0.05	0.05	0.05	0.05	0.04

表 7-8   **三相 380V 导线的电压损失 $\Delta U_a \%$**

铜芯截面积（mm²）	电阻 θ=60℃（Ω/km）	感抗（Ω/km）	导线明敷（相间距离 150mm）[%/(A·km)]						感抗（Ω/km）	导线穿管 [%/(A·km)]					
			cosφ							cosφ					
			0.5	0.6	0.7	0.8	0.9	1.0		0.5	0.6	0.7	0.8	0.9	1.0
1.5	13.933	0.368	3.321	3.945	4.565	5.181	5.789	6.351	0.138	3.230	3.861	4.490	5.118	5.743	6.351
2.5	8.360	0.353	2.045	2.415	2.782	3.145	3.500	3.810	0.127	1.995	2.333	2.709	3.083	3.455	3.810
4	5.172	0.338	1.312	1.538	1.760	1.978	2.189	2.357	0.119	1.226	1.458	1.689	1.918	2.145	2.357
6	3.467	0.325	0.918	1.067	1.212	1.353	1.487	1.580	0.112	0.834	0.989	1.143	1.295	1.444	1.580
10	2.040	0.306	0.586	0.670	0.751	0.828	0.898	0.930	0.108	0.508	0.597	0.686	0.773	0.858	0.930
16	1.248	0.290	0.399	0.447	0.493	0.535	0.570	0.569	0.102	0.325	0.379	0.431	0.483	0.532	0.569
25	0.805	0.277	0.293	0.321	0.347	0.369	0.385	0.367	0.099	0.223	0.256	0.289	0.321	0.350	0.367
35	0.579	0.266	0.237	0.255	0.271	0.284	0.290	0.264	0.095	0.169	0.193	0.216	0.237	0.256	0.264
50	0.398	0.251	0.190	0.200	0.209	0.214	0.213	0.181	0.091	0.127	0.142	0.157	0.170	0.181	0.181
70	0.291	0.242	0.162	0.168	0.172	0.172	0.168	0.133	0.088	0.101	0.118	0.122	0.130	0.137	0.133
95	0.217	0.231	0.141	0.144	0.145	0.142	0.135	0.099	0.089	0.085	0.092	0.098	0.104	0.107	0.099
120	0.171	0.223	0.127	0.128	0.127	0.123	0.115	0.078	0.083	0.071	0.077	0.082	0.085	0.087	0.078
150	0.137	0.216	0.117	0.116	0.114	0.109	0.099	0.063	0.082	0.064	0.068	0.071	0.073	0.073	0.063
185	0.112	0.209	0.108	0.107	0.104	0.098	0.087	0.051	0.082	0.058	0.060	0.062	0.063	0.062	0.051
240	0.086	0.200	0.099	0.096	0.092	0.086	0.075	0.039	0.080	0.051	0.053	0.053	0.053	0.051	0.039

7.6 照明线路的保护

7.6.1 低压电器在配电系统中的作用

低压电器在配电系统中有如下作用（见图 7-7 和表 7-9）：①承载电流；②接通分断；③保护功能；④隔离、检修。

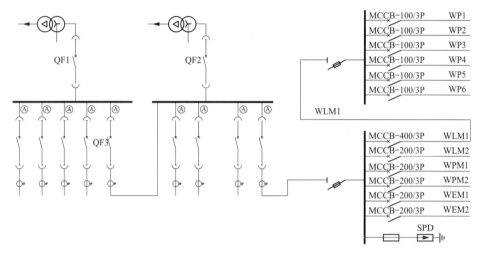

图 7-7 低压配电系统

表 7-9　　　　　　　　　　　低压电器在电路中的作用

低压电器	隔离开关	隔离器	开关	隔离开关熔断器组	断路器
隔离功能	√	√	×	√	√/×
接通分断	√	×	√	√	√
承载电流	√	√	√	√	√
保护功能	×	×	×	√	√

注　有的断路器具备隔离功能，有的断路器不具备隔离功能。

7.6.2 过电流保护

过电流（overcurrent）：超过额定电流的电流，包括短路和过负荷电流，配电线路应装设短路保护和过负荷保护。

（1）短路电流（short-circuit current）：流经给定短路点的电流。

（2）过负荷电流（overload current）：电气回路在非短路或接地故障时出现的过电流。

（3）过电流危害：

1）导线或母线的热损害；

2）金属气化；

3）气体离子化；

4) 燃弧，起火，爆炸；

5) 绝缘伤害；

6) 除了人身伤害外，由于停机时间和对受损设备进行修理，过电流可能造成巨大的经济损失。

7.6.3 短路保护

配电线路的短路保护电器，应在短路电流对导体和连接处产生的热作用和机械作用造成危害之前切断电源。

短路保护电器应能分断其安装处的预期短路电流。应通过计算或测量确定预期短路电流。当短路保护电器的分断能力小于其安装处预期短路电流时，在该段线路的上一级应装设具有所需分断能力的短路保护电器；其上下两级的短路保护电器的动作特性应配合，使该段线路及其短路保护电器能承受通过的短路能量。

(1) 绝缘导体的热稳定，应按其截面积校验，且应符合下列规定：当短路持续时间小于等于 5s 时，绝缘导体的截面积应符合式（7-15）的要求

$$S \geqslant \frac{I}{K}\sqrt{t} \tag{7-15}$$

(2) 当短路电流持续时间小于 0.1s 时应计入短路电流非周期分量的影响，导体 k^2S^2 值应大于电器制造厂提供的电器允许通过的 I^2t 值，见式（7-16）；大于 5s 时应计入散热的影响

$$(kS)^2 \geqslant I^2t \tag{7-16}$$

式中　S——导体的截面积，mm^2；

　　　I——通过保护电器的预期故障电流或短路电流（交流方均根值），A；

　　　t——保护电器自动切断电流的动作时间，s；

　　　k——热稳定系数，按表 7-10 选取；

　　　I^2t——保护电器的允许通过的能量值，简称允通能量，也称焦耳积分，A^2s，对于熔断器，其 I^2t 值由该产品标准规定；对于断路器，该值由制造厂提供。

表 7-10　　　　　热稳定系数 k

绝缘 线芯	聚氯乙烯（PVC）		橡胶 60℃	交联聚乙烯、 乙丙橡胶 (XLPE/EPR)	矿物绝缘	
	≤300mm²	>300mm²			带 PVC	裸的
铜芯导体	115	103	141	143	115	135
铝芯导体	76	68	93	94		

注　表中 k 值不适用 6mm² 及以下的电缆。

示例 7-1：1600kVA 变压器，母线处短路电流 38.5kA，如果分断时间为 0.2s；采用交联聚乙烯电缆。根据式（7-15），则

$$S \geqslant \frac{38.5}{143}\sqrt{0.2} \times 1000 = 120.4\text{mm}^2$$

（3）PE 线及 PEN 线的截面的选用参照表 7-11 选用时，可不按式（7-15）进行校验。

表 7-11   PE 线、PEN 线选择

相线截面 S	PE、PEN
$S < 16$	S
$16 \leqslant S \leqslant 35$	16
$S > 35$	$S/2$

（4）对于三相四线制配电线路符合下列情况之一时，其 N 线的截面积不应小于相线截面积；①以气体放灯为主的配电线路；②单相配电回路；③可控硅调光回路；④计算机电源回路。

（5）当短路保护电器为断路器时，被保护线路末端的短路电流不应小于断路器瞬时或短延时过电流脱扣器整定电流的 1.3 倍。

（6）短路保护电器应装设在回路首端和回路导体载流量减小的地方。当不能设置在回路导体载流量减小的地方时，应采用下列措施：

1）短路保护电器至回路导体载流量减小处的这一段线路长度，不应超过 3m；

2）应采取将该段线路的短路危险减至最小的措施；

3）该段线路不应靠近可燃物。

（7）下列连线或回路，当在布线时采取了防止机械损伤等保护措施，且布线不靠近可燃物时，可不装设短路保护电器：

1）发电机、变压器、整流器、蓄电池与配电控制屏之间的连接线；

2）断电比短路导致的线路烧毁更危险的旋转电机励磁回路、超重电磁铁的供电回路、电流互感器的二次回路等；

3）测量回路。

（8）并联导体当任一导体在最不利的位置处发生短路故障时，短路保护电器应能立即可靠切断该段故障线路，其短路保护电器的装设，应符合下列规定：

1）当符合下列条件时，可采用一个短路保护电器：

a. 布线时所有并联导体采用了防止机械损伤等保护措施；

b. 导体不靠近可燃物。

2）两根导体并联的线路，当不能满足本条第 1）款条件时，在每根并联导体的供电端应装设短路保护电器。

3）超过两根导体的并联线路，当不能满足本条第 1）款条件时，在每根并联导体的供电端和负荷端均应装设短路保护电器。

7.6.4 过负载保护

配电线路的过负荷保护，应在过负荷电流引起的导体温升对导体的绝缘、接头、端子或导体周围的物质造成损害之前切断电源。

过负荷保护电器宜采用反时限特性的保护电器，其分断能力可低于保护电器安装处的短路电流值，但应能承受通过的短路能量。

（1）过负荷保护电器的动作特性，应符合下列公式的要求

$$I_B \leqslant I_n \leqslant I_z \tag{7-17}$$

$$I_2 \leqslant 1.45 I_z \tag{7-18}$$

式中　I_B——回路计算电流，A；

　　　I_n——熔断器熔体额定电流或断路器额定电流或整定电流，A；

　　　I_z——导体允许持续载流量，A；

　　　I_2——保证保护电器可靠动作的电流，A。

当保护电器为断路器时，I_2 为约定时间内的约定动作电流；当保护电器为熔断器时，I_2 为约定时间内的约定熔断电流。反时限脱扣器在基准温度下的断开动作特性见表 7-12。

表 7-12　　　　　　　　　反时限脱扣器在基准温度下的断开动作特性

所有相极通电		约定时间（h）
约定不脱扣电流	约定脱扣电流	
1.05 倍整定电流	1.30 倍整定电流	2

保护电器的约定动作电流 [conventional operating current（of a protective device）]：使保护电器在规定时间内动作的规定电流值。

保护电器的约定不动作电流 [conventional non-operating current（of a protective device）]：使保护电器在规定时间内不动作的规定电流值。

（2）除火灾危险、爆炸危险场所及其他有规定的特殊装置和场所外，符合下列条件之一的配电线路，可不装设过负荷保护电器：

1）回路中载流量减小的导体，当其过负荷时，上一级过负荷保护电器能有效保护该段

导体；

2）不可能过负荷的线路且该段线路的短路保护符合规范规定，并没有分支线路或出线插座；

3）用于通信、控制、信号及类似装置的线路；

4）即使过负荷也不会发生危险的直埋电缆或架空线路。

（3）多根并联导体组成的回路采用一个过负荷保护电器时，其线路的允许持续载流量，可按每根并联导体的允许持续载流量之和计，且应符合下列规定：

1）导体的型号、截面、长度和敷设方式均相同；

2）线路全长内无分支线路引出；

3）线路的布置使各并联导体的负载电源基本相等。

7.6.5 故障防护（自动切断电源）

低压配电系统电击防护分为基本防护和故障防护。基本防护又称直接接触防护，它是无故障条件下的电击防护。通常采用带电部分全部用绝缘层覆盖、采用遮拦或外护物、采用阻挡物、裸带电体置于伸臂范围之外的防护措施。故障防护又称间接接触防护，它是故障条件下的电击防护。通常采用故障时自动切断电源、采用Ⅱ类设备、将电气设备安装在非导电场所、采用电气分隔及设置不接地的等电位连接、采用安全特低电压供电的防护措施。自动切断电源是低压配电最重要的内容。

基本防护和故障防护之外还有附加防护。通常采用装设剩余电流保护器（RCD）和增加辅助等电位（SEB）防护措施。

（1）当采用自动切断电源的电击防护措施时，交流系统切断电源的最长时间应符合下列规定：

1）额定电流不超过 63A 的插座回路及额定电流不超过 32A 固定连接的用电设备的终端回路，切断电源的最长时间不应大于表 7-13 的规定。

表 7-13		最 长 的 切 断 时 间		(s)
系统	$50V<U_0\leqslant120V$	$120V<U_0\leqslant220V$	$220V<U_0\leqslant380V$	$U_0>380V$
TN	0.8	0.4	0.2	0.1
TT	0.3	0.2	0.07	0.04

注 1. 当 TT 系统采用过电流保护电器切断电源，且其保护等电位联结连接到电气装置的所有外界可导电部分时，该 TT 系统可以采用表中 TN 系统最长的切断电源时间。

2. U_0 为交流线对地的标称电压，V。

2）除上条规定之外的交流系统回路，TN 系统其切断电源的时间不应超过 5s；TT 系统其切断电源的时间不应超过 1s。

（2）TN 系统中配电线路的间接接触防护电器的动作特征，应符合下式的要求

$$Z_S I_a \leqslant U_0 \tag{7-19}$$

式中　Z_S——接地故障回路的阻抗，Ω；

U_0——相导体对地标称电压，V。

为减小故障回路的总阻抗 Z_S，PE 导体应尽量靠近相线。

（3）当 TN 系统相导体与无等电位联结作用的地之间发生接地故障时，为使保护导体和与之连接的外露可导电部分的对地电压不超过 50V，其接地电阻的比值应符合式（7-20）的要求

$$R_B / R_E \leqslant 50 / (U_0 - 50) \tag{7-20}$$

式中　R_B——所有与系统接地极并联的接地电阻，Ω；

R_E——相导体与大地之间的接地电阻，Ω；

U_0——相导体对地标称电压，V。

由于相导体与大地之间的接地电阻阻值难以确定，很难保证保护导体和与之连接的外露导电部分的对地电压不超过 50V，所以在室外无法做总等电位联结的场所往往采用 TT 系统或局部 TT 系统，以避免保护导体传导故障电压造成电击事故。

（4）TN 系统按最小短路电流计算，保护电器保护线路的最大长度。

1）单相接地保护电器保护线路的最大长度满足式（7-21），简化表格见表 7-14～表 7-16。

$$L_{max} = \frac{0.8 U_{phN} S_{ph}}{\rho (1 + m) I_m} \tag{7-21}$$

其中

$$m = \frac{S_{ph}}{S_{PE}} \tag{7-22}$$

式中　U_{phN}——额定相电压，220V；

S_{ph}——相线截面积，mm^2；

ρ——电阻率，$\Omega \cdot mm^2 / m$，铜为 22.5×10^{-3}；

I_m——断路器瞬时动作电流整定值，A；

S_{PE}——PE 线截面积，mm^2。

表 7-14　　　　　　　　　　　C 型断路器线路最大长度　　　　　　　　　　（m）

线路最大长度（m）	C 型断路器额定电流（A）												
$S_{ph}(mm^2)$	1	2	3	4	6	10	16	20	25	32	40	50	63
1.5	587	293	196	147	98	59	37	29	23	18	15	12	9
2.5	—	489	326	244	163	98	61	49	39	31	24	20	16
4	—	—	521	391	261	156	98	78	63	49	39	31	25

续表

线路最大长度（m） S_{ph}（mm²）	C 型断路器额定电流（A）												
	1	2	3	4	6	10	16	20	25	32	40	50	63
6	—	—	—	587	391	235	147	117	94	73	59	47	37
10	—	—	—	—	652	391	244	196	156	122	98	78	62
16	—	—	—	—	—	626	391	313	250	196	156	125	99
25	—	—	—	—	—	—	477	382	305	238	191	153	121
35	—	—	—	—	—	—	537	429	344	268	215	172	136
50	—	—	—	—	—	—	—	521	407	326	261	207

注　C 型断路器瞬时脱扣电流按 10 倍长延时电流整定。

表 7-15　　　　　　　　　B 型断路器线路最大长度　　　　　　　　　（m）

线路最大长度（m） S_{ph}（mm²）	B 型断路器额定电流（A）												
	1	2	3	4	6	10	16	20	25	32	40	50	63
1.5	1173	587	391	293	196	117	73	59	47	37	29	23	19
2.5	—	978	652	489	326	196	122	98	78	61	49	39	31
4	—	—	1043	782	521	313	196	156	125	98	78	63	50
6	—	—	—	1173	782	469	293	235	188	147	117	94	74
10	—	—	—	—	1304	782	489	391	313	244	196	156	124
16	—	—	—	—	—	1252	782	626	501	391	313	250	199
25	—	—	—	—	—	—	954	763	611	477	382	305	242
35	—	—	—	—	—	—	1074	859	687	537	429	344	273
50	—	—	—	—	—	—	—	1043	815	652	521	414

注　B 型断路器瞬时脱扣电流按 5 倍长延时电流整定。

表 7-16　　　　　　　　　D 型断路器线路最大长度　　　　　　　　　（m）

线路最大长度（m） S_{ph}（mm²）	D 型断路器额定电流（A）												
	1	2	3	4	6	10	16	20	25	32	40	50	63
1.5	391	196	130	98	65	39	24	20	16	12	10	8	6
2.5	—	326	217	163	109	65	41	33	26	20	16	13	10
4	—	—	348	261	174	104	65	52	42	33	26	21	17
6	—	—	—	391	261	156	98	78	63	49	39	31	25
10	—	—	—	—	435	261	163	130	104	81	65	52	41
16	—	—	—	—	—	417	261	209	167	130	104	83	66
25	—	—	—	—	—	—	318	254	204	159	127	102	81
35	—	—	—	—	—	—	358	286	229	179	143	115	91
50	—	—	—	—	—	—	—	348	272	217	174	138

注　D 型断路器瞬时脱扣电流按 15 倍长延时电流整定。

2）三相线路保护电器保护线路的最大长度应满足式（7-23），简化表格见表 7-17，修正系数见表 7-18。

$$L_{max} = \frac{0.8US_{ph}}{2\rho I_m} \tag{7-23}$$

式中　U——额定相电压，三相三线回路，两相短路时取值 400V；三相四线回路，相线与

　　　　　N 线短路时取值 220V。

表 7-17　保护电器保护线路的最大长度

（m）

标称截面积（mm²） ＼ 电磁脱扣器瞬时动作电流（A）

标称截面积(mm²)	50	63	80	100	125	160	200	250	320	400	500	560	630	700	800	875	1000	1120	1250	1600	2000	2500	3200	4000	5000	6300	8000	10000	12500
1.5	100	79	63	50	40	31	25	20	16	13	10	9	8	7	6	6	5	4	4	—	—	—	—	—	—	—	—	—	—
2.5	167	133	104	83	67	52	42	33	26	21	17	15	13	12	10	10	8	7	7	5	4	—	—	—	—	—	—	—	—
4	267	212	167	133	107	83	67	53	42	33	27	24	21	19	17	15	13	12	11	8	7	5	4	—	—	—	—	—	—
6	400	317	250	200	160	125	100	80	63	50	40	36	32	29	25	23	20	18	16	13	10	8	6	5	4	—	—	—	—
10	—	—	417	333	267	208	167	133	104	83	67	60	53	48	42	38	33	30	27	21	17	13	10	8	7	5	4	—	—
16	—	—	—	—	427	333	267	213	167	133	107	95	85	76	67	61	53	48	43	33	27	21	17	13	11	8	7	5	4
25	—	—	—	—	—	—	417	333	260	208	167	149	132	119	104	95	83	74	67	52	42	33	26	21	17	13	10	8	7
35	—	—	—	—	—	—	—	467	365	292	233	208	185	167	146	133	117	104	93	73	58	47	36	29	23	19	15	12	9
50	—	—	—	—	—	—	—	—	495	396	317	283	251	226	198	181	158	141	127	99	79	63	49	40	32	25	20	16	13
70	—	—	—	—	—	—	—	—	—	—	—	417	370	333	292	267	233	208	187	146	117	93	73	58	47	37	29	23	19
95	—	—	—	—	—	—	—	—	—	—	—	—	—	452	396	362	317	283	263	198	158	127	99	79	63	50	40	32	25
120	—	—	—	—	—	—	—	—	—	—	—	—	—	—	—	457	400	357	320	250	200	160	125	100	80	63	50	40	32
150	—	—	—	—	—	—	—	—	—	—	—	—	—	—	—	—	435	388	348	272	217	174	136	109	87	69	54	43	35
185	—	—	—	—	—	—	—	—	—	—	—	—	—	—	—	—	—	459	411	321	257	206	161	128	103	82	64	51	41
240	—	—	—	—	—	—	—	—	—	—	—	—	—	—	—	—	—	—	—	400	320	256	200	160	128	102	80	64	51

表 7-18	根据 N 线截面回路长度修正系数	
回路情况		系数 k
三相三线 400V 回路或单相二线 400V 回路（无中性线）		1.73
单相二线（相线与中性线）230V 回路		1
三相四线 230/400V 回路或两相三线 230/400V 回路（即带中性线）$\dfrac{S_{ph}}{S_N}=1$		1
三相四线 230/400V 回路或两相三线 230/400V 回路（即带中性线）$\dfrac{S_{ph}}{S_N}=2$		0.67

（5）TT 系统故障防护。

1）TT 系统供电的接地故障保护，当故障回路阻抗足够小，且稳定可靠也可选用过电流保护器做故障防护，但通常采用剩余电流保护器 RCD 做故障防护，动作特性应满足式（7-24）

$$R_A I_{\Delta n} < 50V \tag{7-24}$$

式中　$I_{\Delta n}$——保证间接接触保护电器在规定时间内切断故障回路的动作电流，当采用 RCD 时即为 RCD 的额定剩余动作电流，A；

　　　　R_A——外露可导电部分接地极电阻和 PE 线电阻之和，Ω。

2）RCD 额定电流的确定。RCD 额定剩余动作电流应躲过正常运行条件下线路和设备的泄漏电流。动作时间需满足表 7-12 的要求，并符合下式

$$I_{\Delta n} \geqslant 2I_L \tag{7-25}$$

$$I_d \geqslant 5I_{\Delta n} \tag{7-26}$$

式中　I_L——正常运行条件下被保护线路和设备的泄漏电流，A；

　　　　I_d——TT 系统接地故障电流，A。

3）TT 系统接地电阻 R_A 可按式（7-27）、式（7-28）计算，满足表 7-19 的要求。

一般场所　　　　　　　$$R_A < \frac{50}{I_{\Delta n}} \tag{7-27}$$

特殊场所　　　　　　　$$R_A < \frac{25}{I_{\Delta n}} \tag{7-28}$$

表 7-19		TT 系统接地电阻 R_A		
剩余动作电流 $I_{\Delta n}$（mA）	一般场所 R_A（Ω）		特殊场所 R_A（Ω）	
	理论值	推荐值	理论值	推荐值
3000	16	10	8	5
1000	50	40	25	20
500	100	80	50	40

续表

剩余动作电流 $I_{\Delta n}$ (mA)	一般场所 $R_A(\Omega)$		特殊场所 $R_A(\Omega)$	
	理论值	推荐值	理论值	推荐值
300	166	100	83	50
100	500	400	250	200
30	1666	1000	833	500

7.6.6　配电线路电气火灾防护

当建筑物配电系统符合下列情况时，宜设置剩余电流监测或保护电器，其应动作于信号或切断电源：

（1）配电线路绝缘损坏时，可能出现接地故障。

（2）接地故障产生的接地电弧，可能引起火灾危险。

剩余电流监测或保护电器的安装位置，应能使其全面监视有起火危险的配电线路的绝缘情况。

为减少接地故障引起的电气火灾危险而装设的剩余电流监测或保护电器，其动作电流不应大于300mA；当动作于切断电源时，应断开回路的所有带电导体。

7.7　低压电器

低压电器一般是指在交流50Hz、额定电压1000V、直流额定电压1500V及以下的电路中起通断、保护、控制或调节作用的电器产品，可分为低压配电电器和低压控制电器两类。

低压配电电器用于电力网系统，主要是指开关、隔离开关、转换开关、低压断路器（自动开关）、熔断器等。技术要求是通断电流能力强、限流效果好、保护性能好、抗电动力和热耐受性好。

低压控制电器用于电力拖动及自动控制系统，主要是接触器、启动器和各种控制继电器、主令电器等。技术要求是有相应的转换能力、操作频率高、电寿命和机械寿命长。

7.7.1　断路器

（1）断路器时间—电流曲线图见图7-8。时间从0.001s开始每递增10倍时间为一个大格，一个大格分10个小格。横坐标是负载电流 I 与断路器额定电流 I_N 的比值即额定电流的倍数。它从1倍开始，每一格加一倍往上递增。两条曲线将整个区域分成脱扣区域、延时脱扣区域和不脱扣区域三个部分。

从图7-8中可以看出，处在上方的曲线是脱扣曲线，表示时间 t 在进入这条曲线的上方（脱扣区域）时，断路器必然脱扣跳闸。偏上的曲线为跳闸上限，用来验证脱扣器的灵敏度，偏下的曲线为跳闸下限。

（2）断路器的脱扣动作特性曲线分为 A、B、C、D、K 等。

1）A 曲线：脱扣电流为（2～3）I_n，适用于保护半导体电子线路，带小功率电源变压器的测量线路，或线路长且短路电流小的系统。

2）B 曲线：脱扣电流为（3～5）I_n，适用于长线路或电缆、住户配电系统、家用电器的保护和人身安全保护。

3）C 曲线：脱扣电流为（5～10）I_n，适用于感性负载和高感照明回路，常用于一般保护配电线路。

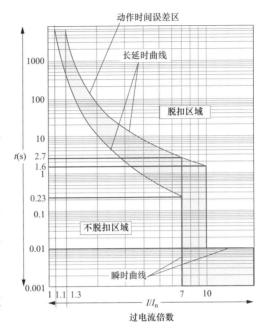

图 7-8　断路器脱扣曲线

4）D 曲线：脱扣电流为（10～20）I_n，适用于高感负载和较大冲击电流的配电系统，如变压器电磁阀和电动机回路等。

5）K 曲线：具备 1.2 倍热脱扣动作电流和 8～14 倍磁脱扣动作范围，适用于保护电机保护和变压器配电系统，有较高的抗冲击电流能力。

（3）断路器上下级配合分为完全选择性、部分选择性、时间选择性、电流和时间组合选择性四类，见图 7-9～图 7-12。其中，完全选择性中电流选择性要满足 $\frac{I_{r1}}{I_{r2}} > 2$、$\frac{I_{sd1}}{I_{sd2}} > 2$。

（4）空气断路器的额定不间断电流 I_u、额定工作电流 I_N、过载电流整定值 I_r 的含义：

1）额定不间断电流 I_u：指每一塑壳或框架断路器中所能装的最大脱扣器的额定电流。亦即过去所称的断路器额定电流。在每一台断路器型号中所标明的电流就是此电流。

2）额定工作电流 I_N：指脱扣器在规定条件下允许长期通过的电流，也就是脱扣器的额定电流。对于可调试脱扣器则为脱扣器允许长期通过的最大电流，有时被标识为 I_e。

3）过载脱扣器额定工作电流 I_N 的系列数据为：6、10、16、20、25、32、40、50、63、80、100、125、160、200、250、315、400、500、630、800、1000、1250、1600、2000、2500、3150、4000、5000、6300、8000A。

4）过载电流整定值 I_r：这是使用者通过断路器的脱扣器自行整定的一个电流值，断路器根据使用者整定的 I_r 对电路进行过载、短路保护。对不可调的过载脱扣器，该值为额定电流 I_N。

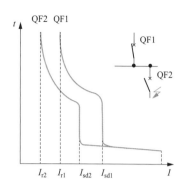

图 7-9 完全选择性——电流选择性

I_{sd1}—上一级断路器瞬时脱扣器整定电流，A；

I_{sd2}—下一级断路器长延时脱扣器整定电流，A；

I_{r1}—上一级断路器长延时脱扣器整定电流，A；

I_{r2}—下一级断路器长延时脱扣器整定电流，A

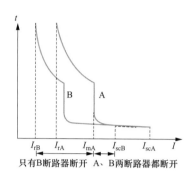

图 7-10 部分选择性

I_{rA}—A 断路器长延时脱扣器整定电流，A；I_{rB}—B 断路器长延时脱扣器整定电流，A；I_{mA}—A 断路器短延时脱扣器整定电流，A；I_{scA}—A 断路器下端处短路电流，A；

I_{scB}—B 断路器下端处短路电流，A

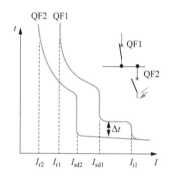

图 7-11 时间选择性——调整

下游断路器脱扣时间

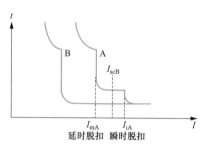

图 7-12 电流和时间组合选择性——

上游断路器短延时和瞬时脱扣

I_{iA}—A 断路器瞬时脱扣器整定电流，A

图 7-13 剩余电流保护器原理

7.7.2 剩余电流保护器

在正常情况下，L 线和 N 线电流大小相等方向相反，它们在零序电流互感器中的形成的磁场叠加为零，信号输出为零；当线路出现接地故障时，L 线的电流没有经过 N 线返回而直接入地，此时 N 线和 L 线的电流大小不等、方向相反，它们在零序电流互感器中形成的磁场叠加不为零，那么通过电磁感应将在信号线圈有电压输出，再经过放大，就可以控制开关脱扣线圈，分断电流，见图 7-13。

剩余电流保护器的最显著功能是接地故障保护，其漏电动作电流一般有 30、50、100、300、500mA 等，带有过负荷和短路保护功能的剩余电流保护器称为剩余电流保护功能的断路器（RCBO）。如果剩余电流保护器无短路保护功能，则应另行考虑短路保护，如加装熔断器配合使用。

（1）剩余电流保护器的极数及接线。剩余电流保护器极数选择见表 7-20。

表 7-20　　　　　　　　　　　　　剩余电流保护器极数选择表

剩余电流保护器极数	特点	备注
2P，二极二线式	单相，断相线断中性线	（1）用于电气火灾防护 RCD，应选用 2P、4P 的 RCD； （2）TT 系统内的 RCD 应选用 2P、4P 的 RCD； （3）三相四线或单相与三相共用回路应选四级四线式
4P，四极四线式	三相，断相线断中性线	
3P，三极三线式	三相，断相线无中性线	三相 380V 供电设备选三极三线式

二极剩余电流断路器用于二相或单相配电系统的接地故障及过流故障保护，接线见图 7-14。

三极剩余电流断路器用于三相三线式 380V 电源供电的电气设备，应选用三极式剩余电流保护器，三相剩余电流断路器后各类负载均不可接中性线，见图 7-15。

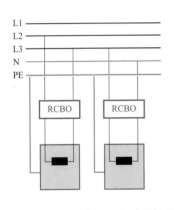

图 7-14　二极剩余电流断路器接线

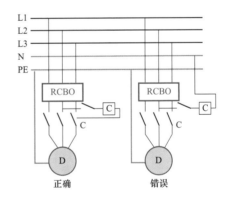

图 7-15　三极剩余电流断路器接线

四极剩余电流断路器用于三相四线式 380V 电源供电的电气设备，或单相设备与三相设备共用。由中线引入的三相配电系统的接地故障保护也必须用四级剩余电流断路器，见图7-16。

（2）剩余电流保护器应符合如下的选用原则：

1）剩余电流保护器应能迅速切断故障电路，在导致人身伤亡及火灾事故之前切断电路。

2）剩余电流保护断路器的分断能力应能满足过负荷及短路保护的要求。当不能满足分断能力要求时，应另行增设短路保护电器。

3）对电压偏差较大的配电回路，电磁干扰强烈的地区，雷电活动频繁的地区（雷暴日

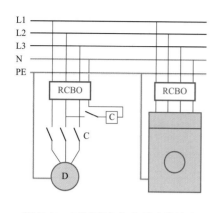

图 7-16 四极剩余电流断路器接线

超过 60）以及高温或低温环境中的电气设备，应优先选用电磁型剩余电流保护器。

4）安装在电源进线处及雷电活动频繁地区的电气设备，应选用耐冲击型的剩余电流保护器。

5）在恶劣环境中装设的剩余电流保护器，应具有特殊防护条件。

6）有强烈振动的场所（如射击场等）宜选用电子型剩余电流保护器。

7）为防止接地故障引起火灾而设置的剩余电流保护器其动作电流不应大于 0.3A，动作时间为 0.15～0.5s，并为现场可调型。

8）分级安装的剩余电流保护器动作特性，上下级的电流值一般可取 3：1，以保证上下级间的选择性。

9）当 RCD 保护回路有直流成分时，会降低 AC 型 RCD 互感器的感应电势，使 RCD 拒动，因此 RCD 的选择上，应注意按不同波形选择剩余电流保护器，剩余电流保护器按剩余电流波形选择见表 7-21。

表 7-21　　　　　　　　　剩余电流保护器按剩余电流波形选择表

RCD 类型	剩余电流波形	应用场所
AC 型	正弦交流波形	剩余电流为正弦交流波形的场所
A 型	正弦交流波形＋脉动直流＋脉动直流叠加 6mA 平滑直流电流	数据中心、金融类科技类办公场所、LED 照明、计算机插座等
F 型	正弦交流波形＋脉动直流＋脉动直流叠加 6mA 平滑直流电流＋脉动直流叠加 10mA 平滑直流电流，某些复合剩余电流	
B 型	正弦交流波形＋脉动直流＋脉动直流叠加 6mA 平滑直流电流＋脉动直流叠加 10mA 平滑直流电流，某些复合剩余电流＋1000Hz 及以下正弦交流剩余电流，某些整流电路产生的直流剩余电流，平滑直流剩余电流	变频器、太阳能光伏发电

（3）剩余电流保护器，剩余电流断路器和低压断路器比较见表 7-22。

表 7-22　　　　　　　　剩余电流保护器，剩余电流断路器和低压断路器比较

项目	剩余电流保护器	剩余电流断路器	低压断路器
保护功能	剩余电流保护、缺相保护	剩余电流保护、短路保护、过载保护、失压保护	短路保护、过载保护、失压保护、故障防护（有条件的）
额定电流	较小	较大	大

续表

项目	剩余电流保护器	剩余电流断路器	低压断路器
灭弧功能	弱	较弱	强
检测方式	剩余电流	剩余电流、实际电流	实际电流

（4）常用符号、代号。RCD—漏电保护器；RCBO—带过电流保护的剩余电流动作断路器；RCCB—不带过电流保护的剩余电流动作断路器；MCB—微断断路器；MCCB—塑壳断路器；ACB—框架断路器。

7.7.3　熔断器

熔断器主要用于线路的短路保护、过负载保护和接地故障保护，由熔断体和熔断体支持件组成。

熔断体电流确定后，根据熔断体电流和产品样本可确定熔断体支持件的额定电流及规格、型号，但应按短路电流校验熔断器的分断能力。熔断器最大开断电流应大于被保护线路最大三相短路电流有效值，见图 7-17。

（1）熔断器优势。

1）分断能力高，限流特性好。

2）安全性能好：熔断器是静态保护装置，整个产品是密闭的，短路能量释放被限制在熔断器壳内，无任何离子气体的释放，分断高短路电流迅速，有效地限制了故障处的电弧闪烁的损害。

3）选择性好：不需要复杂的短路电流计算，容易设计，容易扩容。

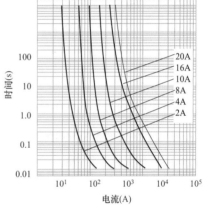

图 7-17　熔断器时间电流特性

4）高可靠性、免维护：不需专业人员进行操作。

5）标准化水平高。

6）经济性能好：熔断体更换成本低廉。

（2）熔断器选择。

1）照明电路。

a. 照明电路的熔断器熔体额定电流不小于被保护电路上所有照明电器工作电流之和。

b. 干线熔断器熔断体额定电流不应小于该干线计算电流。

c. 各分支熔断器熔体容量应等于或稍大于各灯工作电流之和。

对于 gG 熔断器，连接电缆的截面应满足

$$\begin{cases} I_2 \leqslant 1.45 I_Z \\ I_2 = 1.45 I_n \end{cases} \tag{7-29}$$

2）电动机。保护电动机用的熔断器，应按避开电动机启动电流这一原则来考虑，即应根据电动机类型、启动时间长短及其工作制等条件来进行不同的选择。

a. 单台直接启动电动机：当采用 aM 型熔断器时，熔断体额定电流≥1.1×电动机额定电流；当采用 gG 型熔断器时，熔断体额定电流＝（1.5～2.5）×电动机额定电流，轻载启动，可取低值，重载启动，宜取高值。

b. 多台直接启动电动机：总保护熔体额定电流＝（1.5～2.5）×各台电动机电流之和。

c. 绕线式电动机：熔体额定电流＝（1.2～1.5）×电动机额定电流。

3）配电变压器低压侧。变压器高压侧（一次侧）采用高压熔断器保护，变压器低压侧（二次侧）的熔断体额定电流≥1.0×变压器低压侧额定电流。一次侧与二次侧需要具有选择性。

4）功率因数补偿并联电容器组：并联电容器组的熔体额定电流＝（1.6～1.8）×电容器组额定电流（A）。对于 400V 电容补偿，熔断器额定电流 $I_N＝2.5$×电容器组额定容量（kvar）。

5）电焊机：电焊机的熔体额定电流＝（1.5～2.5）×负荷电流。

6）电子整流元件：电子整流元件的熔体额定电流≥1.57×整流元件额定电流。熔断器应用广泛，具体要求可参见 GB/T 13539.5—2020《低压熔断器 第 5 部分：低压熔断器应用指南》。

（3）熔断器与熔断器的级间配合。在一般配电线路，过载和短路电流较小的情况下，可按熔断器的时间—电流特性不相交，或按上下级熔体的额定电流选择比来实现。当弧前时间大于 0.01s 时，按 GB/T 13539.5—2020 在额定电流大于 12A 的熔断体电流选择比（即熔体额定电流之比）不小于 1.6：1，即认为满足选择性要求。在短路电流很大，弧前时间小于 0.01s 时，除满足上述条件外，还需要用 I^2t 值进行校验，只有上一级熔断器，弧前 I^2t 值大于下级熔断器的熔断 I^2t 值时，才能保证满足选择性要求。

7.8 接地与安全

7.8.1 接地

接地分为功能接地、保护接地、电磁兼容接地。

（1）功能性接地用于保证设备（系统）的正常运行，或使设备（系统）可靠而正确地实现其功能。

1）工作（系统）接地：系统运行的需要进行的接地，如电力系统的中性点接地、电话系统中将直流电源正极接地等。

2）信号电路接地：设置一个等电位点作为电子设备基准电位，简称信号地。

3）防静电接地：将静电导入大地防止其危害的接地，如对易燃易爆管道、贮罐以及电子器件、设备为防止静电的危害而设的接地。

4）阴极保护接地：使被保护金属表面成为电化学原电池的阴极，以防止该表面腐蚀的接地。可采用牺牲阳极法和外部电流源抵消氧化电压法。

（2）保护性接地用于人身和设备的安全为目的的接地。

1）保护接地：电气装置的外露导电部分、配电装置的构架和线路杆塔等，由于绝缘损坏有可能带电，为防止其危及人身和设备的安全而设的接地。

2）雷电防护接地：为雷电防护装置（避雷针、避雷线和避雷器等）向大地泄放雷电流而设的接地，用以消除或减轻雷电危及人身和损坏设备。

（3）电磁兼容性接地。电磁兼容性是指为使器件、电路、设备或系统在其电磁环境中能正常工作，且不对该环境中任何事物构成不能承受的电磁骚扰。为此目的所作的接地称为电磁兼容性接地。

7.8.2　配电系统的接地型式

7.8.2.1　TN-S 系统

第一个字母 T 表示电源系统的一点直接接地；第二个字母 N 表示设备的外露可导电部分与电源系统接地点直接电气连接。TN—S 接地系统的 N 与 PE 应分别设置，见图 7-18。

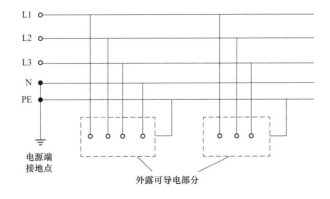

图 7-18　TN-S 系统

7.8.2.2 TN-C 系统

TN 接地系统中的 PEN 导体，应在建筑物的入口处进行总等电位联结并重复接地，见图 7-19。

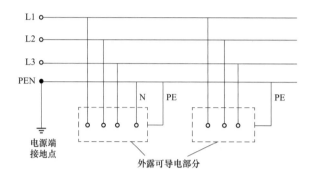

图 7-19 TN-C 系统

7.8.2.3 TN-C-S 系统

TN-C-S 接地系统的 PEN 从某点分为中性导体（N）和 PE 后不应再合并或相互接触，且中性导体（N）不应再接地，见图 7-20。

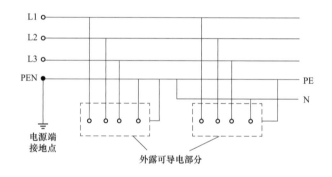

图 7-20 TN-C-S 系统

7.8.2.4 TT 系统

第一个字母 T 表示电源系统的一点直接接地；第二个字母 T 表示设备外露导电部分的接地与电源系统的接地电气上无关。TT 接地系统的保护接地导体（PE）应单独接地。TT 接地系统的电气设备外露可导电部分所连接的接地装置不应与变压器中性点的接地装置相连，见图 7-21。

7.8.2.5 IT 系统

IT 接地系统中包括中性导体在内的任何带电部分严禁直接接地。IT 接地系统电源侧所有带电部分应与地隔离或某一点通过高阻抗接地，电气设备的外露可导电部分直接接地。IT 接地系统可以配出 N 导体，也可不配出 N 导体，见图 7-22。

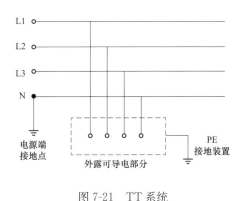

图 7-21　TT 系统

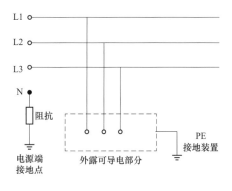

图 7-22　IT 系统

7.8.3　室内外照明配电系统接地型式的选择

7.8.3.1　室内照明配电系统采用 TN 接地型式

同一电源供电的不同建筑物，可分别采用 TN 系统和 TT 系统。各建筑物应实施总等电位联结。

同一建筑物内宜采用 TN 系统或 TT 系统中的一种。TT 系统需要分设接地极，在同一建筑物内难以实施。

TN 系统可以向总等电位联结区以外的局部 TT 系统（如室外照明）供电。

室内照明应根据变电站与建筑物相对的位置选择建筑物配电系统的接地形式，室内具有等电位联结条件，如图 7-23 所示。建筑 A 中含有变电站，采用 TN-S 系统，建筑 B 和建筑 C 由建筑 A 的变电站供电，可以采用 TN-C-S 系统和 TN-C 系统，对于信息设备较多的建筑物不允许采用 TN-C 系统，户外设备 D 如路灯距建筑物不小于 20m 时，采用 TT 系统。

7.8.3.2　路灯、庭院灯配电系统接地型式优选 TT 接地系统

电源端的工作接地与用电设备端的保护接地是没有联系的，每处路灯的灯杆基础作自然接地极，接地极之间互相独立，一处灯杆带电不会串到别的灯杆上，此时必须采用剩余电流断路器保护，起到短路、过负荷和接地故障保护作用，因为接地故障电流更小，只有剩余电流保护才能起作用，但为了避免剩余电流误动引起的无故灭灯，可以采用多级剩余电流保护，上下级配合，干线采用带延时的 300mA 及以上的剩余动作电流，每个灯杆分支处采用 30mA 末端剩余电流断路器保护，见图 7-24。该做法既可以避免干线漏电流引起的误动，每处灯杆处采用 30mA 的剩余电流保护，也可以保证人身电击危险。

照明设计基础

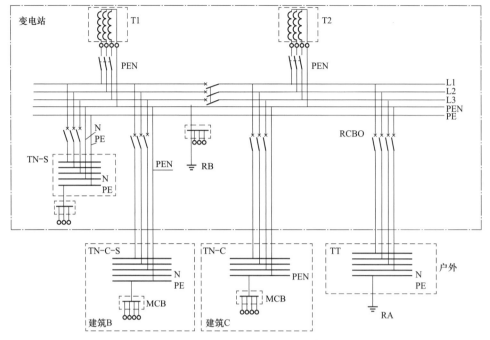

图 7-23 配电系统接地形式选择图

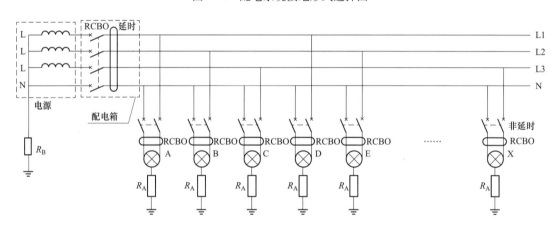

图 7-24 多级剩余电流保护的 TT 系统

RCBO—剩余电流断路器

7.8.3.3 草坪灯、埋地灯可采用局部 TT 系统

草坪灯、埋地灯等每套灯基础较小，其基础不可能作为自然接地体使用，采用局部 TT 系统，电源引出线在第一套灯具处做接地后引出 PE 线与后续灯具金属外壳连接，见图 7-25。配电采用剩余电流保护器作接地故障保护，为保障安全，每个分支回路额定剩余动作电流仍应选择 30mA。

对于分支回路采用额定剩余动作电流 30mA 的剩余电流断路器，也存在线路固有泄漏电流引起误动作问题，解决此种情况的安全问题还可以采用如下两种办法。

180

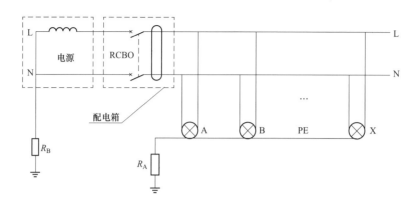

图 7-25　局部 TT 系统

（1）采用Ⅱ类设备或等效的绝缘。对于环境恶劣、不易保证安全的情况下，可以采用Ⅱ类设备或等效的绝缘，此时不应设置 PE 线，且灯具的可导电部分不应有意地接地。如果布线系统的金属外层是用绝缘材料和灯具的导电部分隔开，采用Ⅱ类灯具，就可认为已满足Ⅱ类设备的保护要求。

（2）采用Ⅲ类灯具。用安全特低电压供电，户外一般场所，采用交流有效值≤50V，直流≤120V；潮湿等特殊场所，采用交流有效值≤25V，直流≤60V 的电压等级。

7.8.3.4　建筑物本体上安装的灯具采用 TN-S 系统

建筑物本体上安装的灯具采用交流供电时，并直接由该建筑物内部电源供电的照明装置，每个灯具设单独的接地极也不可能，因此不采用 TT 接地系统，配电系统的接地形式应与该建筑物的接地形式一致，目前建筑物内部配电系统接地型式一般采用 TN-S 系统，灯具安装在室外距地 2.5m 以上时，人员接触的可能性较小，防火是主要矛盾。因此，可在每个分支回路采用额定剩余动作电流 300mA 的剩余电流断路器做故障防护，既能减少误动又能起到防火作用，见图 7-26。

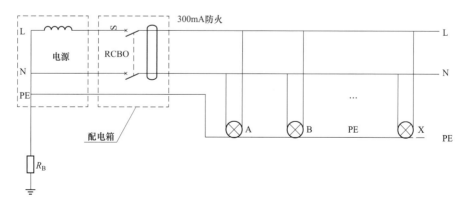

图 7-26　建筑物本体上安装的灯具采用 TN-S 系统

另外，如果考虑人身电击防护，建筑外墙上的灯具采用直流≤120V的安全特低电压供电，特别对于一些玻璃幕墙，采用直流48V LED线条灯或点光源，技术十分成熟，既安全又节能。

7.9 直流配电系统

7.9.1 直流配电系统接线形式

直流配电系统保护接线形式应根据直流系统接地形式、出线方式、系统的回路电压进行选择，具体接线形式和保护设置可参考表7-23。

表 7-23 　　　　　　　　　直流配电系统接地形式和保护设置

系统形式		保护方式	直流断路器（熔断器）接线方式
接地系统	一极接地系统	单极性保护接线方式	
		双极性保护接线方式	
	中间点接地系统	双极性保护接线方式（中间不出线）	

续表

系统形式		保护方式	直流断路器（熔断器）接线方式
接地系统	中间点接地系统	双极性保护接线方式（中间出线不设保护）	
		双极性保护接线方式（中间出线设保护）	
不接地系统		双极性保护接线方式	
		双极性保护接线方式（中间出线）	

7.9.2 直流供电系统应符合的规定

直流供电系统应符合下列规定：

（1）直流配电保护应按直流特性选择相应的保护电器。

1）直流电源一极接地系统可采用单极性保护或双极性保护；

2）直流电源中间点接地系统应采用双极性保护；

3）直流电源不接地系统应采用双极性保护；

4）直流电源不接地系统中间抽头出线应增加一极断路器保护；对于直流电源中间点直接接地，中间点出线可根据需要增设一极断路器保护。

（2）每个直流供电回路起始端均应装设直流过负荷及短路保护电器作为过电流防护措施。

（3）直流供电回路采用对地绝缘时，应在正负母线上安装绝缘监测装置，实时监测线路绝缘状态。

（4）选择的直流集中控制柜及柜内元件应符合现行 GB/T 19826—2014《电力工程直流电源设备通用技术条件及安全要求》的有关规定。

（5）以太网供电时输出电流应为 300、600mA 或 960mA，输出功率应按 15、25、45、60、75、90W 分级。

（6）直流供电回路宜采用两芯或三芯线缆。采用以太网供电时应采用以太网线缆，且回路线缆长度不应大于 90m。

（7）以太网交换机的设置应考虑散热防火措施。

思考题

1. 低压配电的电压等级范围是多少？

2. 何谓特低电压？特低电压的电压区段是如何划分的？

3. 电压、电流、电阻的单位是什么？三者有什么关系？

4. 已知电功率不变的情况下，如何计算单相和三相的电流？

5. 求下表中的电流和总功率。

回路号	负荷性质	分支回路功率（kW）	电流（A）	总功率（kW）
WL1	单相照明	0.5		
WL2	单相照明	1.0		
WL3	单相照明	1.2		
WF1	单相风机盘管	0.5		
WF2	单相风机盘管	0.8		
WF3	单相风机盘管	1.5		
WS1	单相插座	0.6		
WS2	单相插座	1.0		
WS3	单相插座	1.5		

6. 求下表中的电流和总功率。

回路号	负荷性质	分支回路功率（kW）	电流（A）	总功率（kW）
WL1	单相照明	1.5		
WL2	单相照明	1.0		
WL3	单相照明	1.2		
WL4	单相照明	1.2		
WL5	单相照明	1.4		
WL6	单相照明	1.2		
WP1	三相电力	10		
WP2	三相电力	15		
WP3	三相电力	20		

7. 求下表中的电流和总功率。

回路号	负荷性质	分支回路功率（kW）	电流（A）	总功率（kW）
WL1	单相照明	1.0		
WL2	单相照明	1.2		
WL3	单相照明	1.5		
WP1	三相电力	10		
WP2	三相电力	75		
WP3	三相电力	100		
WP4	三相电力	50		
WP5	三相电力	70		
WP6	三相电力	95		

8. 下图中插座应该怎样命名？单相插座有哪些？三相插座有哪些？有无两相插座？如有，是几号？有无三相五孔插座？

9. 什么是过电流？过电流分为几种？

10. 什么是短路？什么是过载？短路和过载有什么后果？

11. 电压降如何计算？

12. 什么是断路器的长延时电流？什么是短延时电流？什么是瞬时电流？

13. 如何做线路的短路保护？

14. 如何做线路过负荷保护？

15. 如何做线路的防火灾保护？

16. 选择剩余电流保护器应注意哪些方面？

17. 配电系统的接地形式分几种？

18. 路灯配电系统接地形式选择哪种较好？为什么？

19. 熔断器与断路器比较，有哪些优缺点？

20. 如何确定 TT 接地系统的接地电阻？

21. 综合题：教室长 9m、宽 7.2m、高 3.2m，灯具吊杆，吊杆长 0.6m，黑板宽度 3.6m、高度 1.2m、底距地 1.0m。室内表面反射比分别为：顶棚 0.7、墙面 0.5、地面 0.2，清洁环境。课桌区采用 31W，LED 灯具照明，LED 驱动电源外置，其功耗 2W，LED 光源光通量 3500lm，其利用系数见下表。黑板采用 3 套 18W，LED 照明灯具。

有效顶棚反射比（%）		80		70				50		30		0
墙面反射比（%）		50	50	50	50	50	30	30	10	30	10	0
地面反射比（%）		30	10	30	20	10	10	10	10	10	10	0
室形指数 RI	0.60	0.62	0.59	0.62	0.60	0.59	0.53	0.53	0.49	0.52	0.49	0.47
	0.80	0.73	0.69	0.72	0.70	0.68	0.62	0.62	0.58	0.61	0.58	0.56
	1.00	0.82	0.76	0.80	0.78	0.75	0.70	0.69	0.65	0.68	0.65	0.63
	1.25	0.90	0.82	0.88	0.84	0.81	0.76	0.76	0.72	0.75	0.72	0.70
	1.50	0.95	0.86	0.93	0.89	0.86	0.81	0.80	0.77	0.79	0.76	0.75
	2.00	1.04	0.92	1.01	0.96	0.92	0.88	0.87	0.84	0.86	0.83	0.81
	2.50	1.09	0.96	1.06	1.00	0.95	0.92	0.91	0.89	0.90	0.88	0.86
	3.00	1.12	0.98	1.09	1.03	0.97	0.95	0.93	0.92	0.92	0.90	0.88
	4.00	1.17	1.01	1.13	1.06	1.00	0.98	0.96	0.95	0.95	0.93	0.91
	5.00	1.19	1.02	1.16	1.08	1.01	1.00	0.98	0.96	0.96	0.95	0.93

（1）距地面 0.75m 高的工作面上的平均照度为 300lx，安装灯具是多少套？LPD 值是多少？

（2）画出黑板灯的配光曲线形状。

（3）本教室采用单相配电，教室安装 1.5kW 单相空调两套，讲台处安装插座共 500W，教室课桌区墙上安装插座 600W，画出本教室配电系统，并计算各回路电流。

（4）用 CAD 布置灯具并画出配电及控制关系图。

第8章

照明控制

照明控制是构建多种照明场景和实现照明节能的重要手段，随着 LED 技术的发展，照明控制向便捷化、智能化、智慧化快速发展。

8.1 概述

8.1.1 照明控制的原则

照明控制的基本原则是安全、可靠、灵活、经济。做到控制的安全性，是最基本的要求，可靠性是要求控制系统本身可靠，不能失控，要达到可靠的要求，控制系统要尽量简单，系统越简单越可靠。建筑空间布局经常变化，照明控制要尽量适应和满足这种变化，因此灵活性是控制系统所必须的。经济性是照明工程要考虑的，性能价格比好，要考虑投资效益，照明控制方案不考虑经济性，往往是不可行的。

8.1.2 照明控制的作用

照明控制的作用体现在下述四个方面：①照明控制是实现节能的重要手段，现在的照明工程强调照明功率密度不能超过标准要求，其实通过合理的照明控制和管理，节能效果是很显著的；②照明控制减少了开灯时间，可以延长光源寿命；③照明控制可以根据不同的照明需求，改善工作环境，提高照明质量；④对于同一个空间，照明控制可实现多种照明效果。

8.1.3 照明控制策略

不同建筑功能、不同场所照明要求是不同的，为满足功能需求、节能和便捷，照明控制可采取如下控制策略，满足控制要求：

（1）居住建筑的楼梯间、走道的照明，宜采用节能自熄开关，节能自熄开关宜采用红外移动探测加光控开关，应急照明应有应急时强制点亮的措施。

（2）高级公寓、别墅宜采用智能照明控制系统。

（3）公共建筑和工业建筑的走廊、楼梯间、门厅等公共场所的照明，宜采用集中控制，并按建筑使用条件和天然采光状况采取分区、分组控制措施。公共建筑包括学校、办公楼、宾馆、商场、体育场馆、影剧院、候机厅、候车厅等。

（4）对于小开间房间，可采用面板开关控制，每个照明开关所控光源数不宜太多，每个房间灯的开关数不宜少于2个（只设置1只光源的除外）。

（5）对于大面积的房间如大开间办公室、图书馆、厂房等，宜采用智能照明控制系统，在有自然采光区域宜采用恒照度控制，靠近外窗的灯具随着自然光线的变化，自动点燃或关闭该区域内的灯具，保证室内照明的均匀和稳定。

（6）影剧院、多功能厅、报告厅、会议室等宜采用调光控制。

（7）博物馆、美术馆等功能性要求较高的场所，应采用智能照明集中控制，使照明与环境要求相协调。

（8）宾馆、酒店的每间（套）客房应设置节能控制型总开关。

（9）医院病房走道夜间应能关掉部分灯具。

（10）体育场馆比赛场地应按比赛要求分级控制，大型场馆宜做到单灯控制。

（11）候机厅、候车厅、港口等大空间场所应采用集中控制，并按天然采光状况及具体需要采取调光或降低照度的控制措施。

（12）房间或场所装设有两列或多列灯具时，宜按下列方式分组控制：

1）所控灯列与侧窗平行；

2）生产场所按车间、工段或工序分组；

3）电化教室、会议厅、多功能厅、报告厅等场所，按靠近或远离讲台分组。

（13）有条件的场所，宜采用下列控制方式：

1）天然采光良好的场所，按该场所照度自动开关灯或调光；

2）个人使用的办公室，采用人体感应或动静感应等方式自动开关灯；

3）旅馆的门厅、电梯大堂和客房层走廊等场所，采用夜间定时降低照度的自动调光装置；

4）大中型建筑，按具体条件采用集中或集散的、多功能或单一功能的自动控制系统。

（14）道路照明应根据所在地区的地理位置和季节变化合理确定开关灯时间，并应根据天空亮度变化进行必要修正，宜采用光控和时控相结合的智能控制方式。

（15）道路照明采用集中遥控系统时，远动终端宜具有在通信中断的情况下自动开关路灯的控制功能和手动控制功能。同一照明系统内的照明设施应分区或分组集中控制，宜采用光控、时控、程控等智能控制方式，并具备手动控制功能。

（16）道路照明采用双光源时，在"半夜"应能关闭一个光源；采用单光源时，宜采用恒功率及功率转换控制，在"半夜"能转换至低功率运行。

（17）夜景照明应具备平日、一般节日、重大节日开灯控制模式。

（18）建筑物功能复杂，照明环境要求较高，宜采用专用智能照明控制系统，该系统应具有相对的独立性，宜作为建筑设备监控系统（BA 系统）的子系统，应与 BA 系统有接口。建筑物仅采用 BA 系统而不采用专用智能照明控制系统时，公共区域的照明宜纳入 BA 系统控制范围。

（19）应急照明应与消防系统联动，保安照明应与安防系统联动。

8.1.4 公共场所的照明控制要求

人员密集场所的公共大厅和主要走道的一般照明应采取下列措施之一：

（1）感应控制。

（2）集中或区域集中控制，当集中或区域集中采用自动控制时，应具备手动控制功能。

8.2 手动控制方式

8.2.1 拉线开关控制

一般开关安装于距地 2.5m 以上，开关动触头采用绝缘绳如尼龙绳拉动使开关触点接通或断开，安全性较高、价格便宜，但拉线出口应垂直向下，否则，拉线容易磨断，维护麻烦。

8.2.2 跷板开关控制

把跷板开关或拉线开关设置于门口，开关触点为机械式，对于面积较大的房间灯具较多时，采用双联、三联、四联开关或多个开关，此种形式简单、可靠，通常安装在门口距地1.4m，见图 8-1，其原理接线图见图 8-2。

图 8-1 跷板开关安装位置

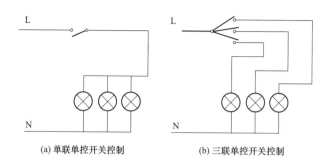

(a) 单联单控开关控制　　　　　　　(b) 三联单控开关控制

图 8-2　跷板开关控制

对于楼道和楼梯照明，多采用双控方式（有的长楼道采用三地控制），在楼道和楼梯入口安装双控跷板开关，楼道中间需要开关控制处设置多地控制开关，其特点是在任意入口处都可以开闭照明装置，但平面布线复杂。其原理接线图见图 8-3。

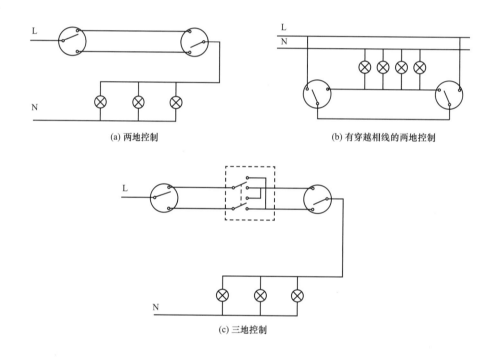

(a) 两地控制　　　　　　　　　　　(b) 有穿越相线的两地控制

(c) 三地控制

图 8-3　跷板开关双控或三地控制

8.2.3　定时开关或声光控开关控制

为节能考虑，在楼梯口安装双控开关，但如果人的行为没有好的节能习惯，楼梯也会出现长明灯现象，因此住宅楼、公寓楼甚至办公楼等楼梯间现在多采用定时开关或声光控开关控制，其原理接线图见图 8-4。

消防电源 Le 由消防值班室控制或与消防泵联动。对于住宅、公寓楼梯照明开关采用红外移动探测加光控较为理想。

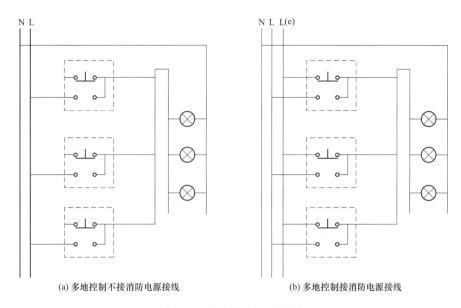

(a) 多地控制不接消防电源接线　　　　(b) 多地控制接消防电源接线

图 8-4　声光控或延时控制

8.3　自动控制方式

8.3.1　自动控制方式的功能

自动控制方式一般有场景控制、恒照度控制定时控制、就地手动控制、群组组合控制、应急处理、远程控制、图示化监控等。

（1）场景控制功能：用户预设多种场景，按动一个按键，即可调用需要的场景。多功能厅、会议室、体育场馆、博物馆、美术馆、高级住宅等场所多采用此种方式。

（2）恒照度控制功能：根据探头探测到的照度来控制照明场所内相关灯具的开启或关闭。写字楼、图书馆等场所要求恒照度时，靠近外窗的灯具宜根据天然光的影响进行开启或关闭。

（3）定时控制功能：根据预先定义的时间，触发相应的场景，使其打开或关闭。一般情况下，系统可根据当地的经纬度，自动推算出当天的日出、日落时间，根据这个时间来控制照明场景的开关，具有天文时钟功能。特别适用于夜景照明、道路照明。

（4）就地手动控制功能：正常情况下，控制过程按程序自动控制，在系统不工作时，可使用控制面板来强制调用需要的照明场景模式。

（5）群组组合控制：一个按钮可定义为打开/关闭多个箱柜（跨区）中的照明回路，可一键控制整个建筑照明的开关。

（6）应急处理功能：在接收到安保系统、消防系统的警报后，能自动将指定区域照明全部打开。

（7）远程控制：通过因特网（Internet）对照明控制系统进行远程监控，能实现：①对系统中各个照明控制箱的照明参数进行设定、修改；②对系统的场景照明状态进行监视；③对系统的场景照明状态进行控制。

（8）图示化监控：用户可以使用电子地图功能，对整个控制区域的照明进行直观的控制。可将整个建筑的平面图输入系统中，并用各种不同的颜色来表示该区域当前的状态。

（9）日程计划安排：可设定每天不同时间段的照明场景状态。可将每天的场景调用情况记录到日志中，并可将其打印输出，方便管理。

8.3.2　常用智能控制方式

随着照明技术的发展，建筑空间布局经常变化，照明控制要适应和满足这种变化，如果用传统控制方式，势必到处放置跷板开关，既不美观也不方便，为增加控制的便捷性，照明的自动控制方式越来越多，下述为智能控制的几种常用类型。

8.3.2.1　建筑设备监控系统（BA 系统）控制照明

对于较高级的楼宇，一般设有 BA 系统。利用 BA 系统控制照明已为大家所接受，基本上是 DDC 控制，其原理接线图见图 8-5。

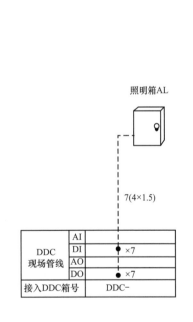

图 8-5　建筑设备监控控制照明（BA 系统控制照明）

由于 BA 系统不是专为照明而做，有局限性：一是很难做到调光控制，二是没有专用控制面板，完全在计算机上控制，灵活性较差，对于值班人员素质要求也较高。

8.3.2.2　总线回路控制

总线回路控制示意图见图 8-6。

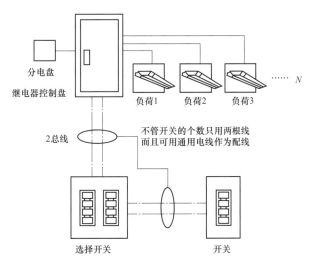

图 8-6　总线回路控制示意图

从节能、环保、运行维护及投资回收期上看，对于城市照明和室内大空间及公共区域的照明，总线回路控制型智能照明控制系统，基本上系统是开放性及高扩展性的，能使照明系统与楼宇控制系统、消防系统、安保系统、舞台灯光系统等实现无缝连接，其典型接线示意图见图 8-7 及图 8-8。

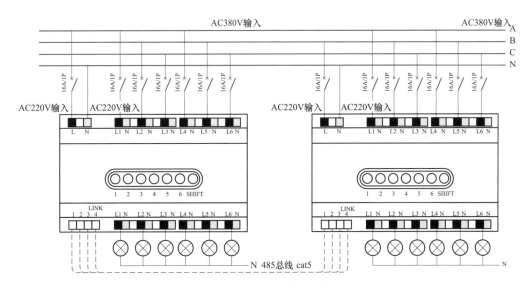

图 8-7　六路智能开关模块接线示意图

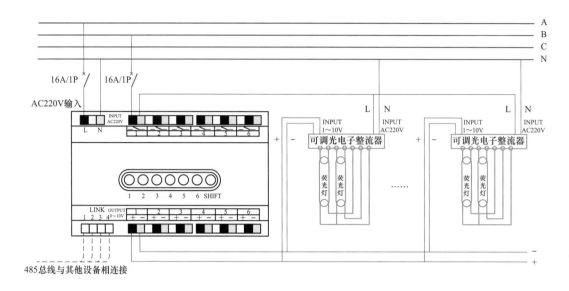

图 8-8　六路荧光灯调光模块接线示意图

总线回路控制型智能照明控制系统，其平面图和系统图示意分别见图 8-9、图 8-10。

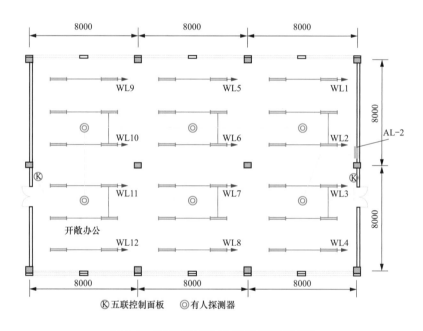

图 8-9　总线回路控制型智能照明平面图

从图 8-9 中可以看出，为了利用自然光，尽量靠近外窗的灯具连成一个回路，并尽量按区域划分回路，除非走廊按长方向划分回路，在工作区域应避免长方向划分区域，以利分区控制。

8.3.2.3　数字可寻址照明接口（DALI 控制）

数字可寻址照明接口（digital addressable lighting interface，DALI）控制总线采用主从

结构，一个接口最多能接 64 个可寻址的控制装置/设备（独立地址），最多能接 16 个可寻址分组（组地址），每个分组可以设定最多 16 个场景（场景值），通过网络技术可把多个接口互联来控制大量的接口和灯具。采用异步串行协议，通过前向帧和后向帧实现控制信息的下达和灯具状态的反馈。DALI 分组控制和场景控制分别见图 8-11、图 8-12，DALI 寻址示意图见图 8-13。

　　DALI 可做到精确的控制，可以方便控制与调整，修改控制参数同时不改变已有布线方式，如单灯单控，即对单个灯具可独立寻址，不要求单独回路，与强电回路无关。

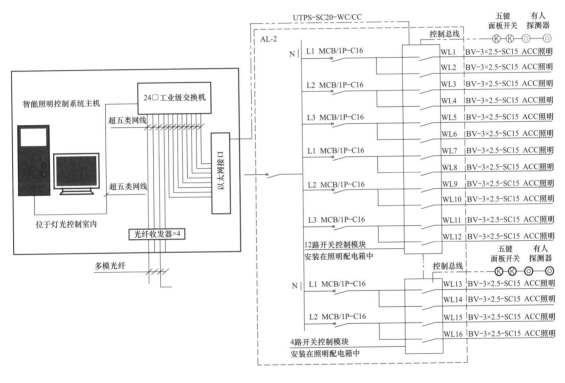

图 8-10　总线回路控制型智能照明系统图

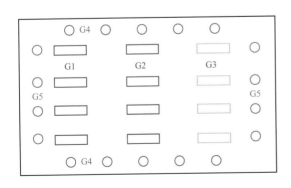

图 8-11　DALI 分组控制

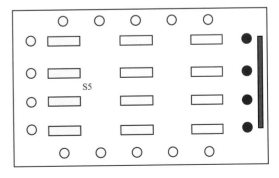

图 8-12　DALI 场景控制（一种场景）

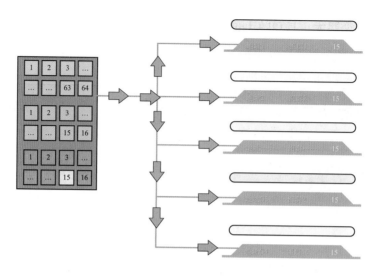

图 8-13　DALI 寻址示意图

　　DALI 标准的线路电压为 16V，允许范围为 9.5～22.4V；DALI 系统电流最大 250mA；数据传输速率为 1200bit/s，可保证设备之间通信不被干扰；在控制导线截面积为 1.5mm² 的前提下，控制线路长度可达 300m；控制总线和电源线可以采用一根多芯导线或在同一管道中敷设；可采用多种布线方式如星型、树干型或混合型。布线方式见图 8-14～图 8-16。

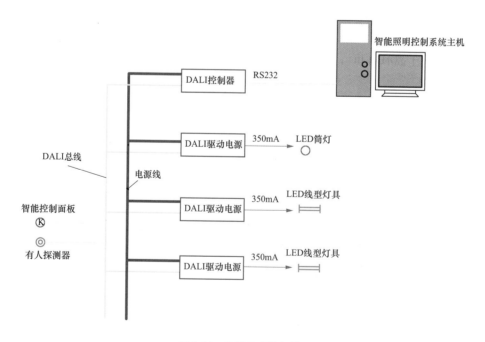

图 8-14　DALI 系统架构

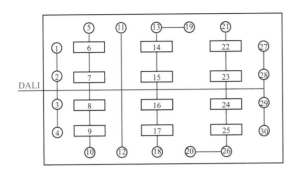

图 8-15　DALI 系统布线方式

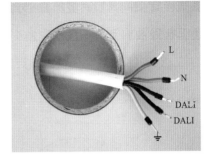

图 8-16　DALI 电源线与控制总线共管敷设

DALI 控制系统可实现单灯控制，其典型平面图和系统示意图分别见图 8-17、图 8-18。

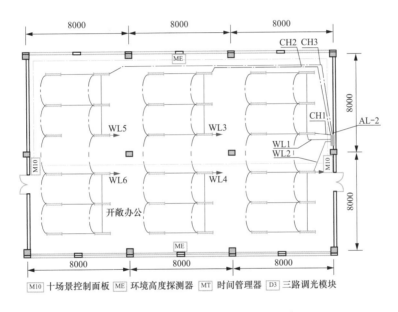

M10 十场景控制面板　ME 环境高度探测器　MT 时间管理器　D3 三路调光模块

图 8-17　DALI 控制系统典型平面图

从图 8-17 可看出，照明回路可以不按距窗远近分组，就近分组即可。图 8-17 中 DALI 控制线为方便看出 DALI 控制线的敷设，与电源线分别作了表示，按 DALI 安装规范，DA-LI 控制线可以与电源线共管敷设。

8.3.2.4　数字多路复用控制协议

数字多路复用是 digital multiplex（DMX）的英文缩写。DMX512 控制协议最先是由美国剧院技术协会（United States Institute for Theater Technology，USITT）发展而来的。DMX512 控制主要用于并基本上主导了室内外舞台类灯光控制以及户外景观控制。基于 DMX512 控制协议进行调光控制的灯光系统叫作数字灯光系统，见图 8-19。目前，包括电脑灯在内的各种舞台效果灯、调光控制器、控制台、换色器、电动吊杆等各种舞台灯光设备，以其对 DMX512 控制协议的全面支持，已全面实现调光控制的数字化，并在此基础上，逐渐趋于电脑化、网络化。

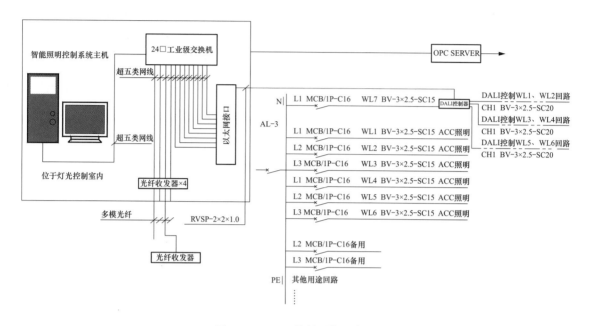

图 8-18　DALI 控制系统示意图

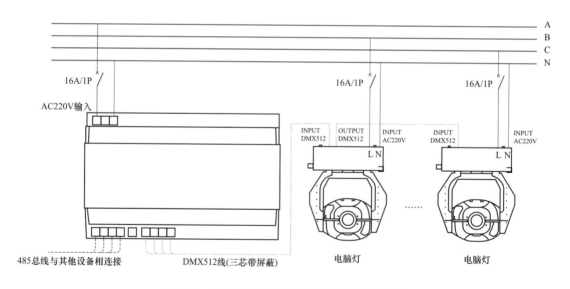

图 8-19　240 路 DMX 表演控制模块接线示意图

DMX512 数字信号以 512 个字节组成的帧为单位传输，按串行方式进行数据发送和接收。对于调光系统，每一个字节数据表示调光亮度值，其数值用 2 位十六进制数从 OOH（0%）~FFH（100%）来表示，每个字节表示相应点的亮度值，共有 512 个可控亮度值。一根数据线上能传输 512 个回路，DMX512 信号传输速率为 250Kbit/s。

1 个 DMX 接口最多可以控制 512 个通道，电脑灯一般都有几个到几十个功能，1 台电脑灯需占用少则几个、多则几十个控制通道，如 1 个电脑灯有 8 个 DMX 控制通道、1 个颜色轮、2 个图案轮，具有调光、频闪、摇头及变换光线颜色、图案等功能，其 DMX 通道序号、通道编码和对应功能见表 8-1。

表 8-1　　　　　　　　　　　　　　　　　**电脑灯 DMX 通道表**

DMX 通道	DMX 数值及功能		
Ch1：频闪	0～7 关光	8～231 由慢到快频闪	232～255 开光
Ch2：调光	0 —————————— 光闸线性打开，由暗到亮调光 —————————→ 225		
Ch3：水平旋转	0 —————————— 0～450°水平旋转 —————————→ 225		
Ch4：垂直俯仰	0 —————————— 0～270°垂直旋转 —————————→ 225		
Ch5：颜色轮	0～15 白光	16～127 颜色 1～颜色 7	128～255 由慢到快流水效果
Ch6：固定图案轮	0～15 白光	16～127 图案 1～图案 7	128～255 由慢到快流水效果
Ch7：旋转图案轮	0～7 图案不旋转	8～119/120～231 图案由慢到快顺/逆时针旋转	232～239/240～247/248～255 图案 180°/360°/720°旋转
Ch8：复位	0 —————————— 持续 5s 后复位 —————————→ 225		

表 8-1 中的 DMX 数值用十进制数表示，0～7 对应 8 位控制数据的二进制组合为 00000000～00000111，232～255 对应的二进制组合为 11101000～11111111，其他以此类推。将 DMX 协议中某一指令帧的部分或全部 8 位二进制组合形成电脑灯某一功能转换或状态变化的这一过程即解码与控制。

从表 8-1 中也可以清楚地看出电脑灯功能、通道数及其对应关系，是计算 1 个 DMX 接口所带单元负载数目及设置起始地址编码的重要依据。像这种只有 8 个通道的电脑灯，1 个 DMX 接口可以控制的数量为 64 台（512/8＝64）。如果另一电脑灯的 DMX 通道数为 20，那么 1 个 DMX 接口可以控制的数量则为 25 台（512/20＝25.6，舍去余数）。

所有数字化灯光设备均有 1 个 DMX 输入接口和 1 个 DMX 输出接口，DMX512 控制协议允许各种灯光设备混合连接，在使用中可直接将上一台设备的 DMX 输出接口和下一台设备的输入接口连接起来。不过需要清楚的是，这种看似串联的链路架构，对 DMX 控制信号而言其实是并联的。因为 DMX 控制信号进入灯光设备后"兵分两路":一路经运放电路进行电压比较并放大、整形后,对指令脉冲解码,然后经驱动电路控制步进电机完成各种控制动作;另一路则经过缓冲、隔离后,直接输送到下一台灯光设备,利用运放电路很高的共模抑制能力,可以极大地提高 DMX 控制信号的抗干扰能力,这就是为什么 DMX512 控制信号采用平衡传输的原因。

以电脑灯为例,假设某 DMX 控制端口驱动若干台电脑灯,则第一台电脑灯的起始地址码是 001,第二台电脑灯的起始地址码是 001 加第一台灯的 DMX 通道数,以此类推。比如,第一、第二台电脑灯的通道数分别为 16 和 20,则第一台电脑灯的起始地址码是 001,第二台电脑灯的起始地址码是 017,第三台电脑灯的起始地址码是 037。最后一台电脑灯的起始地址码与其通道数相加不能超过 512,如还有剩余的电脑灯,则应启用控制台的下一个 DMX 控制接口。

根据 DMX512 控制协议标准,每个 DMX 接口在所控制灯具的总通道数不超过 512 个的前提下,最多只能控制 32 个单元负载。当电脑灯、硅箱、换色器或其他支持 DMX512 控制协议的灯光设备多于 32 个,但控制通道总数远未达到 512 个时,可采用 DMX 分配器将一路 DMX 信号分成多个 DMX 支路。这样,一方面便于就近连接灯架上的各灯光设备,另一方面每个支路均可驱动 32 个单元负载。不过属于同一 DMX 链路上的各支路所控制的通道总数仍不能超过 512 个。DMX512 控制结构示意图见图 8-20。

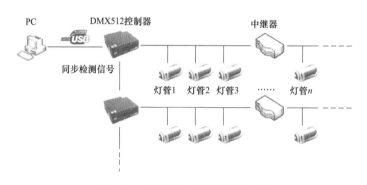

图 8-20 DMX512 控制结构示意图

与传统的模拟调光系统相比,基于 DMX512 控制协议的数字灯光系统,以其强大的控制功能给大、中型影视演播室和综艺舞台的灯光效果带来了翻天覆地的变化。但是 DMX512 灯光控制标准也有一些不足,比如速度还不够快、传输距离还不够远、布线与初始设置随系统规模的变大而变得过于烦琐等,另外控制数据只能由控制端向受控单元单向传输,不能检测灯具的工作情况和在线状态,容易出现传输错误。后来经过修订完善的 DMX512—A 标准支持双向传输（参见 WH/T 32《DMX512—A 灯光控制数据传输协议》），可以回传灯具的错误诊断报告等信息，并兼容所有符合 DMX512 控制协议的灯光设备。另外，有些灯光设备的解码电路支持 12 位及 12 位数据扩展模式，可以获得更为精确的控制。

远程设备管理（remote device management，RDM）协议是 DMX512—A 协议的扩展版本，允许调光台及其他控制设备通过一条 DMX512 网络去发现、配置、状态监测及管理中间设备和线端设备。RDM 系统实现双向通信的功能，即控制端和设备端能够进行双向通信，已经大量用于景观照明领域。

目前，LED 灯具，采用 DMX 传输协议也十分普遍。在景观照明中，LED 灯大多由红（R）、绿（G）、蓝（B）颜色芯片组成混光，根据灯具像素点选择 DMX 控制器，图 8-21 中每个灯由 R、G、B 芯片组成，每个灯具为 1 个像素点，1 个 DMX 端口可接 170 套灯具。图 8-22 中每个灯由 R、G、B 芯片组成，每个灯具为 2 个像素点，1 个 DMX 端口可接 85 套灯具。

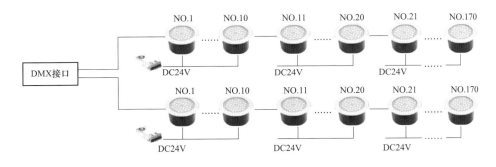

图 8-21　景观照明 DMX 控制（每个灯具为 1 个像素点）

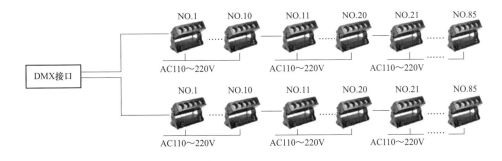

图 8-22　景观照明 DMX 控制（每个灯具为 2 个像素点）

8.3.2.5　基于 TCP/IP 网络控制

照明控制系统基于 TCP/IP 协议的局域网（可以基于有线或 4G 搭建）控制逐步成熟，

控制系统框架见图 8-23、图 8-24，其优点如下：

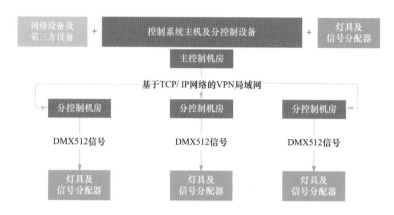

图 8-23　基于 TCP/IP 网络控制框图

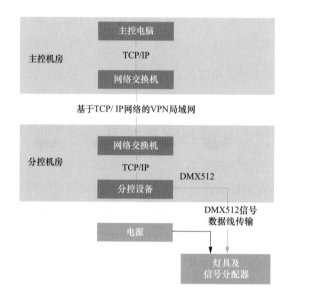

图 8-24　基于 TCP/IP 大型控制系统控制框图

（1）设备稳定性好，集成度高。

（2）层级式架构，扩展性好。

（3）控制软件灵活，容易编辑及整合。

（4）系统刷新率大于 30 帧/s。

（5）兼容的各类标准控制协议。

（6）可以通过主动和被动两种方式进行节目的触发：

1）通过各类感应设备（光感、红外感应、声控等）和系统配件，进行主动式的灯光场景触发。

2）通过按钮/平板设备/移动终端等用户界面进行灯光场景的触发。

8.3.2.6　无线控制

照明无线控制技术发展很快，声光控制、红外移动探测、微波（雷达）感应等技术在建筑照明控制中得到广泛应用。

对于楼梯、走廊、卫生间等公共区域，采用红外移动探测、微波（雷达）感应控制，十分方便，图 8-25 所示为卫生间感应控制示意图。

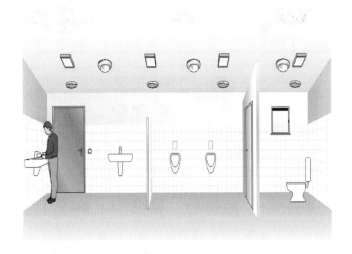

图 8-25　卫生间感应控制示意图

对于地下车库照明控制，采用 LED 灯具，利用红外移动探测、微波（雷达）感应等技术，并很容易实现高低功率转换，甚至还可以利用光通信技术实现车位寻址功能，是车库照明控制的趋势，并会很快成为主流。图 8-26 所示为车库感应控制图。

图 8-26　车库感应控制图

基于网络的无线控制技术也逐步用于照明控制中，主要有 GPRS、Zigbee、Wi-Fi 等。

　　(1) GPRS 控制。GPRS 是通用分组无线服务技术（General Packet Radio Service）的简称，它是全球移动通信系统（Global System of Mobile communication，GSM）移动电话用户可用的一种移动数据业务，是 GSM 的延续。基于 GPRS 的城市照明控制网络见图 8-27。

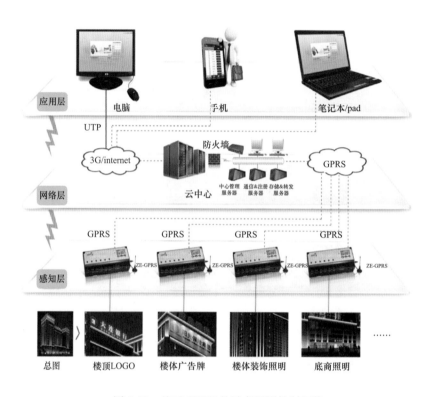

图 8-27　基于 GPRS 的城市照明控制网络

　　(2) Zigbee 控制协议。Zigbee 是基于 IEEE802.15.4 标准的低功耗局域网协议，是一种短距离、低功耗的无线通信技术。Zigbee 适应无线传感器的低花费、低能量、高容错性等的要求，目前，在智能家居中得到广泛应用。图 8-28 所示为 Zigbee 智能家居控制。

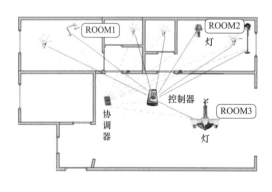

图 8-28　Zigbee 智能家居控制

　　(3) Wi-Fi。Wi-Fi 是一种允许电子设备连接到一个无线局域网（WLAN）的技术，通常使用 2.4GUHF 或 5G SHF ISM 射频频段。连接到无线局域网通常是有密码保护的，但也可是开放的，这样就允许任何在 WLAN

范围内的设备可以连接上。Wi-Fi 是一个无线网络通信技术的品牌,目的是改善基于 IEEE 802.11 标准的无线网络产品之间的互通性。以前通过网线连接电脑,而 Wi-Fi 则是通过无线电波来联网;常见的就是一个无线路由器,那么在这个无线路由器的电波覆盖的有效范围都可以采用 Wi-Fi 连接方式进行联网。如果无线路由器连接了一条 ADSL 线路或者别的上网线路,则又被称为热点。利用 Wi-Fi 进行城市照明控制示意图见图 8-29。

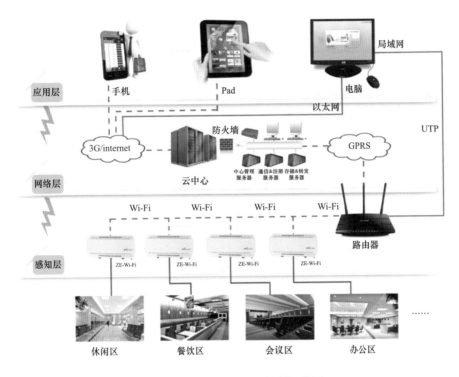

图 8-29　Wi-Fi 城市照明控制拓扑图

(4) 基于蜂窝的窄带物联网的道路照明智能控制系统。

基于蜂窝的窄带物联网 (narrow band internet of things,NB-IoT) 成为万物互联网络的一个重要分支。NB-IoT 构建于蜂窝网络,只消耗大约 180kHz 的带宽,可直接部署于 GSM 网络、LTE 网络,以降低部署成本、实现平滑升级。图 8-30 所示为基于 NB-IoT 的道路照明智能控制系统架构。

对于室外泛光、园林景观照明,一般由值班室统一控制,照明控制方式多种多样,为便于管理,应做到具有手动和自动功能,手动主要是为了调试、检修和应急的需要,自动有利于运行,自动又分为定时控制、光控等。为节能,灯光开启宜做到平时、一般节日、重大节日三级控制,并与城市夜景照明相协调,能与整个城市夜景照明联网控制。

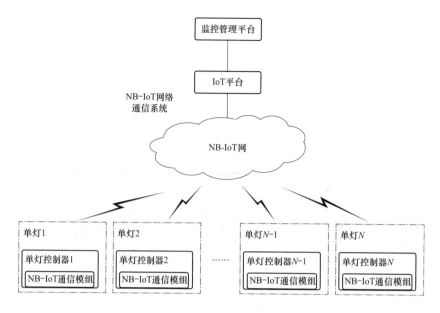

图 8-30　基于 NB-IoT 的道路照明智能控制系统

8.4　智能照明控制的趋势

基于 KNX/EIB 协议的照明控制系统得到了众多厂商响应，满足开放的要求，技术成熟，但发展已经缓慢。

网络化的照明控制得到了较快的发展，城市照明的联动控制、遥控、集中控制和显示，已经得到大量应用。灯光控制系统在标准的 DMX512 协议的基础上建立更加完整的开放式协议，让各个专业工厂明确控制指令的规则，系统可以将各个工厂、各种不同类型的可变光源灯具统一协调控制，最终实现多栋建筑的效果同步；采用 GPS 精准时钟为基础实现所有设备的同步控制这是一项重大突破，它的优点在于不依赖于网络是否畅通而可靠性很高，无论再大的范围，只要能接收到 GPS 信号，就能实现视觉与音频的同步效果。

LED 照明的低压、直流特点，使得照明采用以太网供电（Power Over Ethernet，POE）成为可能，这种利用现存标准以太网传输电缆同时传送数据和电功率的方式，不仅提高了照明的安全性，还为照明的智能控制提供了极大的便利。

照明控制是在不断发展的，它的硬件、软件系统都随着时代的技术发展在不断前进，未来照明将走向智能、艺术、高科技，智能照明的出现和发展改变了照明行业的命运，提高了人们的生活品质，大数据时代精准的照度控制技术也即将闪亮登场，绿色节能的智能照明将会彻底地取代普通的照明。

？ 思考题

1. 照明控制的原则是什么?

2. 照明控制有什么作用?

3. 画出面板开关两地控制原理图。

4. 自动控制方式有哪些?

5. 人员密集场所的公共大厅和主要走道的一般照明控制有何要求?

第9章
室内照明设计

室内照明主要是以功能照明为主、装饰照明为辅，装饰照明不仅可以使环境优美，也对光环境的舒适和人们的健康起着重要作用。

功能照明要有实用性，根据建筑物性质和环境条件，确定合理的照度，要满足显色性和均匀度；合理选择光源、灯具及附件、照明方式、控制方式，限制眩光；有效利用自然光，并应处理好自然采光与人工照明的关系；实用性主要指室内照明确保用光卫生，保护眼睛、保护视力，光色无异常心理或者生理反应，灯具牢固，线路安全开关灵活等。

装饰照明的装饰性包括三个方面：一是观赏性，灯具的材质优美，造型别致，色彩比较新颖美观；二是协调性，布灯形式要做精心设计，与房屋空间装饰协调，与室内陈设配套，灯具造型材质与家具型体材质一致，能体现出人文特性；三是突出个性，光的颜色是构成环境气氛的重要因素之一，光源色彩按人们需要营造出某种气氛，如热烈、沉稳、安适、宁静、祥和等，构建健康舒适的光环境。

9.1 概述

9.1.1 室内照明方式

室内照明应选择合适的照明方式，照明方式主要有：

（1）工作场所应设置一般照明，见图9-1。

（2）当同一场所内的不同区域有不同照度要求时，应采用分区一般照明，见图9-2。

（3）对于作业面照度要求较高，只采用一般照明不合理的场所，宜采用混合照明，见图9-3。

（4）在一个工作场所内不应只采用局部照明，见图9-4。

图 9-1　一般照明

图 9-2　分区一般照明

图 9-3　混合照明

图 9-4　仅有局部照明

（5）当需要提高特定区域或目标的照度时，宜采用重点照明，见图9-5。

图9-5 重点照明

（6）当需要通过颜色和亮度变化等实现特定需求时，可采用氛围照明，见图9-6。

图9-6 氛围照明

9.1.2 照明种类的确定

照明种类的确定应符合下列规定：

（1）室内工作及相关辅助场所，均应设置正常照明。

（2）下列场所当正常照明供电电源失效时，应设置应急照明：

1）需确保正常工作或活动继续进行的场所，应设置备用照明；

2）需确保处于潜在危险之中的人员安全的场所，应设置安全照明；

3）需确保人员有效地辨认疏散路径的场所，应设置疏散照明。

（3）需在夜间非工作时间值守或巡视的场所应设置值班照明。

（4）需警戒的场所，应根据警戒范围的要求设置警卫照明。

（5）在可能危及航行安全的建（构）筑物上，应根据相关部门的规定设置障碍照明。

9.1.3　照度分布

（1）工作场所一般照明照度均匀度应符合下列规定：

1）一般场所不应低于0.4；

2）长时间工作的场所不应低于0.6；

3）对视觉要求高的场所不应低于0.7。

（2）作业面邻近周围照度可低于作业面照度，但不宜低于表9-1中的数值。

表 9-1 　　　　　　　　　　　　　　作业面邻近周围照度

作业面照度（lx）	作业面邻近周围照度（lx）
≥750	500
500	300
300	200
≤200	与作业面照度相同

注　作业面邻近周围指作业面外宽度为0.5m的区域。

（3）通道和其他非作业区域一般照明的照度不宜低于作业面邻近周围照度的1/3。

（4）墙面、顶棚的平均照度宜符合下列规定：

1）墙面的平均照度不宜低于50lx，顶棚的平均照度不宜低于30lx；

2）人员长期工作并停留场所墙面的平均照度不宜低于作业面或参考平面平均照度的30%，顶棚的平均照度不宜低于作业面或参考平面平均照度的20%。

（5）局部照明与一般照明共用时，工作面上一般照明的照度值宜为工作面总照度值的1/3～1/5，且不宜低于50lx。局部照明宜在下列情况中采用：

1）局部需有较高的照度；

2）由于遮挡而使一般照明照射不到的某些范围；

3）视觉功能降低的人需要有较高的照度；

4）需要减少工作区的反射眩光；

5）为加强某方向光照以增强质感时。

9.2　室内照明设计主要内容

室内照明设计应考虑的主要是以下几个方面。

9.2.1　根据建筑物性质了解照明需求

建筑性质多样、功能各异，建筑一般分为工业建筑、农业建筑、民用建筑等。

（1）工业建筑：为生产服务的各类建筑，也可以叫厂房类建筑，如生产车间、辅助车间、动力用房、仓储建筑等。厂房类建筑又可以分为单层厂房和多层厂房两大类。

（2）农业建筑：用于农业、畜牧业生产和加工用的建筑，如温室、畜禽饲养场、粮食与饲料加工站、农机修理站等。

（3）民用建筑按使用功能分为居住建筑和公共建筑。

1）居住建筑主要是指提供家庭和集体生活起居用的建筑物，如住宅、公寓、别墅、宿舍。

2）公共建筑主要是指提供人们进行各种社会活动的建筑物，其中包括：

a. 办公建筑：机关、企事业单位的办公楼；

b. 教育建筑：托儿所，幼儿园、学校、图书馆等；

c. 科研建筑：研究所、科学实验楼等；

d. 医疗建筑：医院、门诊部、疗养院等；

e. 商业建筑：商店、商场、购物中心等；

f. 观演建筑：电影院、音乐厅、剧院等；

g. 体育建筑：体育馆、体育场、健身房、游泳馆等；

h. 旅馆建筑：旅馆、宾馆、招待所等；

i. 博展建筑：博物馆、美术馆、展览馆，会展建筑等；

j. 金融建筑：银行、金融中心、证券交易中心等；

k. 交通建筑：航空港、水路客运站、火车站、汽车站、地铁站等；

l. 通信广播建筑：电信楼、广播电视台、邮电局等；

m. 园林建筑：公园、动物园、植物园、亭台楼榭等；

n. 纪念性的建筑：纪念堂、纪念碑、陵园等；

o. 其他建筑类：监狱、派出所、消防站等。

不同建筑对照明的需求是不同的，典型建筑照明需求参见下列要求。

9.2.1.1 居住建筑照明

居住建筑照明要根据整体空间进行艺术构思，以确定灯具的布局形式、光源类型、灯具样式及配光方式等，家居照明要做到客厅明朗化、卧室幽静化、书房目标化、装饰物重点化等，造成雕刻空间的效果。

居住建筑照明方式主要有一般照明、局部照明和重点照明，均属于功能照明。另外，为了空间的艺术性，往往还需进行装饰性照明。

9.2.1.2 教育建筑照明

教育建筑中最重要的是教学楼和图书馆。教学楼中主要房间是教室，教室照明最基本的任务：

（1）满足学生看书、写字、绘画等要求，保证视觉目标水平和垂直照度要求。

（2）满足学生之间面对面交流的要求。

（3）要引导学生把注意力集中到教学或演示区域。

（4）照明控制适应不同的演示和教学情景，并考虑自然光的影响。

（5）满足显色性，控制眩光，保护视力，构建健康舒适的光环境。

除此之外，教室照明还应做到安全、可靠，方便维护与检修，并与环境协调。

图书馆照明最基本的任务是：

（1）图书馆中主要的视觉作业是阅读、查找藏书等。照明设计除应满足照度标准外，应努力提高照明质量，尤其要注意降低眩光和光幕反射。

（2）阅览室、书库装灯数量多，设计时应从灯具、照明方式、控制方案与设备、管理维护等方面考虑采取节能措施。

（3）重要图书馆应设置应急照明、值班照明或警卫照明。值班照明或警卫照明宜为一般照明的一部分，并应单独控制，值班或警卫照明也可利用应急照明的一部分或者全部。应急照明宜采用集中控制型应急照明系统。

（4）图书馆内的公用照明与工作（办公）区照明宜分开配电和控制。

（5）对灯具、照明设备选型、安装、布置等方面应注意安全、防火。

9.2.1.3 办公建筑照明

办公建筑照明的主要任务是为工作人员提供完成工作任务的光线，从工作人员的生理和心理需求出发，创造舒适明亮的光环境，提高工作人员的工作积极性，提高工作效率。办公室属于长时间视觉工作场所，若作业面区域、作业面临近周围区域、作业面背景区域的照度分布不均衡，会引起视觉困难和不舒适。

9.2.1.4 医疗建筑照明

医疗建筑照明主要需要满足下列要求：

（1）满足医生的需求。

（2）为病人创造一个宁静和谐的照明环境，有益于伤病人的治疗和康复。

（3）满足医疗技术的要求，充分发挥医院医疗设备的功能，有效地为医疗服务。

9.2.1.5 商业建筑照明

商业建筑照明主要需要满足下列要求：

（1）吸引顾客目光，增加进店人数，延长停留时间，提高回头率，营造商店特有魅力。

（2）照亮商品，突出商品特点，提高购买欲。

（3）引导顾客，用不同的灯光装置形成视觉引导，用不同的色彩构造不同的视觉氛围。

9.2.1.6 体育建筑照明

体育建筑照明的基本要求是：

（1）满足运动员和教练员体育比赛的需要。

（2）满足观众观看体育比赛的需要。

（3）满足裁判员正确判罚的需要。

（4）满足电视转播的需要。

（5）满足进场、退场及应急的需要。

9.2.1.7 博物馆、美术馆照明

光环境好坏是衡量博物馆、美术馆水平的一项重要指标，博物馆、美术馆照明需要解决好展品保护与照明的矛盾：

（1）展品保护要求尽可能的使之免受光学辐射的损害，照度越低越好。

（2）为了给观众创造良好的参观环境，要求提供舒适的光环境，又需要提高照明水平。

（3）照明标准是展品保护与观看需求取得平衡的经验总结，应严格遵守照明标准。

9.2.1.8 会展建筑照明

会展建筑照明满足下列要求：

（1）展览空间和展品照明的功能性要求，展览空间内还有会议、餐饮等会展服务功能，满足各种功能的照明需求；

(2) 会展建筑面积庞大，可举办单一类型展览活动，也可各种展览活动同时进行，不同的展览，其照明要求各异；

(3) 会展不是全天候使用，并具备一定的间歇性，一般在白天，应充分利用天然光；

(4) 会展建筑不但要满足不同展览要求，还应满足参展、观展人员的需求。

9.2.1.9 交通建筑照明

交通建筑一般为高大空间，其照明需求如下：

(1) 旅客对环境舒适的需求，候机（车、船）厅，应该突出安静、柔和、均匀等光环境特点，可以缓解旅客的心情，设置适合旅客阅读等视觉工作的照明。

(2) 旅客对信息传递的需求，人类80%的有用信息来自视觉，"看"比"听"的信息传递要快10倍，而视觉依赖于照明，应处理好照明与广告信息、显示屏的亮度对比。

(3) 旅客对消费的需求，商业照明要与候机（车、船）厅建筑的整体风格协调，针对不同的商品有不同的照明要求和照明方式。

(4) 控制整体环境的亮度比值，控制旅客视线内灯具表面的亮度，高大空间采用中色温光源漫射光形式比较适宜。

9.2.1.10 工业建筑照明

工业厂房按其建筑结构型式可分为单层和多层工业建筑。多层工业建筑绝大多数见于轻工、电子、仪表、通信、医药等行业，此类厂房楼层一般不是很高，其照明设计与常见的科研实验楼等相似。机械加工、汽车、冶金、纺织等行业的生产厂房一般为单层工业建筑，并且根据生产的需要，更多的是多跨度单层工业厂房。

单层厂房在满足一定建筑模数要求的基础上视工艺需要确定其建筑宽度（跨度）、长度和高度。厂房的跨度（B）一般为6、9、12、15、18、21、24、27、30、36、……，厂房的长度（L）少则几十米，多则数百米。厂房的高度（H）低的5~6m、高的可达30~40m甚至更高。厂房的跨度和高度是厂房照明设计中考虑的主要因素。另外，根据工业生产连续性及工段间产品运输的需要，多数工业厂房内设有吊车，其起重量小的可为3~5t，大的可达数百吨，照明应满足生产需求。

9.2.2 确定照明标准

我国室内照明标准主要是GB 50034《建筑照明设计标准》，该标准从照明方式、照明种类、光源与灯具选择、照明数量和质量、照明标准值、照明节能、照明配电与控制几个方面，详细规定了对室内照明设计的要求，照明标准值中不少场所规定了一般和高档两个档次，选取合适的档次与照明节能密切相关。相关照明专项标准如 GB 51309《消防应急照明和疏散指示系统技术标准》、GB/T 23863《博物馆照明设计规范》、JGJ 153《体育场馆照明设计及检测标准》、GB/T 51268《绿色照明检测与评价标准》等。有关 LED 照明的标准有 GB/T 31831《LED 室内照明应用技术要求》、GB/T 38539《LED 体育照明应用技术要求》。

除此之外，各类建筑设计标准规范、电气设计规范中都包含相关的照明设计标准，如《住宅建筑规范》《博物馆建筑设计规范》《体育建筑设计规范》；GB 51348《民用建筑电气设计标准》、JGJ 392《商店建筑电气设计规范》、JGJ 333《会展建筑电气设计规范》、JGJ 354《体育建筑电气设计规范》、JGJ 310《教育建筑电气设计规范》、JGJ 312《医疗建筑电气设计规范》、JGJ 284《金融建筑电气设计规范》、JGJ 242《住宅建筑电气设计规范》、JGJ 243《交通建筑电气设计规范》等。

9.2.3　确定合适的照明方式和照明种类

根据建筑主要场所的照明需求、天然光资源、装修特点及节能等确定合适的照明方式和照明种类。

9.2.4　光源的选择

光源类型的选择应根据场所条件，满足使用场所光源颜色、光生物安全、启动时间、电磁干扰等要求。

当采用 LED 灯时，应符合下列规定：

（1）应考虑 LED 灯的谐波电流、启动冲击电流、骚扰特性和电磁兼容抗扰度。

（2）LED 灯初始光通量不应低于额定光通量的 90%，且不应高于额定光通量的 120%。

（3）LED 灯工作 3000h 的光通量维持率不应小于 96%，6000h 的光通量维持率不应小于 92%。

（4）LED 灯在额定电压 90%～110% 内应能正常工作，特殊场所应满足使用场所的要求。

（5）LED 灯输入功率与额定值之差应符合下列规定：

1）额定功率不大于 5W 时，其偏差不应大于 0.5W；

2）额定功率大于 5W 时，其偏差不应大于额定值的 10%。

9.2.5　灯具的选择

灯具选择应从灯具类型、配光、功率、能效、防护等级、防触电等级、光生物安全及安装方式等方面考虑。从安全方面，应重点关注如下内容：

（1）灯具的光生物安全性应符合下列规定：

1）灯具应满足无危险类（RG0）或1类危险（RG1）的要求。当采用2类危险（RG2）的灯具时，选用灯具标记的距离数值应满足安装位置和视看距离的要求。

2）中小学校、托儿所、幼儿园建筑主要功能房间应选用无危险类（RG0）灯具。

3）不应使用3类危险（RG3）的灯具。

（2）各种场所严禁采用防电击类别为0类的灯具。

（3）与建筑一体化安装的灯具应符合下列规定：

1）安装在人员可触及场所的灯具，其防护等级不应低于IP4X或采用安全特低电压（SELV）供电。

2）正常工作条件下，灯具表面温度不应超过60℃。

3）安装于地面内的灯具，其防护等级不应低于IP67。

4）灯具应易于安装和维护。

9.2.6　照明计算

按照照明标准和选定的光源、灯具进行照明计算，室内照明一般包括照度、均匀度、照明功率密度、统一眩光值的计算，具体可参见第3章。

9.2.7　照明配电及控制系统设计

（1）照明配电接线型式。

1）照明配电干线由放射式、树干式、放射式与树干式相结合的三种型式组成。对容量较大的集中负荷或重要负荷，宜从配电室以放射式直接供电；对高层公共建筑的各层照明，宜采用树干式供电。

2）树干式供电有插接母线、电缆T接、电缆预分支、链式配电等多种型式。树干式配电是多个负荷由一条干线供电。其主要特点为：配电设备及有色金属消耗较少，系统灵活性好，但干线故障时影响范围大。一般应用于用电设备的布置比较均匀、容量不大，又无特殊要求的场所。

3）负荷较分散、容量不大的同类负荷宜采用分区二次配电的型式，进线一般由变配电室放射式引来，出线可根据负荷的分布、容量的大小采用放射式、树干式、链接等几种型式。

4）链式供电作为一类特殊的树干式配电方式，适用于距离配电屏较远而彼此相距又接近的不重要的小容量照明场所。如教室照明箱、宿舍配电、酒店客房配电等场所，链接的照明场所一般不超过 5 处、总容量不超过 10kW。供电给容量较小用电设备的插座，采用链式配电时，每一条环链回路的数量可适当增加。

（2）照明控制系统设计。根据建筑规模、投资、便利性等选择合适的控制方式与控制系统，对于大型公共建筑宜按使用需求采用适宜的智能（含自动控制）照明控制系统。智能照明控制系统宜具备下列功能：

1）宜具备信息采集功能和多种控制方式，并可设置不同场景的控制模式。

2）当控制照明装置时，宜具备相适应的接口。

3）可实时显示和记录所控照明系统的各种相关信息，并可自动生成分析和统计报表。

4）宜具备良好的人机交互界面。

5）宜预留与其他系统的联动接口。

6）当系统断电重新启动时，应恢复为断电前的场景或默认场景。

对于特定场所的照明控制应符合下列规定：

1）车库出入口、建筑入口等采光过渡区宜采用天然光与人工照明的一体化控制。

2）采用场景控制的会议室或会客空间场景切换的系统响应时间应小于1s。

3）光感控制和人体感应控制可按需求与场所的遮阳、新风、空调设施联动控制。

4）照明控制应符合消防和安防监控等系统要求。

5）当照明采用定时控制时，系统应具有优先级设置功能，以便在非预定时段灵活使用。

6）恒照度控制应采用光电传感器等设备监测光源性能或场所照度水平。

9.2.8 照明节能指标校验

实施照明节能的主要技术措施主要有：①正确选择照度标准；②合理选择照明方式；③使用高光效光源；④推广高效节能灯具；⑤使用节能型镇流器、驱动电源；⑥照明配电及控制节能；⑦建筑环境节能。

照明节能中重要指标是照明功率密度（LPD），GB 50034—2013《建筑照明设计标准》中规定了常规场所的 LPD 限值，不允许超过此限值，但有些场所是允许此限值可以提高的。

（1）当房间或场所的室形指数值等于或小于 1 时，其照明功率密度限值应增加，但增加值不应超过限值的 20%。

（2）设有装饰性灯具场所，可将实际采用的装饰性灯具总功率的 50% 计入照明功率密

度值的计算。例如，某场所的面积为100m²，照明灯具总安装功率为2000W（含镇流器功耗），其中装饰性灯具的安装功率为800W，其他灯具安装功率1200W。按本条规定，装饰性灯具的安装功率按50%计入LPD值的计算，则该场所的计算LPD值应为

$$LPD = \frac{1200 + 800 \times 50\%}{100} = 16 (W/m^2)$$

（3）当房间或场所的照度标准值提高或降低一级时，其照明功率密度限值应按比例提高或折减。例如，某工业场所根据其通用使用功能设计照度值应选择为500lx，相应的照明功率密度限值为17.0W/m²。但实际上该作业为精度要求很高，设计照度值需要提高一级为750lx。LPD应进行调整，则该场所的计算LPD限值应为

$$LPD = \frac{750}{500} \times 17.0 = 25.5 (W/m^2)$$

（4）LED灯（包括LED光源和LED灯具）计算LPD值时，功率按照产品标称的输入功率计算。

（5）当采用独立式驱动电源时，计算LPD值时的功率按照灯具标称的输入功率须加上驱动电源的功耗计算。

（6）含双色温通道的可调光输出、可调色温灯具，按运行时的灯具最大功率计算照明功率密度值。

（7）对设计有照明控制设备或系统的照明场所，照明控制设备或传感器的功耗不应计入照明功率密度的计算。

9.3 设计案例

本节以教室照明为例，进行照明设计。

首先应了解教室照明设计需求，教室是学生上课、自习的地方，一般学生面向黑板，但也有不少交互式讨论环节，因此首先应了解教室照明要解决的问题，见9.2教育建筑部分。

9.3.1 设计标准

关于教室的设计标准主要有 GB 50034—2013《建筑照明设计标准》、JGJ 310—2013《教育建筑电气设计规范》、GB 50099—2011《中小学校设计规范》、GB 50346—2011《生物安全实验室建筑技术规范》、JGJ 76—2019《特殊教育学校建筑设计标准》等。照度标准见表9-2～表9-4。

表 9-2 教育建筑设计标准 (GB 50034—2013)

房间或场所	参考平面及其高度	照度标准值 (lx)	UGR	U_0	R_a
教室、阅览室	课桌面	300	19	0.60	80
实验室	实验桌面	300	19	0.60	80
美术教室	桌面	500	19	0.60	90
多媒体教室	0.75m 水平面	300	19	0.60	80
电子信息机房	0.75m 水平面	500	19	0.60	80
计算机教室、电子阅览室	0.75m 水平面	500	19	0.60	80
楼梯间	地面	100	22	0.40	80
教室黑板	黑板面	500*	—	0.70	80
学生宿舍	地面	150	22	0.40	80

* 指混合照明照度。

表 9-3 教育建筑其他场所照明标准值 (JGJ 310—2013)

房间和场所	参考平面及其高度	照度标准值 (lx)	统一眩光值 (UGR)	显色指数 (R_a)
艺术学校的美术教室	桌面	750	≤19	≥90
健身教室	地面	300	≤22	≥80
工程制图教室	桌面	500	≤19	≥80
电子信息机房	0.75m 水平面	500	≤19	≥80
计算机教室、电子阅览室	0.75m 水平面	500	≤19	≥80
会堂观众厅	0.75m 水平面	200	≤22	≥80
学生宿舍	0.75m 水平面	150	—	≥80
学生活动室	0.75m 水平面	200	≤22	≥80

表 9-4 特殊教育学校主要房间照明标准值 (JGJ 76—2019)

学校类型	主要房间	参考平面及其高度	照度标准值 (lx)	统一眩光值 (UGR)
盲学校	普通教室、手工教室、地理教室及其他教学用房	课桌面	500	≤19
聋学校	普通教室、语言教室及其他教学用房	课桌面	300	≤19
智障学校	普通教室、语言教室及其他教学用房	课桌面	300	≤19
—	保健室	0.75m 水平面	300	≤19

9.3.2 照明方式

教室照明以功能照明为主，照度一般为 300lx 或 500lx，均匀度一般为 0.6，通常采用一般照明、局部照明方式。

9.3.3 光源与灯具的选择

教室照明应选用显色性好、光效高、寿命长的光源，目前，LED 无论从光效、寿命、显色性等方面，都具有明显的优势，光源和灯具一体化，更有利于提高照明质量，满足环保、节能要求。

关于照明质量，阅览室、书库、教室、会议室、实验室内采用的 LED 灯色温不应高于

4000K，显色指数（R_a）不应小于 80，特殊显色指数 R_9 应大于零，色容差不应大于5$SDCM$，黑板用 LED 灯的色容差不应大于 3$SDCM$。

除此之外，灯具的光生物安全和眩光对学生健康和视力影响更大，中小学校、托儿所、幼儿园教室应选用无危险类（RG0）灯具；大学、专科学校教室宜选用无危险类（RG0）灯具。眩光是影响学生视力的重要因素，产生眩光的主要因素为：①光源的亮度（亮度越高，眩光越显著）；②光源的位置（越接近视线，眩光越显著）；③光源的数量（光源数目越多，眩光越显著）；④周围的环境（环境亮度越暗，眼睛适应亮度越低，眩光也就越显著）。

LED 是直接发光的器件，光的方向性很强，效率高，GB 50034—2013 限制眩光的措施中，是根据光源表面平均亮度，规定灯具遮光角的，在光源平均亮度不小于 500kcd/m² 时，灯具遮光角不应小于 30°，因此不论 LED 灯表面亮度如何，如果学校阅览室、书库、教室、会议室、实验室中的直接性 LED 灯具遮光角不小于 30°，更有利于防止眩光。带防眩格栅的LED 灯，既有很大的遮光角，灯具表面亮度也很低、防眩效果好，见图 9-7。LED 平面灯具（也称面板灯）无直射光源，表面亮度不高时，其防眩效果较好，见图 9-8。

图 9-7　防眩格栅 LED 灯

图 9-8　LED 平面灯具

灯具配光对教室照明的均匀度影响较大，具有蝙蝠翼式光强分布特性灯具的光强分布，见图 9-9。光输出扩散性好、布灯间距大、照度均匀，如选择较大遮光角的灯具，能有效地限制眩光和光幕反射，有利于改善教室照明质量和节能。

　　图 9-10 表示具有蝙蝠翼式光强分布特性的灯具与余弦光强分布的灯具的性能对比。前者比后者减少了光幕反射区及眩光区的光强分布，降低了眩光特别是光幕反射的干扰；增大了有效区的光强分布，使灯具输出光通量的有效利用率提高。

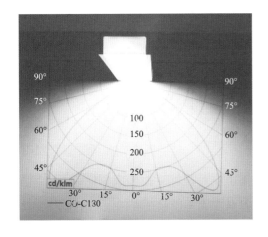
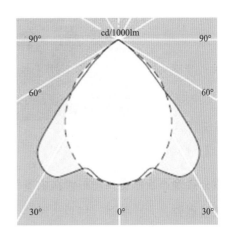

图 9-9　蝙蝠翼式光强分布　　　　图 9-10　蝙蝠翼式光强分布与余弦光强分布对比

9.3.4　普通教室照明要点

（1）普通教室课桌呈规律性排列，宜采用顶棚上均匀布灯的一般照明方式。

（2）为减少眩光区和光幕反射区，线性灯具宜纵向布置，即灯具的长轴平行于学生的主视线，并与黑板垂直。如果灯具横向配光良好，能有效控制眩光，灯具保护角较大，灯具表面亮度与顶棚表面差别不大，灯具排列也可与黑板平行，见图 9-11、图 9-12。

图 9-11　灯具长轴与黑板垂直

图 9-12　灯具长轴与黑板平行

（3）教室照明灯具如能布置在垂直黑板的通道上空，使课桌面形成侧面或两侧面来光，照明效果更好。

（4）为保证照度均匀度，布灯方案应使距高比（L/H）不大于所选用灯具的最大允许距高比（$A—A$、$B—B$ 两个方向均应分别校验）。如果满足不了上述条件，可调整布灯间距 L 与灯具挂高 H，或增加灯具、重新布灯或更换灯具来满足要求。

（5）灯具安装高度对照明效果有一定影响，当灯具安装高度增加，照度下降；安装高度降低，眩光影响增加，均匀度下降。普通教室灯具距地面安装高度宜为 2.5～2.9m，距课桌面宜为 1.7～2.1m。

（6）教室照明的控制宜平行外窗方向顺序设置开关（黑板照明开关应单独装设）。有投影屏幕时，在接近投影屏幕处的照明应能独立关闭。

9.3.5　阶梯教室（合班教室）照明设计要点

（1）阶梯教室内灯具数量多，眩光干扰增大，宜选用限制眩光性能较好的灯具，如带格栅或带漫反射板（罩）型灯具、保护角较大的开启式灯具。有条件时，还可结合顶棚建筑装修，对眩光较大的照明灯具做隐蔽处理，图 9-13 是把教室顶棚分块做成阶梯形。灯具被下突部分隐蔽，并使其出光投向前方，向后散射的灯光被截去并通过灯具反射器也向前方投射。学生几乎感觉不到直接眩光。

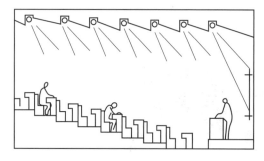

图 9-13　阶梯教室布灯示意

（2）为降低光幕反射及眩光影响，推荐采用光带（连续或不连续）及多管块形布灯方案，不推荐单管灯具方案。

（3）灯具宜吸顶或嵌入方式安装。当采用吊挂安装方式时，应注意前排灯具的安装高度不应遮挡后排学生的视线及产生直接眩光，也不应影响投影、电影等放映效果，见图 9-14。

图 9-14　灯具吊装

（4）当阶梯教室是单侧采光或窗外有遮阳设施时，有时即使是白天，天然采光也不够。教室内需辅以人工照明做恒定调节。教室深处与近窗口处对人工照明的要求是不同的。为改善教室内的亮度分布，便于人工照明的恒定调节与节能，宜对教室深处及靠近窗口处的灯具分别控制。图 9-15 就是把教室内的灯具，按距离采光侧窗的远近分为 5 组，装设 5 个开关。对 1~5 组中的每组灯具均可单独控制，以实现上述的人工照明对天然采光变化的恒定调节功能。

（5）阶梯教室内，当黑板设有专用照明时，投映屏设置的位置宜与黑板分开。一般可置于黑板侧旁。当放映时，同时也可开灯照明黑板。为减少黑板照明对投映效果的影响，投映屏应尽量远离黑板照明区并应向地面有一倾角。

（6）考虑幻灯、投影和电影的放映方便，宜在讲台和放映处对室内照明进行控制。有条件时，可对一般照明的局部或全部实现调光控制。

9.3.6　黑板照明要点

（1）宜采用有非对称光强分布特性的专用灯具，其光强分布见图 9-16。灯具在学生侧保护角

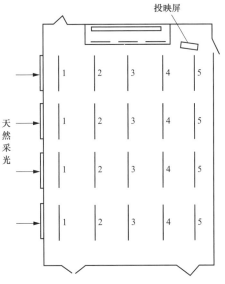

图 9-15　教室控制方式示意

225

宜大于 40°，使学生不感到直接眩光。

（2）黑板照明不应对教师产生直接眩光，也不应对学生产生反射眩光。在设计时，应合理确定灯具的安装高度及与黑板墙面的距离。由图 9-17 可得到以下布灯原则：

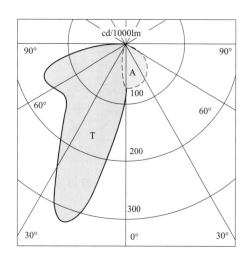

图 9-16　黑板灯配光曲线

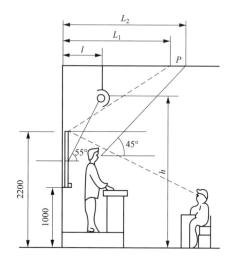

图 9-17　黑板灯位置确定

1）为避免对学生产生反射眩光，黑板灯具的布灯区为：第一排学生看黑板顶部，并以此视线反射至顶棚求出映像点距离 L_1，以 P 点与黑板顶部作虚线连接，见图 9-17，灯具应布置在该连接虚线以上区域内。

2）灯具不应布置在教师站在讲台上水平视线 45°仰角以内位置，即灯具与黑板的水平距离不应大于 L_2，否则会对教师产生较大的直接眩光。

3）为确保黑板有足够的均匀度，灯具光轴最好以 55°角入射到黑板水平中心线上，或灯具光轴瞄准点下移至距黑板底部向上 1/3 处更为理想。

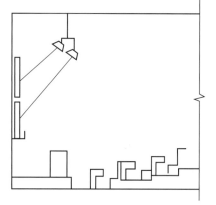

图 9-18　阶梯教室黑板灯

4）阶梯教室一般设有上、下两层黑板（上、下交替滑动），由于两层黑板高度较高，仅设一组普通黑板专用灯具是很难达到照度及其均匀度要求的。一种方案是采用较大功率专用灯具，另一种方案是上下两层黑板采用两组普通黑板专用灯具分别照明。为改善黑板照明的照度，可对两组灯具内的光源容量做不同的配置。上层黑板专用灯具内的光源容量宜为下层光源容量的 1/2～3/4，见图 9-18。

9.3.7 节能与自然光利用

教室一般白天使用较长，日光是自然界最理想的光也是最健康的光，利用好自然光也是十分节能的手段，但自然光是一直变化的，直射阳光可高达 5000lx 以上，并且容易形成眩光，对学生视力是不利的。教室一般照明照度在 300、500lx，最高不应超过 1000lx 是有助于视力健康的。因此，在阳光明媚的时候多采用窗帘遮阳，见图 9-19、图 9-20。GB 50034—2013 中规定的 500lx 是不考虑自然光影响的。

图 9-19 阳光直射是无法进行教学活动的，图 9-20 进行遮阳，白天所有灯都打开，没有充分利用自然光，没有起到节能的作用。可采用如下两种方式来充分利用自然光：

图 9-19　阳光直射的教室

图 9-20　窗帘遮阳

顶层教室采用光导照明系统，室外的自然光线透过采光罩，经由特殊制作的光导管传输和强化至室内漫射装置，把自然光均匀高效地照射到室内任何需要光线的地方。在图 9-21

中，圆形漫射器在白天把自然光导入室内，晚上采用人工照明，可采用两套系统。但此种方式，对顶层教室或单层教室比较适用，否则光导管无法安装。

(a) 示例一

(b) 示例二

图 9-21　光导照明

对于侧窗采光，可以采用能调节反光的格栅（见图 9-22），调整格栅角度，把阳光反射至室内顶板，起到间接照明的效果，人工照明在间接照明达不到照度标准时仅作为补充即可。

图 9-22　反光格栅

教室照明包含了课桌面的照明和黑板照明，课桌面的照明属于一般照明，黑板照明属于局部照明，在计算教室 LPD 值时，仅计算课桌照明灯的功率即可，不需要把黑板灯的功率计入。

9.3.8　配电与控制

一般采用单相配电，每间教室宜单独设配电箱，照明和插座分回路配电。特别是对于智慧教室，插座较多，如采用公共配电箱，配电回路过多，不利于管理和升级。

教室照明控制多采用翘板开关放于教室门口控制，控制模式应考虑靠近外窗和内墙分回路控制，还应考虑黑板和投影需要，前后分路控制。对于比较大型的阶梯教室，有条件的也可采用智能照明控制。采用智能照明控制时，教室内应放置智能面板，为有效利用自然光，宜采用电动窗帘，做到与照明联动。

思考题

1. 室内照明方式有哪些？

2. 室内照明种类有哪些？

3. 室内照明设计标准主要有哪些？

4. 室内照明设计应从哪几个方面着手？

5. 办公室尺寸平面图见图 9-23，采用嵌入式 LED 灯，吊顶高度 3.0m，桌面（0.75m）照度 500lx，按图 9-24 效果图，计算并选择灯具。

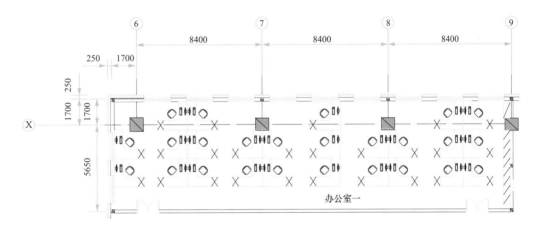

图 9-23 平面图

图 9-24 效果图

第10章
城市景观照明设计

随着人们生活水平的提高，生活空间和时间的延伸和拓展，城市景观照明发展迅速，良好的城市景观照明，提升了城市形象。做好景观照明设计，需要历史、文化、艺术和技术等各种知识的综合，需要有审美能力。

10.1 概述

城市照明（urban lighting）是指在城市规划区内城市道路、隧道、广场、公园、公共绿地、名胜古迹以及其他建（构）筑物的功能照明和景观照明。

城市功能照明（urban function lighting）是指通过人工光以保障人们出行和户外活动安全为目的的照明，主要包括城市道路及附属交通设施的照明与指引标识照明。

城市景观照明（urban landscape lighting）是指在户外通过人工光以装饰和造景为目的的照明，也称夜景照明，不包含体育场场地、建筑工地、道路照明和室外安全等功能照明。

10.1.1 景观照明的作用

（1）安全性（safety）。景观照明尽管不包含体育场场地、建筑工地、道路照明和室外安全等功能照明，但对整个城市光环境背景能够提高人们生活和行走的安全性，见图10-1。

（2）安全感（security）。景观照明还能阻止犯罪和环境破坏的发生，将会带给人们城市生活远离恐惧的自由感，提升安全感，见图10-2。

（3）环境氛围（ambience）。通过景观照明可以创造城市印象和生活氛围，这样可以对城市建设给出一种新的感觉和理解，见图10-3。

（4）方向性（Orientation）。城市照明能够提供视觉导向，能使我们辨别城市环境的特征，提供方向感，见图10-4。

（5）标识性（identity）。城市照明可以展示城市的标志性景观，提高城市标识性，从而可以提升本地人的自豪感，见图10-5。

图 10-1 安全性（北京平年照明技术有限公司张帆 摄）

图 10-2 安全感（北京清华同衡规划设计研究院有限公司 提供）

图 10-3 环境氛围

图 10-4　方向性

   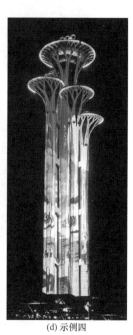

(a) 示例一　　　　　　(b) 示例二　　　　　　(c) 示例三　　　　　　(d) 示例四

图 10-5　标识性

　　(6) 社会互动（social interaction）。通过环境创造，照明可以拓展时空，培养社会和人际的交流互动，见图 10-6。

　　(7) 景观性（landscape）。景观照明本身也是一种夜景观，是白天景观的再塑造，有时甚至比白天的景观更动人、更优美，见图 10-7。

图 10-6　社会互动

图 10-7　景观性

（8）城市升级（promotion）。景观照明是更为有效的城市景观提升的方式，见图 10-8。

图 10-8　城市升级

（9）城市形象（city image）。城市照明能够创造出积极的城市形象，吸引观光和投资，见图 10-9。

图 10-9　城市形象

10.1.2　景观照明方式

10.1.2.1　泛光照明（flood lighting）

泛光照明通常由投光灯来照射某一情景或目标，使其照度比其周围照度明显高的照明，见图 10-10。

泛光照明应通过明暗对比、光影变化等方法，展现被照物的层次感与立体感。不应采用大面积投光将被照物均匀照亮的方法。

当被照物表面材料具有镜面反射或以镜面反射为主的混合反射特性，或反射比低于 20％时（文物建筑和保护类建筑除外），如玻璃幕墙，不应选用泛光照明方式。

图 10-10　泛光照明方式（颐和园管理处　提供）

10.1.2.2　轮廓照明（contour lighting）

轮廓照明是利用灯光直接勾画建（构）筑物等被照对象的轮廓的照明方式，见图 10-11。

图 10-11　轮廓照明方式

需表现其丰富轮廓特征的建（构）筑物，可选用轮廓照明。轮廓照明使用点光源时，光源之间的距离应根据建（构）筑物尺度和视点的远近确定；使用线光源时，其形状、亮度应根据建（构）筑物特征和视点的远近确定。

10.1.2.3　内透光照明（lighting from interior light）

内透光照明是利用室内光线向室外透射的夜景照明方式，见图 10-12。

图 10-12　内透光照明方式（北京豪尔赛照明技术有限公司　提供）

建（构）筑物的造型、功能、性质、外墙材料不宜采用泛光照明时，可采用内透光照明；采用室内灯光形成自然内透光照明时，宜保持光色的一致性；内透光照明应控制亮度，避免光污染；宜与景观照明系统一起控制。

10.1.2.4　重点照明（accent lighting）

重点照明是利用窄光束灯具照射局部表面，使之与周围形成强烈的亮度对比，并通过有韵律的明暗变化，形成独特的视觉效果的照明方式，见图 10-13。

图 10-13　重点照明方式（江波　提供）

10.1.2.5 剪影照明（silhouette lighting）

剪影照明也称背光照明，指利用灯光将景物和它的背景分开，一般是将背景照亮，使景物保持黑暗，从而在背景上形成轮廓清晰的影像的照明方式，见图 10-14。

图 10-14 剪影照明方式（内墙泛光照明方式）（良业照明工程公司 提供）

10.1.2.6 建筑媒体立面照明（media architecture façade lighting）

建筑媒体立面照明是基于数字技术传达视觉信息、与建筑立面相结合的景观照明方式，见图 10-15。

图 10-15 媒体立面照明方式（上海光联照明科技有限公司 提供）

媒体立面照明是以艺术性审美为主要目的，同时兼具商业宣传作用，将信息媒体系统（主要是电子媒体系统）和建筑设计、立面技术、灯光照明（在特殊情况下也包含自然光影）

有机结合的综合性建筑立面形式，媒体建筑是媒体立面在整个建筑体系上的延伸。媒体建筑是建筑表皮和与数字媒体影像相结合的一种新的建筑形式，某种程度上可看作是具有科技属性的艺术装置。媒体建筑涉及的专业很多，除建筑专业外还涉及视觉传达、广告策划、影视艺术、媒体动画、装置艺术、实验艺术、数字智能、半导体在照明等多个领域。

媒体立面照明应根据建筑物立面的条件确定其体量、尺度，控制其亮度、变化频率，并应限制其可能产生的光污染。

10.1.2.7 动态照明（dynamic lighting）

动态照明是通过照明装置的光输出的控制形成场景明、暗或色彩等变化的照明方式，见图 10-16。

(a) 示例一　　(b) 示例二　　(c) 示例三　　(d) 示例四　　(e) 示例五

图 10-16　动态照明方式

10.1.2.8 建筑化照明（architecturized lighting）

建筑化照明是将照明光源或灯具与建筑物立面的墙、柱、窗、檐或层面等部分构件结合为一体的照明方式，见图 10-17。

建筑化照明宜在建设或改造建筑物时实施，和主体建筑同步设计和施工。

10.1.3　景观照明标准

景观照明相关标准主要有 CJJ/T 307—2019《城市照明建设规划标准》、JGJ/T 163—2008《城市夜景照明设计规范》、GB/T 35625《室外照明干扰光限制规范》不少省、直辖市也发布了相应的地方标准，如北京市发布了 DB11/T 388.1~8—2015《城市景观照明技术规范》。在村镇照明建设方面，有 GB/T 40995—2021《村镇照明规范》。

图 10-17　建筑化夜景照明方式（北京豪尔赛照明技术有限公司　提供）

10.1.3.1　CJJ/T 307—2019

CJJ/T 307—2019 适用于城市和县人民政府所在镇的照明建设规划。城市照明建设规划分为城市照明总体设计、重点地区照明规划设计和城市照明建设实施三个阶段。

（1）城市照明总体设计包括以下主要内容：

1）确定总体建设目标和原则；

2）进行城市照明分区；

3）明确城市照明总体结构；

4）建立照明要素系统；

5）布局夜间公众活动场所；

6）提出功能照明建设和节能环保要求；

7）制订建设计划、运营、维护和管理要求等。

（2）重点地区照明规划设计应包括以下内容：

1）确定规划设计目标及策略；

2）确定照明载体的亮（照）度水平、光源颜色、照明动态模式等的层级，并提出具体控制指标；

3）确定典型照明对象，并对其主题、风格、效果等提出照明设计要求；

4）提出节能与环保、维护与管理的要求；

5）提出投资及能耗估算；

6）制订建设计划。

（3）城市照明建设实施：包括照明建设方案、照明施工管理、运行维护管理三部分内容。

照明建设方案应符合城市照明总体设计、重点地区照明规划设计、城市设计及相关规划要求，包含方案设计、初步设计、施工图设计三个阶段。

照明施工应按照照明建设方案的施工图设计进行，照明施工过程中可根据实际工程需要，进行灯光效果试验和调试，照明效果应达到照明建设方案设计要求。

城市照明应依据城市照明设施的维护标准和监管办法，加强安全检查和检测，做好照明设施日常维护，保障照明设施安全正常运营。通过安全检测和评估，对影响照明安全和照明效果的照明设施，应及时予以修复、回收、更换。

10.1.3.2　DB11/T 388.1～8—2015

DB11/T 388.1～8—2015 适用于城市化管理地区内的建（构）筑物、街区、广场、桥梁、园林、绿地、河湖、名胜古迹、树木、雕塑等环境景观的照明。该规范对室外照明标准数值要求如下。

（1）建（构）筑物立面照明的平均照度和平均亮度应符合表 10-1 的规定。

表 10-1　　　　　　　　建（构）筑物立面照明的照（亮）度值

表面材料	反射比（%）	平均亮度（cd/m²）				平均照度（lx）			
		E1 区	E2 区	E3 区	E4 区	E1 区	E2 区	E3 区	E4 区
浅色大理石、白色陶板、白色面砖、白色抹灰、白色涂料等	60～80	—	5	10	25	—	30	50	150
混凝土、浅灰色或灰色石灰石、浅黄色面砖、浅色涂料、铝塑板等	30～60	—	5	10	25	—	50	75	200
中灰色石灰石、砂岩、深色石材、普通棕黄色砖、黏土砖等	20～30	—	5	10	25	—	75	150	300

注　1. 特殊建（构）筑物以及深色墙面的文物建筑、保护类建（构）筑物，可不受表中规定的限制，但应与周围环境亮度相协调。
　　2. CIE 干扰光技术委员会（CIE/TC 5—12）《限制室外照明干扰光影响指南》等相关技术文件将环境亮度根据区域性质划分为四级，即暗环境的 E1 区域（如自然风景区）、低亮度环境的 E2 区域（如工业区或乡村居住区）、中亮度环境的 E3 区域（如工业区域或近郊居住区）、高亮度环境的 E4 区域（如城市中心区或商业区）。

（2）广场主要出入口和活动区的照度标准值应符合表 10-2 的规定。

表 10-2   广场主要出入口和活动区的照度值   (lx)

场所	出入口	活动区				
		集会广场	纪念广场	商业广场	交通广场	娱乐休闲广场
地面水平照度	10～30	20～30	15～25	10～30	10～30	5～20

注　人行道的最小水平照度为 5lx；最小半柱面照度为 3lx。

（3）主要公共区域的照度标准应符合表 10-3 的规定。

表 10-3   公园主要场所的照度标准值   (lx)

环境区域	最小平均水平照度			最小半柱面照度		
公园分类	综合公园	专类公园	社区公园	综合公园	专类公园	社区公园
人行道	5	5	3	5	5	3
公共活动场所	10	5	5	5	5	3

（4）住宅居室和医院病房等建筑窗户上的最大垂直照度和从室内直接看到的发光体的最大光强不应大于表 10-4 的规定值。

表 10-4   住宅居室和医院病房窗户上的干扰光限制值

环境区域	居住区非临街侧		居住区临街侧	
	23 时前	23 时后	23 时前	23 时后
窗户上的垂直照度（lx）	＜10	＜2	＜25	＜5
直接看到发光体的光强（cd）	＜2500	＜1000	＜7500	＜2500

（5）采用自发光形式的建筑景观照明时，自发光面的平均亮度应满足表 10-5 的要求。

表 10-5   自发光面的亮度限制值

环境区域	E1	E2	E3	E4
自发光面亮度 L（cd/m²）	＜50	＜400	＜800	＜1000

（6）建（构）筑物景观照明功率密度值不应大于表 10-6 的规定。

表 10-6   建（构）筑物景观照明的照明功率密度值（LPD）

立面材料反射比（%）	低亮度背景（E2 区）		中亮度背景（E3 区）		高亮度背景（E4 区）	
	对应照度（lx）	照明功率密度（W/m²）	对应照度（lx）	照明功率密度（W/m²）	对应照度（lx）	照明功率密度（W/m²）
70～85	50	3	100	5	150	7
45～70	75	4	150	7	200	9
20～45	150	7	200	9	300	14

注　经北京市市政府特殊许可的地区与时段，可不受此表限制；E1 区（天然暗环境）区域内的建筑立面不宜设置景观照明。

10.1.4　城市景观照明工程设计文件要求

城市景观照明工程设计一般分方案设计、初步设计和施工图设计三个阶段，设计文件应

包括：

(1) 设计说明书（含工程概况、设计依据等内容和白天的实景照片或设计效果图）。

(2) 平日、一般节假日和重大节日的夜景照明效果图。

(3) 重要照明部位的照度或亮度计算及照度或亮度分布图。

(4) 光污染的控制及对周边环境影响的分析。

(5) 节能、安全措施。

(6) 照明工程涉及文物建筑或保护类建筑的具体保护措施说明。

(7) 灯位布置图。

(8) 主要设备材料明细表和技术性能资料。

(9) 灯具安装方式、安装结构示意图。

(10) 供配电系统图、控制电路图及用电负荷（平日、一般节假日和重大节日）。

(11) 工程概预算。

(12) 施工图。

10.2 城市照明规划

城市照明建设规划（construction planning of urban lighting）是对一定时期内城市照明规划设计、建设实施和运维管理的综合部署。

城市照明总体设计（general design of urban lighting）是对一定时期内的城市照明分区、结构、系统的综合部署，为重点地区照明规划设计和照明建设实施提供依据和指导。

重点地区照明规划设计（lighting planning for key area）是对城市重点地区的照明建设和发展所做的具体安排，为重点地区的照明建设实施提供依据和指导。

城市照明分区（urban lighting zoning）是依据城市发展目标、空间结构、风貌特征、功能属性等，划分不同类型的照明控制区，并提出照明控制原则和要求。

通常城市照明总体设计也称城市照明总体规划，重点地区照明规划设计也称城市照明详细规划。

以下以烟台照明规划为例，论述照明规划所要表达的主要内容。

10.2.1 项目概况

本次规划北至海滨（包括养马岛、崆峒岛全境）、东至牟平区东环路、南至荣乌高速公路及规划绕城高速公路、西至平畅河，总面积约 $740km^2$，并对中心城区以外的城市规划区

（含蓬莱、长岛国家级旅游景点和风景名胜区）提出指导性意见和控制性原则。特别是对烟台市六城区（芝罘区、莱山区、开发区、高新区、福山区、牟平区）的功能照明和景观照明提出规划设计方案。

10.2.2　规划思路——从定位、目标到意向素材

本规划提出烟台城市照明的总体定位为山海仙境、光耀古今、显山露海、幻境星辰。

（1）山海仙境——"山耸城中、城随山转、海围城绕、岛与城连"概括了烟台山、海、城、岛之间丰富的空间交融变化，是烟台的自然山水本底，符合中国人对理想中仙境的想象。

（2）光耀古今——在山海仙境的城市基底上，在夜间用光诉说烟台的古今文化。烟台历史文化悠久丰富多彩，是全国著名的京剧之乡、鲁菜之乡、田径之乡、书法之乡。海阳大秧歌、莱州蓝关戏、胶东大鼓和"八仙过海传说"等 13 个项目被列入国家非物质文化遗产名录。

（3）显山露海——烟台市城市建设风貌中心突出，建筑高低起伏错落有致，山体轮廓线与城市天际线和谐交织，与海面相映形成一幅山海城于一体的城市构架。烟台市整体框架是以"山、海、城、岛"组成，显山露海夜间景观强调山体、海岸线与城市的关系。山体作为城市的背景，应选择在重要节点的可视范围内做适当的景观照明。海岸线作为滨海城市的特色应重点表现，塑造璀璨的烟台特色夜间景观。

（4）幻境星辰——在烟台显山露海的城市风貌基础上，诉求梦幻与自然交融的美景。通过严格控制长岛、养马岛、生态公园、绿地、自然保护区、山体等空间的夜间照明，控制好眩光，用适当的照明手法营造静谧安静的空间，保护自然生态，使人们看得见星辰，留得住乡愁。

城市照明发展目标：塑造城市夜景观，通过对城市特色的夜间展示促进市民消费并带动旅游业发展，创造具有地方特色的生态型现代山水城市的夜景观；以静为主，静中有动，达到用温暖的光拥抱世界、让世界重新认识烟台的目标。

依据城市意向分类并结合城市建设的综合条件，在实地踏勘认知的基础上，规划提出形成烟台城市夜间意象的要素是：城市道路照明体系，重点是滨海路、长江路、南大街、观海路，作为贯穿烟台的核心路段，必须要充分展现烟台的地域文化及城市未来发展的夜景观带，形成城市的名片；重要城市节点与标志物等，具体体现于城市景观价值点、街景构成主体元素的地标性建筑等。最后确立规划内容：以城市道路格局作为照明规划基础，将烟台每

个区中最为精华的城市对象〔包含重要景观点、建（构）筑物等〕进行选择、分级，并在夜间通过照明手法再现，具体的手法表现在照度分布、光色分布、照明设施的造型设计等方面。

10.2.3　城市功能照明要素——道路照明体系

现代城市照明体系中，道路是夜间商业、游览、休闲、娱乐活动组织的框架。人们通过被照亮的道路、街区来组织各种活动或感受环境。良好的道路照明能够为整个城市夜景观打下坚实基础。

烟台道路照明应符合 CJJ 45—2015《城市道路照明设计标准》和烟台城市总体规划的规定。城市道路的照明分级如下：

一级照明道路供车辆快速行驶，是城市交通的主动脉，照明设计应以流畅、简洁、明快为风格，灯具应注意防止眩光和光污染，具备良好的诱导性；滨海景观路、滨河景观路及环山景观路在道路照明要求中分别符合相对应的道路等级要求，但在灯具应用上具有一定的独特性及可识别性将这三种景观道路与其他道路区别开来。

二级照明道路兼有集散交通和服务性功能，照明设计应关注道路不同的功能，合理布置路灯、步道灯，具备较好的诱导性。

三级照明道路主要是支路连接次干道与街坊内道路，通常较幽静，照明设计应采用步道灯、埋地灯等相结合的方式，并对绿化、环境进行照明，具备较好的视觉诱导性。

10.2.4　城市景观照明要素——边界、区域、节点、标志

通过景观照明构架形成"一带、一路、六横、八纵、九组团、三十六点"的平面格局，照明设计以此为重点刻画。

（1）一带：沿海景观带，是贯穿烟台中心城区的功能带，也是滨海休闲旅游带。

（2）一路：从开发区经芝罘岛、崆峒岛到养马岛，形成海上观光之路。

（3）以主要道路为骨架划分的六横、八纵、九组团以及重要景点，形成了点、线、面的景观通廊，在亮度分级、色温控制、色彩变化上做出了详细的规定。通过下述五个策略形成烟台的景观照明特色，烟台夜景规划总体效果见图 10-18、图 10-19。

1）光之海岸——亮璀璨港湾：根据沿海景观特色，着力打造自天马栈桥至养马岛的"烟台品牌"的光之海岸见图 10-20。

2）光之都市——饰多彩烟台：烟台经历各阶段发展融合后，给人呈现出更为丰富多彩的城市风貌见图 10-21。

图 10-18　烟台夜景规划总体效果一

图 10-19　烟台夜景规划总体效果二

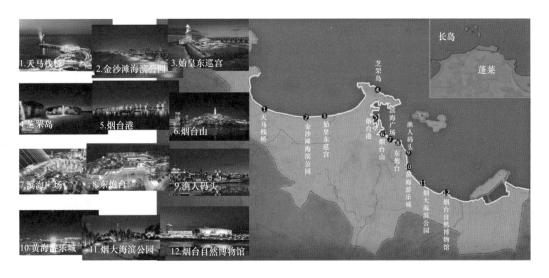

图 10-20　光之海岸——亮璀璨港湾

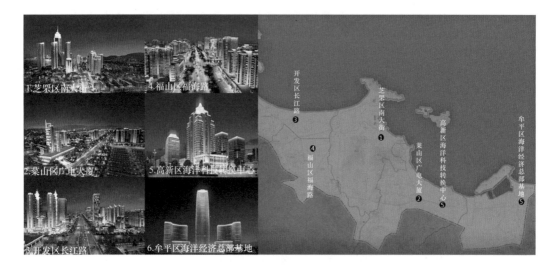

图 10-21 光之都市——饰多彩烟台

3）光之仙岛——品缥缈灵光：保护海岛现有生态格局，打造缥缈自在的海中仙岛，塑造温馨和谐的岛上灵光见图 10-22。

图 10-22 光之仙岛——品缥缈灵光

4）光之仙山——观山谷星辰：划定山体边界线，山体范围内严格控制光照强度，保护生态暗区；沿山体边界可设置适度的景观照明，提示山体轮廓感。莱山、塔山、岱王山部分区域可适度设置景观照明，其他生态保护区范围内，除了基本功能照明外，禁止景观照明，功能照明灯具选择截光型灯具，严格控制溢散光，保护城市夜景天空，见图 10-23。

5）光之生态——守静谧林间：城市湿地公园、绿地等生态区域景观照明应通过水景、桥梁和植被，营造生态静谧的场所氛围见图 10-24。

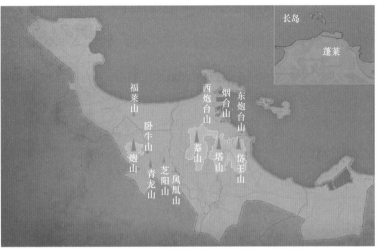

图 10-23 光之仙山——观山谷星辰

图 10-24 光之生态——守静谧林间

10.2.5 城市照明的拓展要素——特色灯具设计

灯具尤其是城市主干道的路灯，不仅是城市夜间功能照明的源泉，而且也是白天城市的一道韵律感极强的风景线，成为在时间段上更为拓展的城市特色要素；在很大程度的视觉印象中传递了地域文化特色、城市建设风貌等信息。在道路系统的灯具选型中，考虑到灯具形式及街道景观的丰富性，考虑到道路照明质量的一致性、街道景观的和谐性，以及具体施工，管理和维护的方便，特别注重道路照明灯具设计要在满足功能的前提下，设计有烟台特色的灯具，以增强烟台城市照明的辨识性。滨海路是贯穿烟台主城区的主轴道路之一，也是形成烟台最重要的风景带的"一带"的重要边界和标志，本规划设计了一款以功能为主，具有极简的风格又有海洋特色的灯具，贯穿整个道路，见图10-25。

图 10-25　滨海路道路照明效果图

本规划基于城市意向的构成要素，通过对烟台城市的调查、分析与照明对象提炼的过程，建立了道路照明体系、重要街道界面、景观区域及城市重要节点与标志物的综合性的照明体系；特别是对烟台特色的定位和目标，突出理性、绿色环保的光，这种构架理念为各城市照明规划提供一种思路参考。

10.3　景观照明设计

10.3.1　景观照明设计一般要求

（1）景观照明应与景观周边环境协调，不应产生影响周边建筑、行人、机动车和非机动车的干扰光。

（2）应严格控制景观照明设施对住宅、公寓、医院病房等的干扰光。图 10-26 所示建筑景观照明对周围住宅光污染严重。

（3）道路两边的装饰性照明灯具不应产生影响行人和车辆正常行驶的干扰光。

（4）投射到被照物之外的溢散光不应超过灯具输出总光通量的 15%。

（5）应严格限制在景观照明中使用探照灯、窄光束投光灯等强投光灯具和激光灯向天空或人群投射。

（6）应避免景观照明干扰动物的作息和植物的正常生长。

图 10-26　显示屏对周围住宅光污染严重

（7）珍稀树木不应设置景观照明。

（8）临时安装在树上的装饰灯泡单灯功率应小于 1W，并应确认灯泡的表面温度低于对树木造成伤害或影响其正常生长的温度。

（9）不应在玻璃幕建筑立面采用泛光照明。

（10）在建筑物立面上设置 LED 屏幕时，应对屏幕的位置、尺寸和亮度进行评估，不应干扰周边的环境、建筑、行人和各种车辆。

（11）采用建筑媒体立面照明时，应严格限制光污染。

10.3.2　建（构）筑物景观照明

（1）应根据建（构）筑物的性质、特点、外表材质、周边环境等确定合理的照明方案。

（2）建（构）筑物立面照明的平均照度和平均亮度应符合相应标准的规定。特殊建（构）筑物以及深色墙面的文物建筑和保护类建（构）筑物，标准取值可参考标准值进行上下调整，并应与周围环境亮度相协调，见图 10-27。

（3）建（构）筑物的主入口、牌匾、标志以及特征部位可采用重点照明加以突出，被照物的亮度与周边环境亮度的对比度宜为 3～5，且不应超过 10。

（4）建筑物的入口处不应采用泛光灯直接照射。

（5）景观照明灯具宜结合建筑构件设置，尽量隐蔽灯具，其外观、颜色宜与建（构）筑物协调一致。

图 10-27　青岛国际会议中心（战长恒　摄）

（6）居民楼、医院住院楼等居住建筑不应采用立面泛光照明；酒店、宾馆建筑的主体部分不宜采用立面泛光照明；居民楼、医院住院楼，酒店、宾馆建筑的景观照明，应防止光污染。

（7）采用建筑媒体立面照明方法时，媒体立面应与建筑物相结合，突出体现建筑立面的特色、特质与个性；媒体立面照明的表面亮度应充分考虑自发光面的亮度限制值要求；主干路两侧的建筑媒体立面照明不应快速闪烁，画面转换周期不应低于 15s。

10.3.3　商业街景观照明

（1）商业街景观照明应统一规划，在和谐的基础上，突出商店特点和个性，提供安全舒适的光环境，见图 10-28。

图 10-28　南京浦口火车站商业街（李艳维、曹楠　提供）

（2）商业街服务性公共设施的景观照明设计宜与其功能照明相结合。

（3）商业街内商店大门、牌匾、橱窗、广告牌等亮度与周边环境亮度的对比度不应超过 20。

（4）商业街内建（构）筑物的照明可结合商业业态，采用动态照明。

10.3.4　桥梁景观照明

（1）应在不影响功能照明前提下，充分展现桥体造型的艺术美感，且与周边环境协调一致，见图 10-29。

（2）不应影响和干扰桥梁上的交通信号和道路、标识照明。

（3）通行重载交通工具的桥梁上的灯具应采取防震动措施，位于高架桥上的灯具应采取防风措施。

（4）桥梁上的照明设备应能防止人为的破坏；有水位变化的河流、河堤和桥梁上的照明设备必须考虑水位变化的影响，并应具有相应的防护等级。

图 10-29　武汉长江二桥（惠州雷士光电科技有限公司　提供）

10.3.5　广场景观照明

（1）广场主要出入口、活动区的照度标准值应符合功能照明标准的规定。

（2）照明应突出重点，主要标志物、入口、雕塑的亮度与背景亮度的对比度不宜超过 20，见图 10-30。

（3）除集会广场、纪念广场在举办活动时可以设置动态或彩色照明外，其他时间、其他广场均不宜设置动态或彩色照明。

（4）交通广场的景观照明不应影响和干扰功能照明、交通信号和标识照明。

（5）广场中行人通行的台阶、坡道等应设置功能照明，障碍物应设置照明标示。

（6）灯杆、灯位的设置不应妨碍广场内人员的活动。

图 10-30　宝安滨海文化公园入口广场（深圳市千百辉照明工程有限公司　提供）

10.3.6　公园、风景名胜区景观照明

（1）主要公共区域的照度标准应符合功能照明标准的规定。

（2）雕塑照明设计宜符合下列要求：

1）雕塑的关键部位宜采取重点照明，次要部位的亮度宜按比例减少。

2）当光源从雕塑下方向上照射时，应避免在雕塑上产生不协调阴影。

3）雕塑照明宜采用窄光束灯具，应控制溢散光对环境和游人的影响。

4）深色、有光泽表面的雕塑不宜采用直接照明的方式，可用照亮背景反衬轮廓的照明方式。

（3）植物照明宜符合下列要求：

1）树木应选择适当的照明方式，控制光照时间和光照强度，避免植物生长的影响。

2）严禁将照明灯具及其配电线直接固定在树木上，图 10-31 中灯具对树木造成较大损害。

3）公园内观赏性绿地照明不宜低于 2lx，珍稀树木不宜设置景观照明。

4）应合理选择光源的功率及其光谱和灯具的照射方向，减少昆虫在灯具表面积聚的可能。

（4）水景照明宜符合下列要求：

1）根据水景自身的特点、周围环境、水面对光线的反射、散射和折射作用，选择合理的照明方式。

图 10-31　严禁直接在树上安装灯具与电缆

2）应根据喷泉的形态和高度设置照明灯具，灯具宜安装在喷泉的底部或水柱落下处。

3）放置在水中或水边的光源和灯具应符合防护等级要求，并采取安全保护措施。

（5）古建、名胜景观照明应符合下列要求：

1）在古建上设置夜景照明设备，应进行充分技术论证，并经文物主管部门批准后才能实施。图 10-32 所示为天坛照明，不允许建筑本体上安装灯具和线缆，远投光照射。

图 10-32　天坛（北京平年照明、清华大学建筑设计研究院　提供）

2）应根据古建、名胜的特点设置，慎用彩色光及动态光，其照度或亮度不应超过标准

要求。

3）应选择无紫外线的光源，对采用 HID 灯的灯具应加设滤除紫外线的设施。

4）灯具宜隐蔽安装，安装不应对古建筑物造成损伤、破坏。如安装在可燃材料表面的灯具，应采取隔热措施。

（6）照明灯具宜设计为景观的一部分，且应不影响白昼景观。

（7）服务性公共设施、台阶、坡道等的景观照明宜与其功能照明相结合，障碍物应设置标示照明。

10.4　景观照明施工说明示例

景观照明施工主要是电气方面的内容，以下为施工说明一般应包含的内容（具体工程根据实际情况编制）。

10.4.1　设计依据

（1）工程概况：①工程名称；②建设地点；③自然环境；④建筑类别及性质；⑤主要经济技术指标（面积、层数、高度）；⑥结构类型；⑦抗震设防烈度；⑧建筑设计使用年限；

（2）建设单位提供的有关部门认定的工程设计资料。

（3）建设单位提供的设计任务书及设计要求。

（4）相关专业提供给本专业的工程设计资料。

（5）设计执行的主要法规和所采用的主要标准、其他有关现行国家标准、行业标准及地方标准。

10.4.2　设计范围

（1）设计内容。红线范围内的建筑外立面、室外的夜景照明设计，包括供配电系统、照明控制系统、防雷，接地及安全措施、照明设备及线路敷设。

（2）设计分界。设计分界点为低压配电室内低压开关柜专用出线回路开关下口。

10.4.3　供配电系统

1）夜景照明负荷等级为三级，供电电压 220/380V，50Hz，夜景照明系统总负荷为_____kW。

2）由变电站低压配电柜引出专用回路至楼层夜景照明总箱。夜景照明配电采用放射式和树干式配电相结合的方式。

3）各回路接线时应尽量保持三相平衡，三相负荷偏差在 15％以内。

4）单相分支回路电流值不超过 32A。

5）照明灯具端供电电压不宜高于其额定电压值的 107％，不低于其额定电压值的 90％。

6）景观照明在变电站低压柜设置单独计量，计量电能表带远程抄表功能。

7）配电回路装设短路、过负荷保护，室外分支线路均装设剩余电流动作保护器。

8）景观照明线缆选用 WDZB-YJY-1.0kV 铜芯无卤低烟 B 级阻燃交联聚乙烯绝缘电力电缆，照明支路线缆截面为 4mm²。由开关电源给 LED 灯具供电的支线采用 ZR-RVV 阻燃双重绝缘护套线。

10.4.4 控制系统

（1）本项目夜景照明纳入智能照明控制系统进行管理，主机设置在消防控制室。

（2）系统设置平日、一般节日和重大节日的照明控制模式，通过光控、时控、程控和智能等控制方式分路、分组或分区集中控制，并具备手动控制功能。

（3）控制系统采用的控制模块应能独立运行，主控系统或通信线路发生故障时，各控制模块可在设定的模式下正常运行；某个控制模块发生故障时，不应影响其他控制模块的正常运行。

（4）照明控制系统应确保现场采集的数据和控制指令的准确传送，可采用有线或无线通信方式。当设备发生故障时，应立即切断电源。

（5）系统预留联网监控、遥控的接口，能按互联网要求投入运行。

（6）灯具厂家或施工单位必须根据实际的灯具品牌对 DMX 控制系统进行二次深化，并由设计及业主确认。

（7）用于表演的景观照明用 LED 灯宜采用 DMX512-A 或 RDM 标准协议的控制方式。

（8）智能照明控制模块应带实际开关状态反馈及模块掉线故障报警功能。

10.4.5 防雷、接地安全要求

（1）室外道路和庭院灯配电系统的接地采用 TT 系统，每个分路采用 300mA 延时 0.2s 的剩余电流动作断路器，每个路灯杆分支处采用 30mA 剩余电流动作断路器，组成上下级剩余电流动作保护系统。

（2）室外埋地灯、草坪灯距引出电源的建筑物在 20m 及以内时，采用 TN-S 系统。当其距引出电源的建筑物大于 20m 时，采用局部 TT 系统，每回路在第一个灯具设接地极，引出 PE 线后与后续灯具金属外壳连接。每回路采用 30mA 剩余电流动作断路器保护。

（3）建筑物本体上安装的 I 类灯具，采用 TN-S 系统，当安装高度大于 2.5m 时，每回路

灯具采用 300mA 的剩余电流动作断路器保护，主要用于防火保护。当安装高度不大于 2.5m 时，每回路采用 30mA 剩余电流动作断路器保护。建筑物本体上宜优先采用Ⅲ类灯具。

（4）安装灯具的金属构架和灯具、配电箱外露可导电部分及金属软管，应可靠接地且有标识。

（5）安装在人员可触及场所的灯具，应采用安全特低电压供电或防意外触电的保护措施。安全特低电压供电应采用安全隔离变压器，其二次侧不应接地。

（6）建筑上装设的景观照明应采取防雷措施，防雷应符合 GB 50057 及 GB 50343 的要求。

（7）为防止直击雷，在屋面及外墙上的照明灯具须安装在本建筑物防雷装置保护范围内，其金属外壳、穿线钢管、接线盒等须与就近的防雷装置做电气连接。灯具在设有避雷带的女儿墙上安装时，灯具安装高度应满足其顶部低于避雷带 100mm 的规范要求。

（8）进出建筑物的照明管线，应在进出线端将电缆的金属外皮，穿线钢管等与防雷装置或电气设备接地系统相连。从配电箱引出的穿线钢管的一端与配电箱外壳相连，另一端与用电设备外壳，并就近与屋顶防雷装置相连。穿线钢管的连接处应设跨接线，当钢管因连接设备而中间断开时，也应设跨接线。

（9）室外终端照明配电箱内须装设相应保护等级的浪涌保护器（SPD）。

10.4.6 照明设备安全要求

（1）灯具的安全性能应符合 GB 7000.1—2015《灯具 第 1 部分：一般要求与试验》的规定，灯具的选择应与其使用场所相适应，防触电保护为Ⅰ类的灯具应可靠接地，室外人体可触及的灯具宜选用Ⅲ类灯具，若选用非Ⅲ类灯具，则应有防意外触电的保护措施。

（2）照明设备的选择应符合谐波电流发射限值的规定。

（3）室外安装的灯具防护等级不低于 IP65，埋地灯具防护等级不低于 IP67，水下灯具防护等级应为 IP68。

（4）室外照明配电箱、控制箱的防护等级不应低于 IP44。

（5）景观照明控制模块应满足室外环境运行的温、湿度条件及防护等级的要求。

（6）照明设备所有带电部分应采用绝缘、遮拦或外护物保护。

（7）每套灯具的导电部分对地绝缘电阻值应大于 2MΩ。距地 2.5m 以下的照明设备应借助于工具才能开启。

（8）LED 灯具应选用专用开关电源，LED 灯具输入电压应与开关电源输出电压一致。使用功率为开关电源总功率的 70% 左右，最高不超过总功率的 80%。

10.4.7　照明设备安装要求

（1）室外落地配电箱不应安装在低洼处，箱底距地不宜低于 300mm。

（2）灯具固定应可靠，在震动场所使用的灯具应采取防震措施，高空安装的灯具应采取抗风压、防坠落措施，需固定投射方向的灯具应具有便于调整、牢固锁定的装置。灯具安装所需的支架及零部件均应全部为不锈钢或铝合金材质，并做防腐处理。

（3）灯具安装应便于检修。

（4）安装在人员密集场所的灯具，应采用防撞击、防玻璃破碎等措施。人员可触及的照明设备，当表面高于 60℃时，必须采用隔离保护措施以防烫伤。

（5）安装在饰面的灯具应采用具有 F 标志的产品并采取防火措施。灯具及配套电器、开关电源、控制器等电气设备禁止安装在可燃材料表面。

（6）开关电源、各种控制器必须安装在金属外壳的箱体内，不得埋在地面和墙体内。多个驱动电源置于箱体时，需考虑留有一定间隙，保持散热良好，不可堆积。

（7）室外灯具宜隐蔽安装，灯具外壳颜色应与安装部位表面颜色协调；外立面夜景照明灯具及布线应做到不外露、不易触碰到，主立面严禁外露。

10.4.8　线路敷设要求

（1）室内部分沿金属线槽敷设或热镀锌钢管敷设，室外园林部分采用电缆穿 PVC 塑料管直埋敷设，埋设深度 0.7m 以下。过马路处应再套保护钢管，壁厚不小于 2.0mm，并覆盖混凝土保护板或包封处理。

（2）金属导管和线槽应与 PE 线可靠连接，并采取防水、防腐措施。

（3）金属导管严禁对口熔焊连接；镀锌钢管及壁厚≤2mm 的钢导管不得套管熔焊连接。

（4）以专用接地卡做跨接的，两卡间连接线应采用铜芯软导线，并且截面积不小于 $4mm^2$。

（5）室外露天敷设的金属管路，连接处应采取防水措施，接线盒应是防水型。

（6）灯具与接线盒连接的金属软管，应采用防水防腐可弯曲金属导管，两端锁母应与导管配套，安装后不得脱落，防护等级应达到 IP55 或与灯具一致。

（7）易燃结构及饰面上敷设的管盒应采取防火措施。

（8）室外露天敷设的金属管路，应采用防腐性能好的管材，并且不应采用冷镀锌管材。

（9）灯具接线盒的防护等级应与灯具防护等级一致。

（10）除产品允许外，不同电压等级的线路应分管敷设，并满足施工验收规范关于敷设间距的要求。

10.4.9 室外照明基本要求

（1）室外公共区域照度值和一般显色指数应符合表 10-7 的规定。

表 10-7　　　　　　　　　室外公共区域照度值和一般显色指数

场所		平均水平照度 最低值 $E_{h,av}$（lx）	最小水平照度 $E_{h,min}$（lx）	最小垂直照度 $E_{v,min}$（lx）	最小半柱面照度 $E_{sc,min}$（lx）	一般显色指数 最低值
道路	主要道路	15	3	5	3	60
	次要道路	10	2	3	2	60
	健身步道	20	5	10	5	60
活动场地		30	10	10	5	60

注　水平照度的参考平面为地面，垂直照度和半柱面照度的计算点或测量点高度为 1.5m。

（2）园区道路、人行及非机动车道照明灯具上射光通比的最大值不应大于表 10-8 的规定值。

表 10-8　　　　　　　　　灯具上射光通比的最大允许值

照明技术 参数	应用条件	环境区域			
		E0 区、E1 区	E2 区	E3 区	E4 区
上射光通比	灯具所处位置水平面以上的光通量与 灯具总光通量之比（％）	0	5	15	25

（3）本项目均选用 LED 光源灯具。

（4）LED 灯具的效能应大于 70lm/W。

（5）景观照明用 LED 灯具调光的动态范围应为 0％～100％。

（6）彩色光 LED 灯具的主波长范围及颜色纯度应符合表 10-9 规定。

表 10-9　　　　　　　　　LED 灯具的主波长范围及颜色纯度

颜色	红光	绿光	蓝光	黄光
主波长范围（nm）	610～700	508～550	455～485	585～600
颜色纯度限值％	≥94	≥72	≥90	≥93

（7）照明配电线路功率因数应大于 0.85。

10.4.10 室外照明干扰光限制

10.4.10.1　室外夜景照明，对居室的影响

（1）居住空间窗户外表面上产生的垂直面照度不应大于表 10-10 的规定值。

表 10-10　　　　　　　　居住空间窗户外表面的垂直照度最大允许值

照明技术参数	应用条件	环境区域			
		E0 区、E1 区	E2 区	E3 区	E4 区
垂直面照度 E_v（lx）	非熄灯时段	2	5	10	25
	熄灯时段	0*	1	2	5

*　当有公共（道路）照明时，此值提高到 1lx。

（2）夜景照明灯具朝居室方向的发光强度不应大于表 10-11 的规定值。

表 10-11　　　　夜景照明灯具朝居室方向的发光强度最大允许值

照明技术参数	应用条件	环境区域			
		E0 区、E1 区	E2 区	E3 区	E4 区
灯具发光强度 I（cd）	非熄灯时段	2500	7500	10000	25000
	熄灯时段	0*	500	1000	2500

注　本表不适用于瞬时或短时间看到的灯具。
*　当有公共（道路）照明时，此值提高到 500cd。

（3）当采用闪动的夜景照明时，相应灯具朝居室方向的发光强度最大允许值不应大于表 10-11 中规定数值的 1/2。

10.4.10.2　建筑立面和标识面亮度

（1）建筑立面和标识面的平均亮度不应大于表 10-12 的规定值。

表 10-12　　　　建筑立面和标识面的平均亮度最大允许值

照明技术参数	应用条件	环境区域			
		E0 区、E1 区	E2 区	E3 区	E4 区
建筑立面亮度 L_b（cd/m²）	被照面平均亮度	0	5	10	25
标识亮度 L_s（cd/m²）	外投光标识被照面平均亮度；对自发光广告标识，指发光面的平均亮度	50	400	800	1000

注　本表中 L_s 值不适用于交通信号标识。

（2）E1 区和 E2 区里不应采用闪烁、循环组合的发光标识，在所有环境区域这类标识均不应靠近住宅的窗户设置。

（3）室外照明采用泛光照明时，应控制投射范围，散射到被照面之外的溢散光不应超过灯具输出总光通量的 20%。

10.4.11　管理与维护

（1）设施的产权单位应有固定的专业维修队伍对景观照明效果实施有效的监督。

（2）运行维护单位应具有机电安装或城市道路照明工程专业施工资质和安全生产许可证。

（3）设施的维护管理单位应建立健全管理、运行、维护的各项制度，制定突发事件的应急预案和措施；明确岗位责任制，维修人员应持证上岗；在重大节日重点项目应派专业人员全程值守。

（4）照明设施应在规定的时间开启与关闭，按设计的模式和控制程序运行，并应能在特殊需要时紧急开启与关闭。

higher(5) 重大节日（活动）前应对景观照明设施进行全面检查维护。

10.4.12 其他

（1）配电箱的外形尺寸仅为参考，由施工方根据现场实际情况深化，深化图纸经设计单位审核、业主确认后方可实施。

（2）工程照明配电箱的配电系统及配电箱的安装位置由施工方根据现场实际情况深化，深化图纸经设计单位审核、业主确认后方可实施。

（3）线路图中线路不完全表示实际走线点，具体走向因由施工单位在满足经济、合理之前提下，根据实际进行深化，深化图纸经设计单位审核、业主确认后方可实施。

（4）图中相序平衡表达不完善时，应根据实际情况调整相序，使之尽量趋于平衡。

（5）除特别说明外灯具的固定螺丝均应采用不锈钢螺栓；金属软管均应采用防腐、防水型可挠金属软管。

（6）凡与施工有关而又未说明之处，参见国家相关规范或国家、地方标准图集施工，或与设计院协商解决。

（7）工程所选设备、材料，必须具有国家级检测中心的检测合格证书；必须满足与产品相关的国家标准；供电产品、消防产品应具有相关许可证。

（8）为设计方便，所选设备型号仅供参考，招标所确定的设备和材料的规格、性能等技术指标不应低于设计图的要求。所有设备确定厂家后均需建设、施工、设计，监理四方进行技术交底。

（9）建设方、施工方应遵守国务院颁发的《建设工程质量管理条例》（国务院令第279号）。

（10）施工过程中，施工现场供用电应严格执行 GB 50194—2014《建设工程施工现场供用电安全规范》及《施工临时用电规范》JGJ 46—2005《施工现场临时用电安全技术规范（附条文说明）》的要求。现场施工遵守《建设工程安全生产管理条例》（国务院令第393号）的规定。

（11）建设方应提供电源等市政原始资料，原始资料必须真实，准确、齐全。

（12）由各单位采购的设备，材料，应保证符合设计文件及合同的要求。

（13）施工单位必须按照工程设计图和施工技术标准施工，不能自行修改工程设计，施工单位在施工过程中发现设计文件和图纸有差错的，应当及时提出意见和建议。

（14）建设工程竣工验收时，必须具备设计单位签署的质量合格文件。

（15）其他未尽事宜，请参照现行国家和地方的有关规范、规程、标准图集，或现场业主要求执行。

（16）参考图集

D500～D502《防雷与接地上册》（2016 年合订本）

D503～D505《防雷与接地下册》（2016 年合订本）

D800-1～8《民用建筑电气设计与施工》（2008 年合订本）

09DX001《建筑电气工程设计常用图形和文字符号》

96D702-2《常用灯具安装》

03D702-3《特殊灯具安装》

09BD6《照明装置》

10.5　文旅照明

景观照明的发展，带动了旅游活动的延伸。随着生活水平和文化素质的提高，文化旅游成为一种重要的旅游形式，所谓文化旅游就是旅游者以观光参与等行为为媒介，通过了解和熟悉特定文化群体（区域）的文化特性来达到增长知识和陶冶情操的目的的旅游活动。文化旅游又推动了夜游经济快速发展，夜游除了功能性照明外，更需要文化旅游照明增加趣味性，所谓文化旅游照明就是为增加文化旅游过程的趣味性，吸引旅游者参与灯光表演，加深对当地文化理解，所采用的舞台灯光、多媒体等沉浸式等照明方式而做的故事性较强的照明，简称文旅照明。由于舞台照明艺术性、故事性较强，在舞台专业领域，多采用舞台灯光来描述其特殊性，所以，文旅照明也被称之为文旅灯光。

文旅灯光一般采用舞台灯光、多媒体照明、互动性照明等多种形式。文旅灯光应做总体规划，规划设计需从项目属性特点出发进行文化定位，确立文化内涵，提炼文化主题，并以灯光艺术加以表现；应确立并凸显与项目定位相一致的主题，将文化、主题、业态、功能、空间、环境等要素融合成一个整体，通过灯光语言予以呈现。

文旅灯光规划要根据当代消费群体的需求特点，尽可能突出沉浸式、体验式和互动娱乐性的体验空间；以人性化为宗旨，建立吸引力最直接的行进路径，做到轻松便捷、愉快观赏、符合人体生理规律。

图 10-33、图 10-34 所示为文旅灯光示例。

图 10-33　文旅照明形式（多媒体形式）

图 10-34　文旅照明形式（舞台灯光形式）（桂林海威科技股份有限公司　提供）

思考题

1. 景观照明方式有哪几种？

2. 城市景观照明工程设计文件应包括哪些内容？

3. 城市照明建设规划包括哪些内容？

4. 重点地区照明规划设计应包括哪些内容？

5. 城市景观背景亮度是如何划分的？

6. 场所景观照明设计一般要求有哪些？

7. 城市景观照明节能措施有哪些？

第11章
道路照明

道路照明是城市照明中的功能照明，设计方法比较完善，随着城市景观照明和智慧城市的发展，道路照明又延伸出除照明之外的其他功能。

11.1 概述

11.1.1 城市道路照明

城市道路常规照明（conventional road lighting）为确保城市道路照明能为各种车辆的驾驶人员以及行人创造良好的视觉环境，通常灯具安装在高度为15m以下的灯杆上，按一定间距有规律地连续设置在道路的一侧、两侧或中间分隔带上进行照明的一种方式。采用这种照明方式时，灯具的纵轴垂直于路轴，灯具发出的大部分光射向道路的纵轴方向。

11.1.2 村镇道路照明

通过人工光，以保障居民夜间出行、户外活动安全和信息获取方便为目的，在镇区和村庄之间及内部道路、街巷实施的功能照明。

11.1.3 道路照明的作用

保障交通安全、提高交通运输效率、方便人民生活、降低犯罪率、美化城市环境，也反映了社会发展水平。

11.1.4 道路照明设计原则

安全可靠、技术先进、经济合理、节能环保、维修方便。

11.1.5 道路照明灯具

常规的道路照明灯具（luminaire for road lighting）按其配光分成截光型、半截光型和非截光型灯具。

（1）截光型灯具（cut-off luminaire）：灯具的最大光强方向与灯具向下垂直轴夹角在0°～65°范围，90°角和80°角方向上的光强最大允许值分别为10cd/1000lm和30cd/1000lm的灯具，且不管光源光通量的大小，其在 90°角方向上的光强最大值不超过 1000cd，见图 11-1。

（2）半截光型灯具（semi-cut-off luminaire）：灯具的最大光强方向与灯具向下垂直轴夹角在 0°～75°范围，90°角和 80°角方向上的光强最大允许值分别为 50cd/1000lm 和 100cd/1000lm 的灯具，且不管光源光通量的大小，其在 90°角方向上的光强最大值不超过 1000cd，见图 11-2。

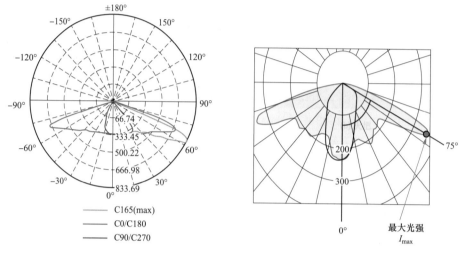

图 11-1 截光型灯具

图 11-2 半截光型灯具配光曲线

（3）非截光型灯具（non-cut-off luminaire）：灯具的最大光强方向不受限制，90°角方向上的光强最大值不超过 1000cd 的灯具。

（4）路灯利用系数：路灯的利用系数曲线是以灯垂直于路面的垂线为界，一侧为车道侧（路边），另一侧为人行道侧（屋边）条件绘制的。利用系数的变化按照路宽 W 与灯的安装高度 H 之比 W/H 给出相关曲线值，见图 11-3。路面的总利用系数 U 应分别按照图 11-4～图 11-6 求出。

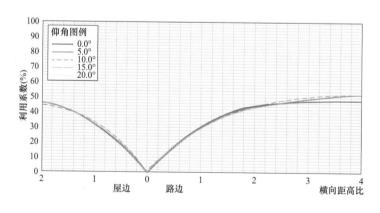

图 11-3 路灯利用系数曲线

1）单臂路灯利用系数计算见图 11-4。

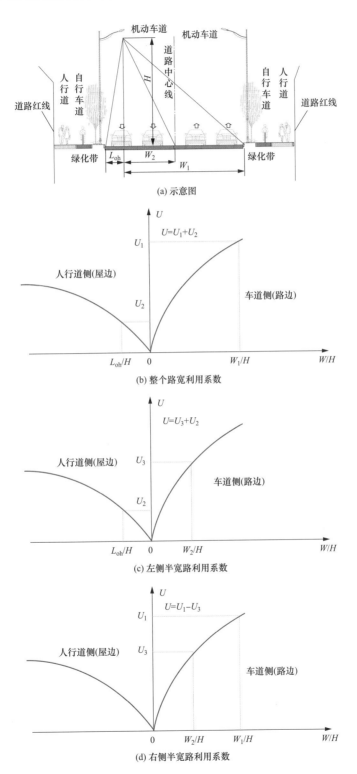

图 11-4 单臂路灯（悬挑长度超过路缘石）

2）双臂路灯利用系数计算见图 11-5 和图 11-6。

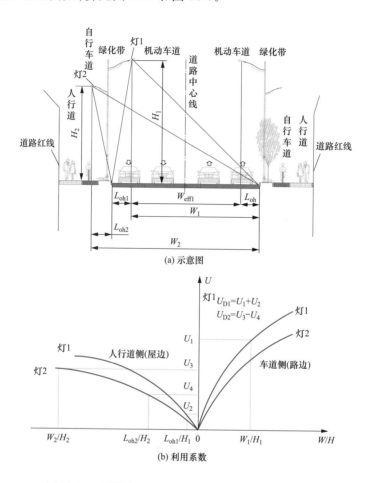

图 11-5　双臂路灯（一）——灯 1 悬挑长度超过路缘石

11.1.6　道路参数与灯杆参数

（1）灯具的安装高度 H（luminaire mounting height）：灯具的光中心至路面的垂直距离。

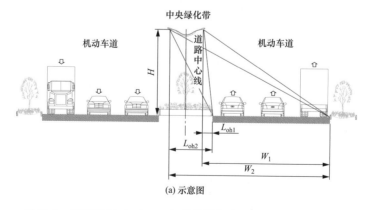

图 11-6　双臂路灯（二）——灯具悬挑长度没有超过路缘石（一）

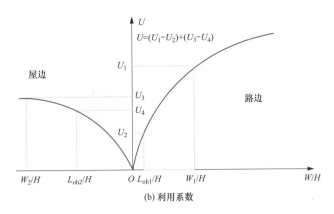

(b) 利用系数

图 11-6　双臂路灯（二）——灯具悬挑长度没有超过路缘石（二）

（2）悬挑长度 L_{Oh}（overhang）：灯具的光中心至邻近一侧缘石的水平距离，即灯具伸出或缩进缘石的水平距离。

（3）灯臂长度 L_{BP}（bracket projection）：从灯杆的垂直中心线至灯臂插入灯具那一点之间的水平距离。

（4）仰角（tilt，inclination）：灯具出光口平面自水平面向上倾斜的角度。

（5）路面有效宽度 W_{eff}（effective road width）：用于道路照明设计的路面理论宽度，它与道路的实际宽度、灯具的悬挑长度和灯具的布置方式等有关。当灯具采用单侧布置方式时，道路有效宽度为实际路宽减去一个悬挑长度。当灯具采用双侧（包括交错和相对）布置方式时，道路有效宽度为实际路宽减去两个悬挑长度。当灯具在双幅路中间分隔带上采用中心对称布置方式时，道路有效宽度为道路实际宽度。

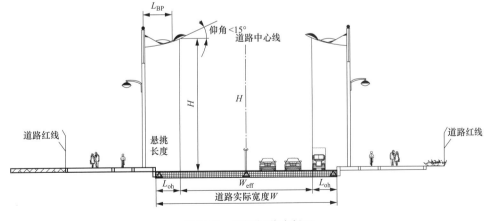

图 11-7　灯杆与道路断面

单侧布灯

$$W_{eff} = W - L_{Oh} \tag{11-1}$$

双侧布灯（包括交错和相对）

$$W_{\text{eff}} = W - 2L_{\text{Oh}} \tag{11-2}$$

中心对称布灯

$$W_{\text{eff}} = W \tag{11-3}$$

（6）灯具的安装间距 S（luminaire mounting spacing）：沿道路的中心线测得的相邻两个灯具之间的距离，见图 11-8。

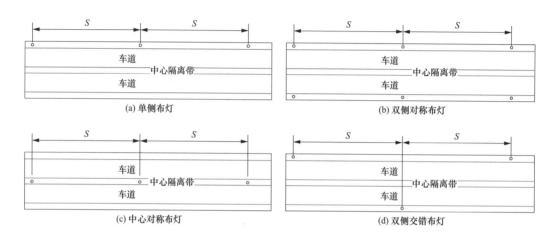

图 11-8　灯具的安装间距 S

（7）路面平均亮度（average road surface luminance）：按照 CIE 有关规定，在路面上预先设定的点上测得的或计算得到的各点亮度的平均值，符号为 L_{av}。

（8）路面亮度总均匀度（overall uniformity of road surface luminance）：路面上最小亮度与平均亮度比值，符号为 U_0。

（9）路面亮度纵向均匀度（longitudinal uniformity of road surface luminance）：同一条车道中心线上最小亮度与最大亮度的比值，符号为 U_{L}。

（10）路面平均照度（average road surface illuminance）

按照 CIE 有关规定，在路面预先设定的点上测得的或计算得到的各点照度的平均值，符号为 E_{av}。

（11）路面照度均匀度（uniformity of road surface illuminance）路面上最小照度与平均照度的比值，符号为 U_{i}。

（12）路面维持平均亮度（照度）〔maintained average luminance（illuminance）of road surface〕：即路面平均亮度（照度）维持值，它是在计入光源计划更换时光通量的衰减以及灯具因污染造成效率下降等因素（即维护系数）后设计计算时所采用的平均亮度（照度）值。

（13）阈值增量（threshold increment）：失能眩光的度量，表示为存在眩光源时，为了达到同样看清物体的目的，在物体及背景之间的对比所需增加的百分比，符号为 TI。

（14）（道路照明）环境比（surround ratio of road lighting）：车行道外边 5m 宽的带状区域内的平均水平照度与相邻的 5m 宽的车行道上平均水平照度之比，符号为 SR。

（15）（道路照明）亮度系数（luminance coefficient of road lighting）：路面上某一点的亮度（L）和该点的水平照度（E）之比，符号为 q，即 $q=L/E$。用它来表示路面的反光性能。

亮度系数除了和路面材料有关外，还取决于观察者和光源相对于路面所考察的那一点的位置，即 $q=q(\beta, \gamma)$，其中 β 为光的入射平面和观察平面之间的角度，γ 为入射光线的垂直角度。

11.2 道路照明标准

11.2.1 城市道路照明标准

（1）机动车道照明标准值见表 11-1。

表 11-1　　　　　　　　　　　　　机动车道照明标准值

级别	道路类型	路面亮度			路面照度		眩光限制阈值增量 TI（%）最大初始值	环境比 SR 最小值
		平均亮度 L_{nv}（cd/m²）维持值	总均匀度 U_o 最小值	纵向均匀度 U_L 最小值	平均照度 $E_{h,av}$（lx）维持值	均匀度 U_E 最小值		
I	快速路、主干路	1.50/2.00	0.4	0.7	20/30	0.4	10	0.5
II	次干路	1.00/1.50	0.4	0.5	15/20	0.4	10	0.5
III	支路	0.50/0.75	0.4	—	8/10	0.3	15	—

注　1. 表中所列的平均照度仅适用于沥青路面。水泥混凝土路面，其平均照度值相应降低约 30%。
　　2. 表中各项数值仅适用于干燥路面。
　　3. 表中对每一级道路的平均亮度和平均照度给出了两档标准值，"/"的左侧为低档值，右侧为高档值。
　　4. 迎宾路、通向大型公共建筑的主要道路、位于市中心和商业中心的道路，执行 I 级照明。

（2）交会区照明标准值见表 11-2。

表 11-2　　　　　　　　　　　　　交会区照明标准值

交会区类型	路面平均照度 $E_{h,av}$（lx），维持值	照度均匀度 U_E	眩光限制
主干路与主干路交会	30/50	0.4	在驾驶员观看灯具的方位角上，灯具在 90° 和 80° 高度角方向上的光强分别不得超过 10cd/1000lm 和 30cd/1000lm
主干路与次干路交会			
主干路与支路交会			
次干路与次干路交会	20/30		
次干路与支路交会			
支路与支路交会	15/20		

注　1. 灯具的高度角是在现场安装使用姿态下度量。
　　2. 表中对每一类道路交会区的路面平均照度分别给出了两档标准值，"/"的左侧为低档照度值，右侧为高档照度值。

269

（3）人行及非机动车道照明标准值见表11-3。

表 11-3　　　　　　　　　　　　人行及非机动车道照明标准值

级别	道路类型	路面平均照度 $E_{h,av}$(lx) 维持值	路面最小照度 $E_{h,min}$(lx) 维持值	最小垂直照度 $E_{v,min}$(lx) 维持值	最小半柱面照度 $E_{sc,min}$(lx) 维持值
1	商业步行街；市中心或商业区行人流量高的道路；机动车与行人混合使用、与城市机动车道路连接的居住区出入道路	15	3	5	3
2	流量较高的道路	10	2	3	2
3	流量中等的道路	7.5	1.5	2.5	1.5
4	流量较低的道路	5	1	1.5	1

注　最小垂直照度和半柱面照度的计算点或测量点均位于道路中心线上距路面1.5m高度处。最小垂直照度需计算或测量通过该点垂直于路轴的平面上两个方向上的最小照度。

（4）人行及非机动车道照明眩光限值见表11-4。

表 11-4　　　　　　　　　　　　人行及非机动车道照明眩光限值

级别	最大光强 I_{max}(cd/1000lm)			
	≥70°	≥80°	≥90°	>95°
1	500	100	10	<1
2	—	100	20	—
3	—	150	30	—
4	—	200	50	—

注　表中给出的是灯具在安装就位后其向下垂直轴形成的指定角度上任何方向上的发光强度。

11.2.2　村镇道路照明标准

镇区道路分为主干路、干路、支路、巷路四级；村庄道路分为干路、支路、巷路三级。

（1）村镇机动车道照明标准值见表11-5。

表 11-5　　　　　　　　　　　　村镇机动车道照明标准值

道路类型	道路级别	路面平均亮度 L_{av}(cd/m²) 维持值	路面亮度总均匀度 U_0 最小值	路面平均照度 $E_{h,av}$(lx) 维持值	照度均匀度 U_g 最小值	眩光限制阈值增量 TI(%) 最大初始值
镇区道路	主干路	1.00/1.50	0.4	15/20	0.4	10
	干路	0.75/1.00	0.3	10/15	0.3	10
	支路	0.50	0.3	8	0.3	15
	巷路	—	—	5	—	—
村庄道路	干路	0.50	0.3	8	0.3	15
	支路	—	—	8	—	—
	巷路	—	—	5	—	—

注　1. 表中所列的平均照度仅适用于沥青路面。若系水泥混凝土路面，其平均照度值相应降低约30%。
　　2. 表中各项数值仅适用于干燥路面。
　　3. 表中对每一级道路的平均亮度和平均照度给出了两挡标准值，"/"的左侧为低挡值，右侧为高挡值。

（2）村镇停车场地面照明标准值见表 11-6。

表 11-6　　　　　　　　　　　村镇停车场地面照明标准值

停车场分类	参考平面及其高度	水平照度标准值（lx）	水平照度均匀度
Ⅰ类：>400 辆	地面	30	0.25
Ⅱ类：251～400 辆	地面	20	0.25
Ⅲ类：101～250 辆	地面	10	0.25
Ⅳ类：≤100 辆	地面	5	0.25

注　村镇停车场入口及收费处照度不应低于50lx。

（3）公共活动场所地面的平均照度不应低于 5lx，广场等活动区的台阶、坡道、与水相邻等与行走安全相关的区域地面的平均照度不应低于 30lx，体育健身设施及周边 0.5m 内平均照度不应低于 50lx。

11.3　照明方式和设计要求

11.3.1　常规照明灯具的布置

（1）常规照明灯具的布置分为单侧布置、双侧交错布置、双侧对称布置、中心对称布置和横向悬索布置五种基本方式。

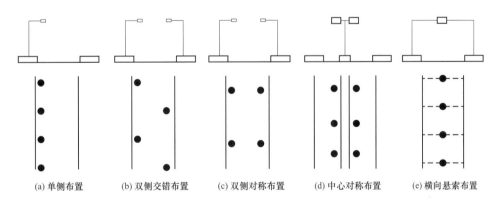

图 11-9　常规照明灯具布置的五种基本方式

1）单侧布置。当采用截光型路灯且安装高度为 12m 单侧布灯方式时，按 $H \geq W_{eff}$ 设计道路有效宽度。如 W_{eff} 小于 12m，则根据悬挑长度可算出实际路宽（一般悬挑长度不会超过 2.0m，实际路宽不应超过 14m）。当 $W_{eff} \geq 12m$ 时，若仍按 $H \geq W_{eff}$ 设计路灯安装高度，路灯会超过 12m。路灯高度超过 15m 时，则变成中杆灯了，用升降车维护超过 12m 高的灯杆，会增加成本。单侧布置一般适用于城市支路、机动车道为双车道，考虑到街区空间的协调性，一般选用 6～8m 高的灯杆，商业步行街、公园、小区、人行道、小型汽车道宜为 3～6m，见图 11-10。

271

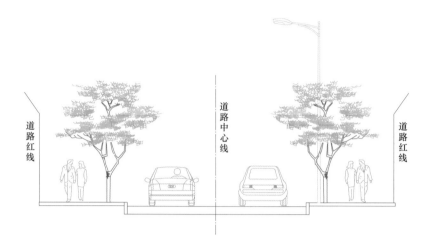

图 11-10　单侧布置

2）双侧交错布置。双侧交错布置按 $H \geqslant 0.7W_{eff}$ 设计路灯安装高度，当 $12m < W_{eff} < 17m$ 时，应采用双侧交错布置，道路实际宽度应在 16～21m 范围。

3）双侧对称布置。双侧对称布置按 $H \geqslant 0.5W_{eff}$ 设计路灯安装高度，当 $12m < W_{eff} < 24m$ 时，应采用双侧对称布置，道路实际宽度应在 15～27m 范围。

双侧交错布灯、双侧对称布灯一般适用于城市快速路、主干路、次干路，机动车道为四车道或六车道的道路，考虑街区空间和管理的便利性，灯杆高度一般为 10～12m，见图 11-11。

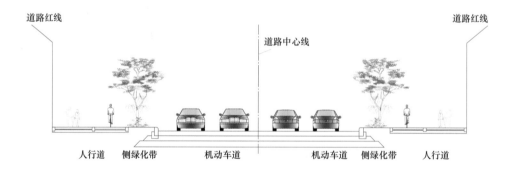

图 11-11　双侧布置

当 $W_{eff} > 30m$ 时，路灯安装高度可按 15m 设计，采用双光源灯具，靠近道路中心线的光源灯具反射器仰角适当加大。一般适用城市快速路、主干道，机动车道为六车道或八车道的道路。

4）中心对称布置。中心对称布置一般适用于道路中间有绿化带的道路，路灯高度 12m 时，单侧道路实际路宽不应超过 14m，如果道路一侧为两车道以内，可选 8～10m 高灯杆，见图 11-12。

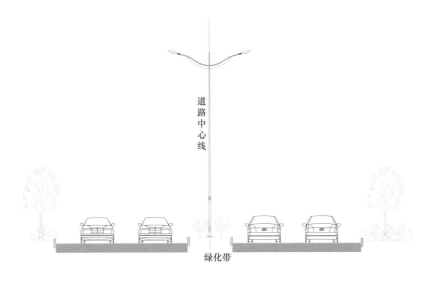

图 11-12 中心对称布置

5）横向悬索布置。横向悬索布置是在道路上面拉一根钢索，然后在正中间吊一个灯，通常布置在道路比较窄的街道，钢索固定在两侧建筑上，在欧洲比较常见。在道路两侧树木较茂密时，为了减少树木的影响，也可采用此种布灯方式，见图 11-13。

图 11-13 横向悬索布置

（2）灯具的布置方式、安装高度和间距可按表 11-7 经计算后确定。

表 11-7 灯具的配光类型、布置方式与灯具的安装高度、间距的关系

配光类型	截光型		半截光型		非截光型	
布置方式	安装高度 H（m）	间距 S（m）	安装高度 H（m）	间距 S（m）	安装高度 H（m）	间距 S（m）
单侧布置	$H \geqslant W_{eff}$	$S \leqslant 3H$	$H \geqslant 1.2W_{eff}$	$S \leqslant 3.5H$	$H \geqslant 1.4W_{eff}$	$S \leqslant 4H$
双侧交错布置	$H \geqslant 0.7W_{eff}$	$S \leqslant 3H$	$H \geqslant 0.8W_{eff}$	$S \leqslant 3.5H$	$H \geqslant 0.9W_{eff}$	$S \leqslant 4H$
双侧对称布置	$H \geqslant 0.5W_{eff}$	$S \leqslant 3H$	$H \geqslant 0.6W_{eff}$	$S \leqslant 3.5H$	$H \geqslant 0.7W_{eff}$	$S \leqslant 4H$

（3）灯具的悬挑长度不宜超过安装高度的 1/4，灯具的仰角不宜超过 15°。

11.3.2 高杆照明方式灯具布置

路面宽阔的快速路和主干路，采用常规照明方式很难满足均匀度要求时，可采用高杆照明或半高杆照明方式。高杆照明（high mast lighting）是一组灯具安装在高度为 20m（含 20m）以上的灯杆上进行大面积照明的方式。半高杆照明（semi-high mast lighting）也称中杆照明，是一组灯具安装在高度为 15～20m（不含 20m）的灯杆上进行大面积照明的方式。

（1）高杆照明方式灯具布置分为平面对称、径向对称和非对称的灯具配置方式（见图 11-14）。

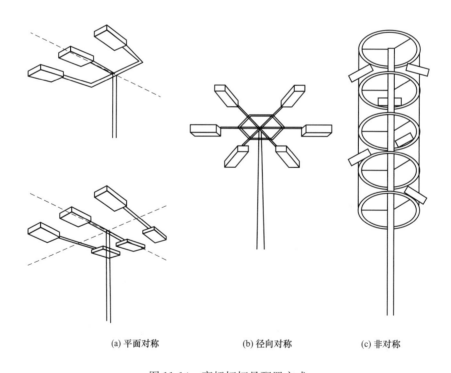

(a) 平面对称   (b) 径向对称   (c) 非对称

图 11-14 高杆灯灯具配置方式

（2）布置在宽阔道路及大面积场地周边的高杆灯，宜采用平面对称配置方式。

（3）布置在场地内部或车道布局紧凑的立体交叉的高杆灯，宜采用径向对称配置方式。

（4）布置在多层大型立体交叉或车道布局分散的立体交叉的高杆灯，宜采用非对称配置方式。

（5）灯杆不宜设置在路边易于被机动车剐碰的位置或维护时会妨碍交通的地方。

（6）灯具的最大光强瞄准方向和垂线夹角不宜超过 65°。

（7）在环境景观区域设置的高杆灯，应在满足照明功能要求前提下与周边环境协调。

高杆照明示例见图 11-15。

图 11-15　高杆照明示例

11.3.3　低位照明

低位照明是在道路护栏上或防护墙侧面安装 LED 灯具，在低的安装高度运用独特的配光照射路面或桥面，护栏外侧面还可采用点光源的形式增加景观照明功能，此低位护栏灯可取得较好的道路功能性照明和景观装饰照明效果。一般在不太宽的高架桥、城市立交的匝道、一些重视景观的桥梁等，可以采用低位照明的方式。这种照明方式的优点是具有较好的诱导性，能避免过多的灯杆影响景观，另外维护时可以不使用高架车辆，降低了维护工作对道路交通的影响。

低位照明是解决桥梁、立交桥、高架路、高速公路出入口、隧道出入口等道路功能性照明及景观照明的良好形式之一。使用在立交桥上的这种照明方式，可使立交桥照明面貌一新，省掉了传统路灯或高杆灯，克服了传统立交桥照明方式的道路照度差异大、层间遮光等问题，见图 11-16。

11.3.4　道路特殊区段及与道路相关场所照明设计

11.3.4.1　平面交叉路口的照明

（1）十字交叉路口的灯具可根据道路的具体情况和照明要求，分别采用单侧布置、交错布置或对称布置等方式，并应根据路面照明需要增加杆上的灯具。大型交叉路口可另设置附加照明，附加照明可选择常规照明方式或半高杆照明方式，并应限制眩光。

图 11-16　重庆涪陵长江大桥立交低位照明效果（广东德洛斯照明工业有限公司　提供）

（2）T 形交叉路口应在道路尽端设置灯具（见图 11-17），并应显现道路形式和结构。

（3）环形交叉路口的照明应显现环岛、交通岛和路缘石。当采用常规照明方式时，宜将灯具设在环形道路的外侧（见图 11-18）。当环岛的直径较大时，可在环岛上设置高杆灯，并应按车行道亮度高于环岛亮度的原则选配灯具和确定灯杆位置。

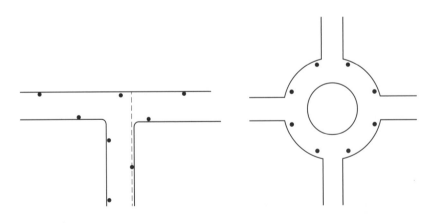

图 11-17　T 形交叉路口灯具设置　　　　图 11-18　环形交叉路口灯具设置

11.3.4.2　曲线路段的照明

（1）半径在 1000m 及以上的曲线路段，其照明可按直线路段处理。

（2）半径在 1000m 以下的曲线路段，灯具应沿曲线外侧布置，灯具间距宜为直线路段灯具间距的 50%～70%（见图 11-19）。悬挑的长度也应相应缩短。在反向曲线路段上，宜固定在一侧设置灯具，产生视线障碍时可在曲线外侧增设附加灯具（见图 11-20）。

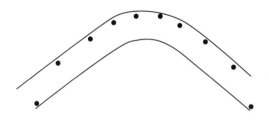

图 11-19　曲线路段灯具设置

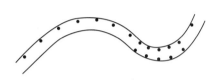

图 11-20　反向曲线路段灯具设置

（3）当曲线路段的路面较宽需采取双侧布置灯具时，宜采用对称布置。

（4）转弯处的灯具不得安装在直线路段灯具的延长线上（见图 11-21）。

11.3.4.3　上跨道路与下穿道路的照明

（1）采用常规照明时，应使下穿道路上设置的灯具在下穿道路上产生的亮度（或照度）和上跨道路两侧的灯具在下穿道路上产生的亮度（或照度）有效地衔接。下穿道路桥下区段路面的平均亮度（照度）应与其桥外区段路面相同。下穿道路可在桥下立柱上安装壁灯或桥下栏板安装灯

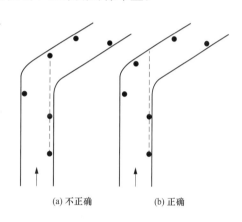

图 11-21　转弯处的灯具设置

具，对下穿道路提供照明。上跨道路路面的平均亮度（或照度）及均匀度应与相连的道路路面相同。上跨道路的支撑结构处安装灯杆或护栏处采用低位照明（护栏照明），仅对上跨道路提供照明。

（2）大型上跨道路与下穿道路可采用高杆照明方式，下穿道路做附加照明补充。

11.3.4.4　高架道路的照明（立交桥区照明）

（1）上层道路和下层道路的照明应分别与连接道路的照明等级一致。

（2）上层道路宜采用常规照明方式，当穿过住宅区时，宜采用低位照明方式。

（3）下层道路的桥下区域路宜采用上层桥体下两侧栏板处布置灯具，或在桥体结构柱子上安装壁灯，提供下层照明，见图 11-22。

（4）上下桥匝道的照明水平不宜低于桥上道路，可采用常规道路照明或低位照明。

（5）有多条机动车道的高架道路，采用护栏照明均匀度和眩光控制不易保证时，不宜作为功能性照明。

图 11-22 桥下区域路照明（四川省原朗照明科技有限公司 提供）

11.3.4.5 人行地道的照明

（1）天然光充足的短直线人行地道，可只设夜间照明。

（2）附近不设路灯的人行地道出入口，应专设照明装置；台阶上的平均水平照度宜为30lx，最小水平照度宜为15lx。

（3）人行地道内的平均水平照度，夜间宜为30lx、白天宜为100lx；最小水平照度，夜间宜为15lx、白天宜为50lx，并应提供垂直照度。

11.3.4.6 人行天桥的照明

（1）跨越有照明设施道路的人行天桥可不另设照明，宜根据桥面照明的需要，调整天桥两侧紧邻的常规照明的灯杆高度、安装位置以及光源灯具的配置。当桥面照度小于2lx、阶梯照度小于5lx时，宜专门设置人行天桥照明。

（2）专门设置照明的人行天桥桥面的平均水平照度不应低于5lx，阶梯照度宜相应提高，且阶梯踏板的水平照度与踢板的垂直照度的比值不应小于2∶1。

（3）应避免天桥照明设施给行人和机动车驾驶员造成眩光影响。

11.3.4.7 人行横道的照明

（1）平均水平照度不得低于人行横道所在道路的1.5倍。

（2）应为人行横道上朝向来车的方向提供垂直照度。

（3）人行横道宜增设附加灯具，可在人行横道附近设置与所在机动车交通道路相同的常规道路照明灯具，也可在人行横道上方安装定向窄光束灯具，但不应给行人和机动车驾驶员造成眩光影响，可根据需要在灯具内配置专用的挡光板或控制灯具安装的倾斜角度。

（4）可采用与所在道路照明不同类型的光源。

11.3.4.8　其他

当道路两侧的建（构）筑物、行道树、绿化带、人行天桥、桥梁、立体交叉等处设置装饰照明时，不应与道路上的功能照明相冲突，不得降低功能照明效果，宜将装饰照明和功能照明结合进行设计。

11.4　多功能智慧灯杆

在城市道路中，除了道路照明灯杆外，交通标志标牌杆、信号灯杆、监控杆、路名牌杆、公共服务设施指示标志牌杆、电车杆、公交站牌杆、停车诱导指示牌杆等，种类繁多，特别是在道路交叉口，如果没有统一的规划，各种杆件林立，为推进道路杆件及相关设施的集约化建设和规范化设置，构建和谐有序的道路空间，塑造城市景观风貌，建设卓越的城市形象，各个城市编写了综合灯杆（多杆合一）的标准，做到整合道路功能照明、交通信号指示、交通管理、安全监控等道路公共设施的道路杆件，是智慧灯杆的初级形态，适用于不具备智慧灯杆建设的环境。

随着信息化技术的发展和智慧城市的建设，智慧灯杆作为综合灯杆的一种类型，具备网络通信和信息化服务的功能，可搭载数据采集、通信基站、智能应用、信息交互等多类设施的道路杆件。出现了多功能智慧灯杆的感念，多功能智慧灯杆（multi-function smart lighting pole）就是在满足道路照明需求的基础上，搭载多种设备（传感器），能实现多种功能、具有智慧能力的灯杆，简称智慧灯杆。

智慧灯杆要形成一个系统才能发挥作用，系统是由智慧灯杆、搭载设备、基础设施及管理平台等组成，能实现信息感知、智能控制、协同管理的系统。

11.4.1　智慧灯杆系统架构

智慧灯杆系统由智能照明子系统、智能安防子系统、智能交通子系统、智能监测子系统、无线通信子系统、新能源子系统、城市公共服务子系统和物联网管控平台等子系统以及杆体、横臂、供配电设备、综合机箱、综合机房、地下缆线管廊等配套基础设施组成。总体框架可分为基础感知层、网络传输层、基础支撑层、系统应用层和系统表现层 5 层，见图 11-23。系统组网见图 11-24。

图 11-23 智慧灯杆系统架构

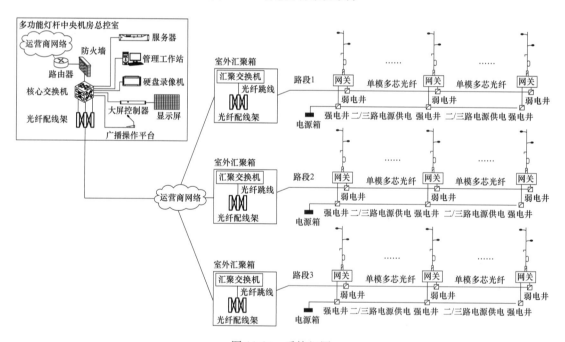

图 11-24 系统组网

（1）智能照明子系统宜主要包括灯具、供配电及控制设备。该系统应能实现对路灯的远程开、关、调光操作，并可根据道路车流量、光照情况、经纬度对路灯进行智能调控，并应能对灯具、灯杆、电缆的实时运行状态进行检测和故障报警。智慧照明子系统可采用 PLC 电力载波、ZigBee 拓扑图、NB-IOT 单灯控制方式，见图 11-25～图 11-27。

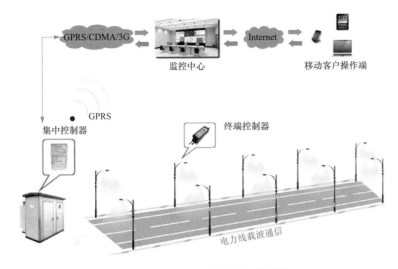

图 11-25　PLC 电力载波智慧照明

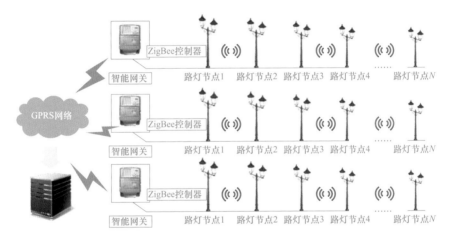

图 11-26　ZigBee 智慧照明

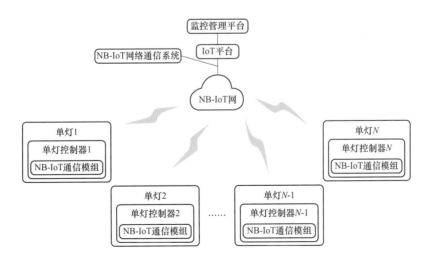

图 11-27　NB-IoT 单灯控制智慧照明（徐祖方　绘）

（2）智能安防子系统宜主要由安防摄像头、报警按钮等相关设备组成。视频安防监控仪具有人脸识别、车牌识别等功能，可进行人数统计并发布人群拥挤预警。一键呼救可精准定位。指挥中心可快速响应、联网援助、就近出警。视频安防、一键报警见图11-28。

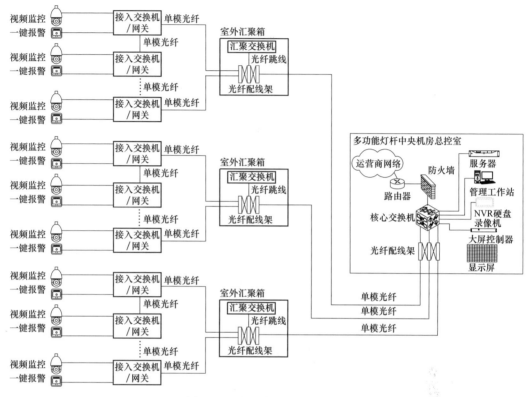

图 11-28　视频安防、一键报警

（3）智能交通子系统宜主要包含交通信号灯、交通标志牌、交通摄像头、交通流量监测等设备。该系统应能对交通拥堵、停车、行人以及逆行、抛洒物、烟雾、违章并线、违章掉头等事件进行自动检测，可对路面结冰状态进行监测（见图11-29）。该系统应能对交通等事件的时间及图像进行记录、存储及报警。

（4）智能监测子系统宜主要包含气象监测传感器、环境监测传感器、无线电监测传感器等监测传感器，见图11-30。该系统应能实时采集温度、湿度、风向、风速、大气压力、雨量、PM2.5、PM10等气象环境要素。该系统应能采集城市环境噪声分贝、有害气体浓度数据，实现对噪声污染、大气污染程度的动态监测和管理。

（5）无线通信子系统宜主要包含移动通信基站和公共 WLAN 等设备，见图11-31。公共 WLAN 可实现 WLAN 区域覆盖，满足用户随时上网的需求。该系统应具有监测网络运行状态，采集、跟踪并记录特征信息及虚拟身份信息，保障网络安全的功能。

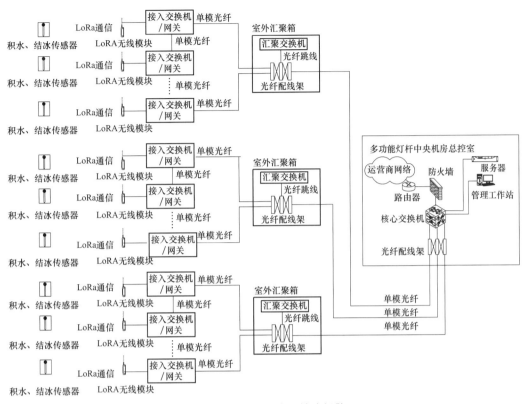

图 11-29　交通积水、结冰报警

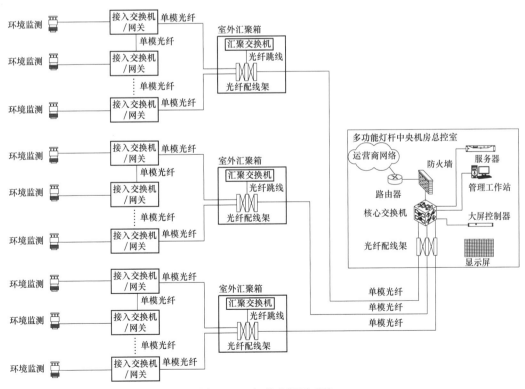

图 11-30　智能监测子系统

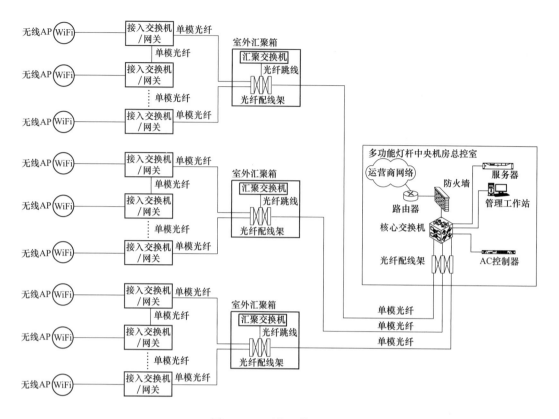

图 11-31 无线通信子系统

（6）新能源子系统宜主要包含新能源汽车充电桩、太阳能电池板等新能源设备。能停车的道路及城市停车场可设置汽车充电桩。太阳能丰富的地区，道路照明可利用太阳能分布式能源。

（7）城市公共服务子系统主要包含公共广播、LED 信息屏、多媒体交互触摸屏等公共服务设备，见图 11-32。系统可支持城市公共服务相关文字、图片、视频等静态信息和实时动态信息发布与播放。

（8）物联网管控平台。构建一套物联网管控平台（见图 11-33），把智慧路灯杆上各物联网应用服务的数据统一整合到物联网管控平台上进行统一管理，实现数据的互联互通与联动功能。同时，物联网管控平台应具有开放性与扩展性，向上可无缝对接智慧城市平台，也可向下对接其他子系统或者子平台来实现数据的互联互通。

11.4.2 智慧灯杆分层

智慧灯杆应按高度空间和具有的功能分层，一般分为四层，见图 11-34。

（1）高度 0.5～2.5m，适用充电桩、多媒体交互、一键呼叫、检修门、仓内设备等设施。

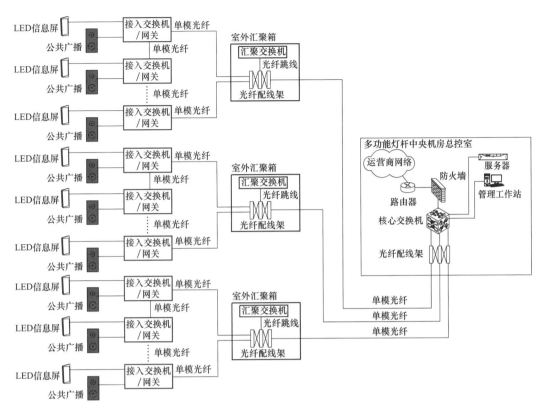

图 11-32　城市公共服务子系统

图 11-33　物联网管控平台

（2）高度 2.5~5.5m，适用路名牌、小型标志标牌、行人信号灯、信息发布屏、视频采集、公共广播等设施。

（3）高度 5.5~8m，适用机动车信号灯、交通监控、指路标志牌、分道指示标志牌、小型标志标牌、公共 WLAN 等设施。

（4）高度 8m 以上，适用照明灯具、通信设备、环境监测、气象监测等设施。

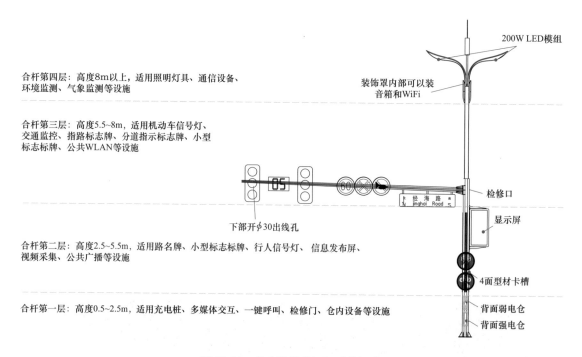

合杆第四层：高度8m以上，适用照明灯具、通信设备、环境监测、气象监测等设施

合杆第三层：高度5.5~8m，适用机动车信号灯、交通监控、指路标志牌、分道指示标志牌、小型标志标牌、公共WLAN等设施

合杆第二层：高度2.5~5.5m，适用路名牌、小型标志标牌、行人信号灯、信息发布屏、视频采集、公共广播等设施

合杆第一层：高度0.5~2.5m，适用充电桩、多媒体交互、一键呼叫、检修门、仓内设备等设施

200W LED模组

装饰罩内部可以装音箱和WiFi

检修口

显示屏

4面型材卡槽

背面弱电仓
背面强电仓

下部开φ30出线孔

图 11-34　多功能智慧灯杆系统组成

11.4.3　智慧灯杆分类

智慧灯杆首先应该满足交通功能，根据交通功能要求，主干路、次干路灯杆可分为 6 类杆型。信息发布、公共广播、一键报警、气象检测、环境检测由于体积较小，可根据需要搭载。城市快速路、主干路、次干路灯杆灯具高度主要为 10m 和 12m 两种，支路和园区道路灯杆灯具高度一般小于 8m，挑臂不长。

（1）A 类杆：主要搭载机动车信号灯，杆体和挑臂预留接口，其他设施可根据需要搭载，见图 11-35。A 类杆型参数见表 11-8。

（2）B 类杆：主要搭载视频监控，杆体和挑臂预留接口，其他设施可根据需要搭载，见图 11-36。B 类杆型参数见表 11-9。

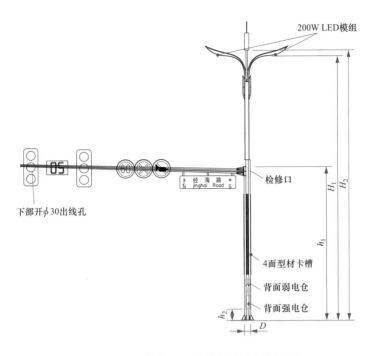

图 11-35　A 类杆：主要搭载机动车信号灯

表 11-8   A 类杆型参数

参数	H_1(m)	H_2(m)	h_1(m)	h_2(m)	D(m)
A1	12	12.5	6.5	0.5	设计决定
A2	10	12.5	6.5	0.5	

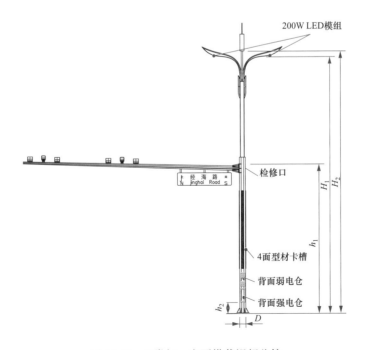

图 11-36　B 类杆：主要搭载视频监控

表 11-9 B 类杆型参数

参数	H_1(m)	H_2(m)	h_1(m)	h_2(m)	D(m)
B1	12	12.5	6.5	0.5	设计决定
B2	10	12.5	6.5	0.5	

（3）C 类杆：主要搭载分道指示牌，杆体和挑臂预留接口，其他设施可根据需要搭载，见图 11-37。C 类杆型参数见表 11-10。

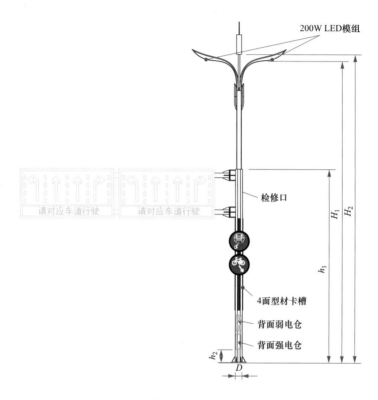

图 11-37 C 类杆：主要搭载分道指示牌

表 11-10 C 类杆型参数

参数	H_1(m)	H_2(m)	h_1(m)	h_2(m)	D(m)
C1	12	12.5	7.05	0.5	设计决定
C2	10	12.5	7.05	0.5	

（4）D 类杆：主要搭载大中型指路标志牌，杆体和挑臂预留接口，其他设施可根据需要搭载，见图 11-38。D 类杆型参数见表 11-11。

表 11-11 D 类杆型参数

参数	H_1(m)	H_2(m)	h_1(m)	h_2(m)	D(m)
D1	12	12.5	8.0	0.5	设计决定
D2	10	12.5	8.0	0.5	

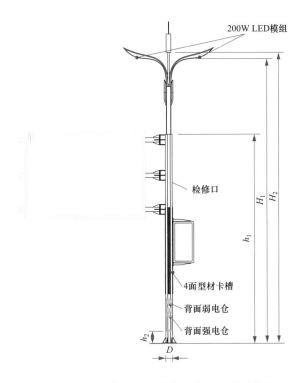

图 11-38　D 类杆：主要搭载大中型指路标志牌

（5）E 类杆：主要搭载路段小型道路指示牌，其他设施可根据需要搭载，见图 11-39。E 类杆型参数见表 11-12。

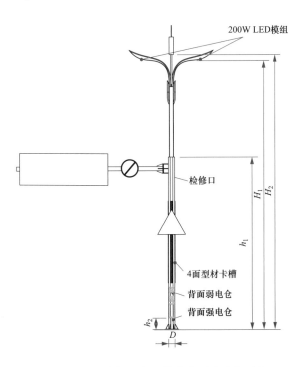

图 11-39　E 类杆：主要搭载小型道路指示牌

表 11-12   E 类杆型参数

参数	H_1(m)	H_2(m)	h_1(m)	h_2(m)	D(m)
E1	12	12.5	6.5	0.5	设计决定
E2	10	12.5	6.5	0.5	

（6）F 类杆：道路照明灯杆，功能预留，可搭载小型设施设备见图 11-40。F 类杆型参数见表 11-13。

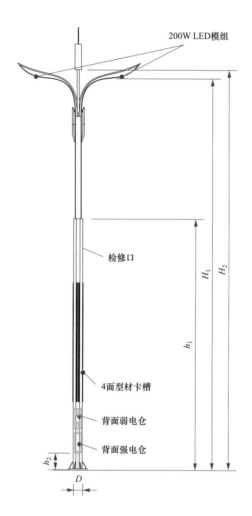

图 11-40　F 类杆：道路照明灯杆

表 11-13   F 类杆型参数

参数	H_1(m)	H_2(m)	h_1(m)	h_2(m)	D(m)
F1	12	12.5	6.5	0.5	设计决定
F2	10	12.5	6.5	0.5	

11.4.4　智慧灯杆的设置

在道路交叉口和正常路段设置的智慧灯杆类型差别较大，在交叉口，一般选用 A～E 类灯杆，交叉口范围如下：

（1）十字形交叉口：进口道停止线上游 150m 至出口道对向停止线下游 60m 区域内为 A～E 类灯杆设置区，见图 11-41。

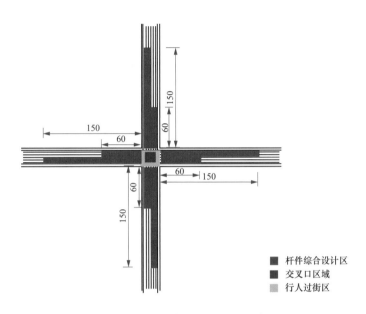

图 11-41 十字交叉口设置区域

（2）T 形交叉口：进口道停止线上游 150m 至出口道对向停止线下游 60m 区域内为 A～E 类灯杆设置区，见图 11-42。

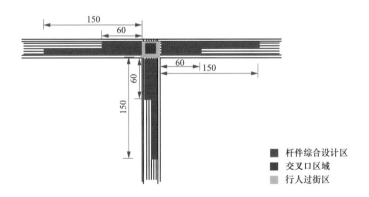

图 11-42 T 形交叉口设置区域

（3）一般路段设置区：在相邻交叉口之间，主要为 F 类灯杆设置区，其中根据一般路段的长短可增设 B 类杆，见图 11-43。

（4）十字交叉口灯杆布置示例，见图 11-44。

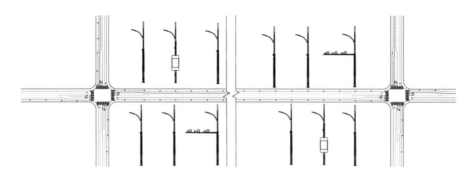

图 11-43　一般路段设置区

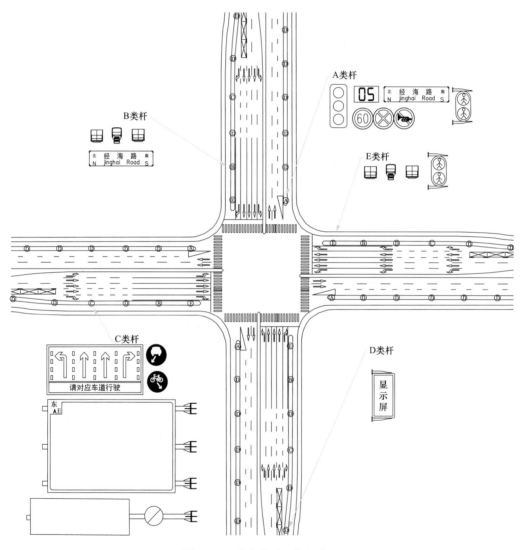

图 11-44　十字交叉口灯杆布置

1）沿道路纵向，路口布设区域进口道布设灯杆，按以下原则：

a. 停止线前，靠近人行横道线处应布设 A 类灯杆，可搭载照明和交通信号灯、路名牌、导向牌和监控等设施。

b. 停止线往后 25～30m 处应布设 B 类灯杆，可搭载照明和监控等。

c. 有分道指示牌布设需求时，可在 B 类灯杆后 2 个道路照明灯杆间距处布设 C 类灯杆，可搭载照明和分道指示牌等。

d. 有大中型指路牌布设需求时，可在 B 类灯杆后 4 个道路照明灯杆间距处布设 D 类灯杆，可搭载照明和大中型指路牌等。

2）沿道路纵向，路口布设区域出口道应布设灯杆时，路缘线切点前，靠近人行横道线处布设 A 类综合杆，可搭载照明和交通信号灯、路名牌、导向牌和监控等。

3）沿道路纵向，应根据实际需求布设 E 类灯杆，可搭载小型指路牌、小型交通标志牌、公共服务设施指示标志牌、监控、环境监测和通信设备等设施。

11.4.5　智慧杆系统接口要求

智慧杆系统的杆体宜预留常规的光纤线缆接口，所搭载的主要设备的通信传输接口类型及传输方式见表 11-14。

表 11-14 主要搭载设备的接口类型及传输方式

设备名称	接口类型（推荐）	传输方式（推荐）
路灯	RS485、NEMA、Zhaga 标准接口，0～10V、PWM、DALI 输出接口	无线或有线
摄像头	网口或光口	无线或有线
信息发布屏	网口或 VGA/HDMI 视频接口	无线或有线
充电桩	网口、串口或无线	无线或有线
环境监测	网口、串口或无线	无线或有线
气象监测	网口、串口或无线	无线或有线
交通流监测	网口或光口	无线或有线
无线电监测	网口或无线	无线或有线
移动通信基站	光口	无线或有线
公共 WLAN	网口	有线
一键呼救装置	网口或无线	无线或有线
公共广播	网口	无线或有线
多媒体交互终端	网口或 VGA/HDMI 视频接口	无线或有线

11.4.6　智慧灯杆推荐性配置

在满足功能需求前提下，挂载设备应综合应用场景、工作环境及建设成本等因素按需配置，推荐性配置宜参考表 11-15。

表 11-15 智慧灯杆不同场景挂载设备推荐性配置

场景	照明设备	视频采集设备	移动通信基站	道路交通标志	道路交通信号灯	信息发布屏（交通）	信息发布屏（广告）
快速路	●	●	●	●	○	●	○
主干路	●	●	●	●	●	●	○
次干路	●	●	●	●	●	●	○
支路	●	●	●	●	●	○	○

注 ●宜配置，○可选配置。

充电桩因功耗大，供电及电缆要求高，存在一定的用电安全隐患，且在道路场景下配置充电桩容易造成交通拥堵，因此多功能灯杆在快速路、主干路、次干路、支路等道路场景下暂不考虑配置充电桩，广场、商业步行街、景区、园区、住宅小区等场景可结合其实际需求进行配置。

挂载设备布置原则见表 11-16。

表 11-16 挂 载 设 备 布 置

功能配置	设备	覆盖半径	备注
智能照明子系统	LED 路灯	35～50m	灯杆间隔 35～50m，根据项目实际情况，配电控制柜，或利用地下管廊
	集中控制器	控制灯数 200 盏	
信息发布子系统	LED 显示屏	200～300m	在人流量较大的场所以及需要交通疏导的地方进行布置
	广播系统		
视频监控子系统	摄像头	300～1000m	路口、重点区域，摄像头选型根据实现功能配置
	一键呼叫		
无线网络子系统	WiFi AP	100～150m，道路两侧交错部署	隔两杆部署，在人流量比较集中的地方需要增加室外 AP 的个数
	微基站	300～400m，蜂窝部署	根据运营商要求部署
气象监测系统	传感器系统	1000～5000m	温度/湿度，PM2.5，气压，噪声，风速风向，亮度，雷电预警
充电桩子系统	7kW 交流桩	视停车位	需规划停车位，需规划配电容量

11.4.7 供电系统

供电系统容量应综合考虑各挂载设备的用电负荷及扩展需求，单个智慧灯杆的总用电负荷宜按 1～3kW 考虑。

供电系统容量应通过负荷计算确定，考虑到电缆线径、供电半径和设备功率等因素，满足基本要求。设计初期，常用挂载设备的电压、功率、供电方式可参考表 11-17。

表 11-17 常用挂载设备的供电参数

类别	电压（V）	参考功率（W）	供电方式
照明设备	～220V 或 −220V/110V	LED 灯：70～350	交流/直流
视频采集设备	～220V 或 −24V/12V	40～50	交流/直流

续表

类别	电压（V）	参考功率（W）	供电方式
公共广播	～100V 或－24V/12V	40	交流/直流
移动通信基站	～220V 或－48V	宏基站：1500 微基站：300～600	交流/直流
交通信号灯	～220V 或－24V/12V	≤20/灯	交流/直流
信息发布屏	～220V	900～1200/m²	交流
传感器	—	15～20	电池或直流

（1）智慧灯杆系统采用直流供电时，应满足下列要求：

1）直流配电电压等级宜为 48、110、220、375V，且直流供电设备的输出电压应为标称电压的－20％～＋5％范围内可调。

2）直流配电保护应按保护要求和直流特性选择相应的保护电器。

3）当采用 IT 接地系统时，应安装对地绝缘监测装置。

（2）智慧灯杆系统采用交流供电时，应满足下列要求：

1）供电电压等级宜为 0.23/0.4kV，用电设备端电压范围应为标称电压的－10％～＋7％。

2）交流配电变压器及配电箱的位置宜设在负荷中心。照明由专用变压器供电时，变压器应采用 Dyn11 联结方式。

3）三相配电干线的各相负荷宜分配平衡，最大相负荷不宜超过三相负荷平均值的 115％，最小相负荷不宜低于三相负荷平均值的 85％。

4）路灯照明用电与 5G、智能化系统用电应采用不同的回路供电，并分别设置计量。

5）路灯配电系统的接地型式宜采用 TT 接地系统，三相四线配电，中性线截面积不应小于相线截面积。

6）路灯供电终端的分支处应设剩余电流动作保护装置，额定剩余动作电流应为 30mA。

11.4.8　智慧灯杆系统管线设计

配套管线敷设量不应少于 6 根 ϕ100mm 镀锌钢管，其中 2 根为强电管道，4 根为弱电管道。当杆体内分仓设计能满足放置强弱电设备条件时，综合机箱可放置在灯杆底部舱室内，强弱电分开走线；灯杆底部箱体内强电设备宜设置在上部舱室，弱电设备宜设置在底部舱室，以应对多发的暴雨水浸发生漏电风险。

人行道配套管线埋深不应小于 0.5m，强弱电管线净间距不应小于 0.25m。可采用不同管道色彩区分不同权属单位。

A、B类灯杆基础应预置 8 根 ϕ50mm 的弯管（弯曲半径不小于 0.5m）与配套手孔连通，其他灯杆基础应预置 4 根 ϕ50mm 的弯管（弯曲半径不小于 0.5m）与配套手孔连通。

？ 思考题

1. 道路照明的作用是什么？

2. 道路照明设计的原则是什么？

3. 道路照明灯具按配光分哪几类？

4. 常规道路照明灯具的布置有哪几类？

5. 道路照明的评价指标有哪些？

6. 高杆灯灯具配置方式有哪几类？

7. 低位照明适用于哪些场所？

8. 多功能智慧灯杆主要有哪些功能？

9. 多功能智慧灯杆如何分层布置各种功能部件？

10. 多功能智慧灯杆大致可分为几类？

11. 多功能智慧灯杆十字路口的布置区域有何要求和建议？

第12章
电气与照明测量

竣工验收时，应根据建筑类型及使用功能要求对电气、采光、照明进行检测。

（1）电气测量的主要内容有电压、电流、功率、功率因数、电度等。

（2）照明测量应符合下列规定：

1）室内各主要功能房间或场所的测量项目应包括照度、照度均匀度、统一眩光值、色温、显色指数、闪变指数和频闪效应可视度；

2）室外公共区域照明的测量项目应包括照度、色温、显色指数和亮度；

3）应急照明条件下，测量项目应包括各场所的照度和灯具表面亮度。

12.1 电气参数测量

12.1.1 电压

（1）在低压线路中，把电压表的两端直接接到被测线路两端，即并联到线路中，可测得线路的电压，这种方法成为并联法，见图12-1。

（2）在高压线路中，由于高压危险性较大，经过电压互感器测量，无论电压多高，电压互感器二次侧都是100V，这样就给高压测量提供了方便和安全性，见图12-2。这时实际电压等于测得的电压需要乘以互感器变比，如电压互感器是10kV的，变比为10000/100V，电压表读数为50V，实际电压＝50×100＝5000V。

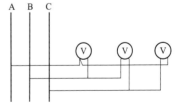

图12-1 低压电压测量

12.1.2 电流

12.1.2.1 电流表直接测量法

通常是在被测电流的通路中串入适当量程的电流表，让被测电流的全部或一部分流过电流表。从电流表上直接读取被测电流值或被测电流分流值，见图12-3。

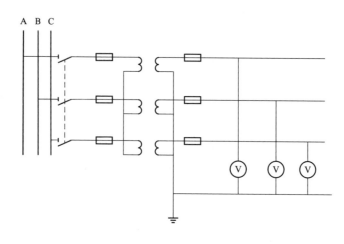

图 12-2　高压电压测量

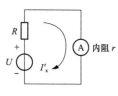

图 12-3　直接测量法

为使电流表读数值尽可能接近被测电流实际值，就要求电流表的内阻 r 尽可能接近于零，也就是说电流表内阻越小越好。

在串入电流表不方便或没有适当量程的电流表时，可以采取间接测量的方法，即把电流转换成电压、频率、磁场强度等物理量，直接测量转换量后根据该转换量与被测电流的对应关系求得电流值，如电流—电压转换法、电流—磁场转换法，最方便的还是电流互感器法。

12.1.2.2　电流互感器法

采用电流互感器法也可以在不切断电路的情况下，测得电路中的电流。电流互感器的结构如图 12-4 所示，它是在磁环上（或铁芯）上绕一些线圈而构成的，假设被测电流（一次侧电流）为 i_1，一次绕组匝数为 N_1，二次绕组匝数为 N_2，则二次侧电流 i_2 为

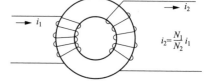

图 12-4　电流互感器法

$$i_2 = i_1(N_1/N_2) \qquad (12\text{-}1)$$

只要测得二次侧电流 i_2，就可得知被测电流（一次侧电流）的大小。由于电流互感器二次绕组匝数远大于一次绕组匝数，在使用时二次侧绝对不允许开路，否则会使一次侧电流完全变成励磁电流，铁芯达到高度饱和状态，使铁芯严重发热并在二次侧产生很高的电压，引起互感器的热破坏和电击穿，对人身造成伤害。此外，为了人身安全，互感器二次绕组一端必须可靠地接地（安全接地），见图 12-5。

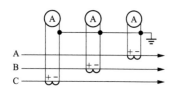

图 12-5　电流互感器接法

电流互感器把大电流变成小电流，标准小电流一般为 5A

或 1A，只要电流互感器按变比的要求穿线，电流表的读数就是实际电流，不要乘以变比。

12.1.3　接地电阻

接地电阻表是一种专门用于测量接地电阻的便携式仪表，可用来测量小电阻和土壤电阻率，它主要由手摇交流发电机、电流互感器、电位器及检流计组成。

手摇交流发电机手柄，发电机输出电流 I 经电流互感器 TA 的一次侧，经接地体 E′、大地、电流探针 C′，回发电机，形成闭合回路，当电流 I 流入大地后，经接地体 E′ 向四周散开，距接地体越远，电流通过的截面越大，电流密度越小。一般认为，距 20m 处，电流密度为零，电位也为零，即达到了电工技术的零电位。电流 I 在流过接地电阻 R_X 时，产生的压降 IR_X，在流经 R_C 时，同样产生压降 IR_C，被测接地电阻 R_X 的值，可由电流互感器的变比 K 以及电位器的电阻 R_S 来确定，与 R_C 无关，见图 12-6。

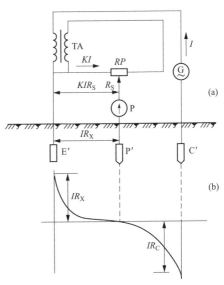

图 12-6　接地电阻测试原理

绝缘电阻表的外形结构随型号的不同稍有变化，但使用方法基本相同。测量仪还随表附带 2 支接地探测棒、3 根导线、1 根 40m 接地线、1 根 20m 接地线、1 根 5m 的连接线，见图 12-7，具体测试方法如下：

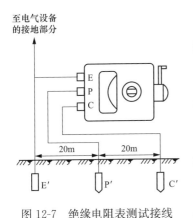

图 12-7　绝缘电阻表测试接线

（1）拆开接地干线与接地体的连接点，或拆开接地干线上所有接地支线的连接点。

（2）将两根接地棒分别插入地面 400mm 深，一根离接地体 40m 远，另一根离接地体 20m 远。

（3）把绝缘电阻表置于接地体近旁平整的地方，然后进行接线。

1）用一根连接线连接表上接线桩 E 和接地装置的接地体 E′。

2）用一根连接线连接表上接线桩 C 和离接地体 40m 远的接地棒 C′。

3）用一根连接线连接表上接线桩 P 和离接地体 20m 远的接地棒 P′。

（4）根据被测接地体的接地电阻要求，调节好粗调旋钮（有三挡可调范围）。

（5）以约 120r/min 的速度均匀地摇动绝缘电阻表。当表针偏转时，随即调节微调拨盘，直至表针居中为止。以微调拨盘调定后的读数，去乘以粗调定位倍数，即是被测接地体的接地电阻。例如，微调读数为 0.6，粗调的电阻定位倍数是 10，则被测的接地电阻是 6Ω。

（6）为了保证所测接地电阻值的可靠，应改变方位重新进行复测。取几次测得值的平均值作为接地体的接地电阻。

12.1.4 电能表

电能表是用来测量电能的仪表又称电度表、火表、千瓦小时表，指测量各种电学量的仪表。在低电压（不超过 500V）和小电流（几十安）的情况下，电能表可直接接入电路进行测量。在高电压或大电流的情况下，电能表不能直接接入线路，需配合电压互感器或电流互感器使用。

对于直接接入线路的电能表，要根据负载电压和电流选择合适规格的，使电能表的额定电压和额定电流，等于或稍大于负载的电压或电流。另外，负载的用电量要在电能表额定值的 10% 以上，否则计量不准。电能表不能选得太大，选得太小也容易烧坏电能表。电能表接线见图 12-8～图 12-11。

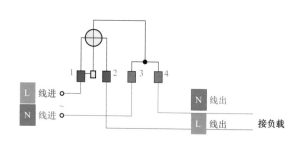

图 12-8　单相电能表直接接入线路

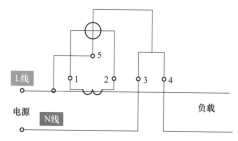

图 12-9　单相电能表经互感器接入线路

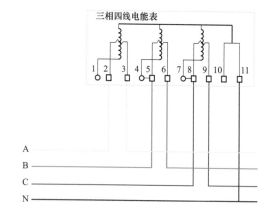

图 12-10　三相四线电能表直接接入线路

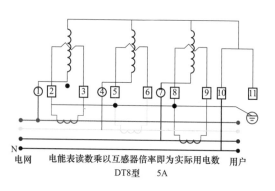

图 12-11　三相四线电能表经互感器接入线路

电能表分单相、三相三线、三相四线电能表，准确级分普通安装式电能表（0.2S、0.5S、0.2、0.5、1.0、2.0 级）和携带式精密电能表（0.01、0.05、0.2 级）。

电能可以转换成各种能量，如通过电炉转换成热能，通过电机转换成机械能，通过电灯转换成光能等。在这些转换中所消耗的电能为有功电能。而记录这种电能的电表为有功电能表。

有些电器装置在做能量转换时先得建立一种转换的环境，如电动机、变压器等要先建立一个磁场才能做能量转换，还有些电器装置是要先建立一个电场才能做能量转换。而建立磁场和电场所需的电能都是无功电能，记录这种电能的电表为无功电能表。无功电能在电器装置本身中是不消耗能量的，但会在电器线路中产生无功电流，该电流在线路中将产生一定的损耗。无功电能表是专门记录这一损耗的，一般只有较大的用电单位才安装这种电能表。

12.2 照明参数测量

12.2.1 照明测量目的

用于保障视觉工作要求和有利工作效率与安全，节约能源和保护环境，确定维护和改善照明的措施为目的进行的测量。

（1）检验照明设施所产生的照明效果与个照明设计标准的符合情况（如 GB 55016—2021《建筑环境通用规范》、GB 50034—2013《建筑照明设计规范》、CJJ 45—2015《城市道路照明设计标准》、JGJ 163—2008《城市夜景照明设计规范》等）。

（2）检验照明设施所产生的照明效果与设计要求的符合情况。

（3）进行各种照明设施的实际照明效果的比较。

（4）测定照明随时间变化的情况。

12.2.2 测量条件

（1）现场进行照明测量时，白炽灯、卤钨灯、LED 灯累计点燃时间在 50h 以上；气体放电灯累计点燃时间在 100h 以上。

（2）现场进行照明测量时，白炽灯、卤钨灯、LED 灯应在点燃 15min 后进行测量；气体放电灯应在点燃 40min 后进行测量。

（3）测量时，应监测电源电压，宜在额定电压下测量。

（4）室内照明测量应避免天然光和其他非被测光的影响。

（5）室外照明测量应在清洁和干燥的路面或场地上进行，不宜在明月和测量场地有积水或积雪时进行。

（6）应排除杂散光射入光接收器，应防止人员和物体对光接收器造成遮挡。

12.2.3 照度测量方法

12.2.3.1 中心布点法

在照度测量区域将测量区域划分为矩形网格，网格为正方形，在网格中心点测量照度，见图 12-12。此方法适用于水平照度、垂直照度或摄像机方向的垂直照度的测量，垂直照度应标明照度测量面的法线方向。

中心布点法平均照度按式（12-2）计算

$$E_{av} = \frac{1}{MN}\sum E_i \qquad (12\text{-}2)$$

式中　　E_{av}——平均照度，lx；

　　　　E_i——在第 i 个测点上的照度，lx；

　　　　M——纵向测点数；

　　　　N——横向测点数。

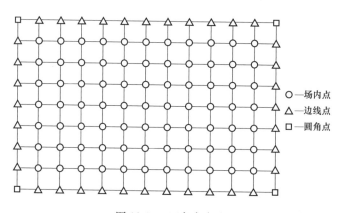

o 为测点

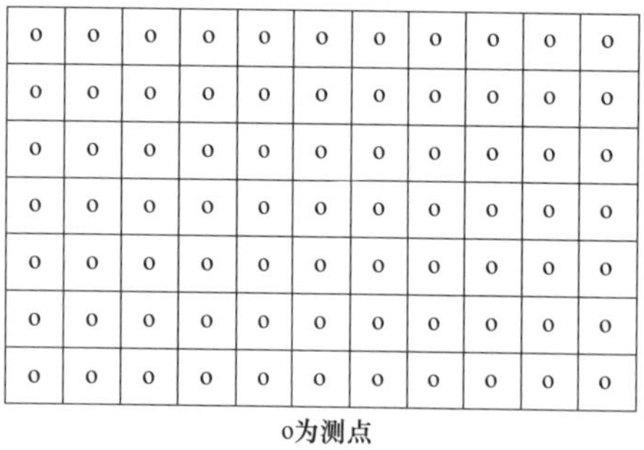

图 12-12　中心布点法

12.2.3.2 四角布点法

在照度测量区域将测量区域划分为矩形网格，网格为正方形，在网格 4 个角点测量照度，见图 12-13。此方法适用于水平照度、垂直照度或摄像机方向的垂直照度的测量，垂直照度应标明照度测量面的法线方向。

○——场内点
△——边线点
□——圆角点

图 12-13　四角布点法

四角布点法平均照度按式（12-3）计算

$$E_{av} = \frac{1}{4MN}\left(\sum E_\square + 2\sum E_\triangle + 4\sum E\right) \qquad (12\text{-}3)$$

式中　　$E_\square$——测量区域四个角处的测点照度，lx；

E_Δ——除四个角处的测点外，四条外边上的测点照度，lx；

E——四条外边以内的测点照度，lx。

12.2.3.3　照度均匀度

照度均匀度计算式如下

$$U_1 = \frac{E_{\min}}{E_{\max}} \tag{12-4}$$

$$U_2 = \frac{E_{\min}}{E_{av}} \tag{12-5}$$

式中　U_1——照度均匀度（极差）；

$\quad\quad U_2$——照度均匀度（均差）；

$\quad E_{\min}$——最小照度，lx；

$\quad E_{\max}$——最大照度，lx。

12.2.4　亮度测量

亮度测量可以采用亮度计进行测量，对于受条件限制的地方可采用间接方法进行测量。当采用亮度计直接测量亮度时，亮度计的放置高度以观察者的眼睛高度为宜，通常按站姿 1.5m、坐姿为 1.2m，特殊场合按实际要求确定。

室内工作区亮度测量选择工作面或主要视野面，选择有代表性的点，同一表面上的测点不少于 3 点。

室外夜景照明的亮度测量选择选择有代表建筑特征的表面，同一表面上的测点不少于 3 点。

间接法测量亮度是通过照度确定表面亮度，对于漫反射的表面，其表面亮度 L 可由式 (12-6) 决定

$$L = E\rho/\pi \tag{12-6}$$

式中　L——表面亮度，$\mathrm{cd/m^2}$；

$\quad E$——表面的照度，lx；

$\quad \rho$——表面的反射比；

$\quad \pi$——常数，取 3.14。

12.2.5　反射比的测量

（1）直接测量法：采用便携式反射比测量仪器直接测量。

（2）间接测量法：通过被测表面的照度或（和）亮度得出均匀漫反射面的反射系数。每个被测表面上随机均匀选取 3～5 个测点，求其算术平均值。

1) 亮度计加标准白板的方法：将标准白板放置被测表面，用亮度计测量标准白板的亮度，保持亮度计位置不动，移去标准白板，用亮度计测得被测表面的亮度，按式（12-7）求出反射比

$$\rho = \frac{L}{L_S}\rho_S \qquad (12\text{-}7)$$

式中　ρ_S——标准白板的反射比；

　　　L_S——标准白板的亮度，cd/m^2。

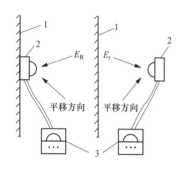

图 12-14　反射比测量示意图

1—波测表面；2—接收器；3—照度计

2) 对于均匀漫反射表面，分别用亮度计和照度计测出被测表面的亮度和照度后，依据式（12-8）求出反射比

$$\rho = \pi L/E \qquad (12\text{-}8)$$

3) 用照度计测出均匀漫反射表面的反射比：选择不受直接光影响的被测表面位置，将照度计的接收器紧贴被测表面的某一位置，测其入射照度。然后将接收器的感光面对准同一被测表面的原来位置，逐渐平移离开，待照度值稳定后，读取反射照度，测量方法如图 12-14 所示。

依据式（12-9）求出反射比

$$\rho = E_f/E_R \quad (\%) \qquad (12\text{-}9)$$

式中　E_f——反射照度，lx；

　　　E_R——入射照度，lx。

12.2.6　现场色温与显色指数测量

现场色温与显色指数测量采用光谱辐射计，每个场地测量点不少于 9 点（住宅单元可为 3 个点）。然后求其算术平均值作为被测照明现场的色温和显色指数。

12.3　室内照明测量

室内照明测量如下：

（1）建筑室内照明测量测点间距一般在 0.5～10m 间选择。照度测量宜采用矩形网格。色温与显色指数测量每个功能区测量点不少于 3 点。

（2）应急照明照度为地面照度，测量网格根据场地大小从 1.0～10.0m 选取，并检查设置位置状况、应急工作时间和应急工作方式。

（3）应急疏散标志，应测量标志面亮度、对比度、色品坐标、视距，检查设置位置状况、应急工作时间和应急工作方式。

（4）室内各功能区测点选取应符合 GB/T 5700—2008《照明测量方法》的规定。

（5）使用照度计进行测量时，应注意以下 5 个问题：

1）光电池所产生的光电流在很大程度上依赖于环境温度，而且光电池又是在一定的环境温度（一般为 $20\pm5℃$）下标定的。因此，当实测照度时的环境温度和标定时的环境温度差别很大时，就得对温度影响进行修正。其修正系数一般由制造厂提供。

2）由于照度计的光度头是作为一个整体 [包括余弦修正器、$V(\lambda)$ 修正滤光器、光电接收器] 进行标定或校准的，因此使用时不可以把 $V(\lambda)$ 滤光器或余弦修正器拆下不用，否则就会得到不正确的测试结果。

3）由于光电池表面各点的灵敏度不尽相同，因此测量时应尽可能使光均匀布满整个光电池面，否则也会引入测量上的误差。

4）由于光电池使用时间长了会逐渐老化，因此照度计要进行定期或不定期的校准，校准间隔要视照度计的质量和使用多寡而定，一般应一年校准一次。

5）在潮湿空气中，光电池有吸收潮气的趋向，有可能会损坏、变质或完全失去光灵敏度。因此，要把光电池保存在干燥环境中。

（6）使用亮度计进行测量时，由于亮度计的光电探测器与照度计的光电探测器相同，均为经过修正的光电池，因此，对照度计光电探测器的技术要求，如光谱响应特性、角度响应特性、响应的线性、对温度的敏感性以及疲劳特性等，同样适用于亮度计光电探测器。亮度测量宜采用一级亮度计，并按 JJG 211—2021《亮度计检定规程》进行检定。在上述检定规程中规定了标准亮度计、一级亮度计和二级亮度计应分别满足的计量性能要求。

12.4 室外照明测量

室外照明工程涵盖的范围比较广泛，如道路照明、体育场照明、广场照明、港口码头照明、露天货场堆场照明、停机坪照明等。在不同类型的室外照明工程中会有不同的需求或标准要求，因此，针对不同的照明工程的具体测量方法也会有所不同。

12.4.1 测量仪器

（1）照度计。对于室外照明的照度测量，宜采用一级照度计，对于道路和广场照明的照度测量，应采用能读到 0.1lx 的照度计。照度计的检定应符合 JJG 245—2005《光照度计检

定规程》的规定。

（2）亮度计。亮度测量宜采用一级亮度计，只要求测量平均亮度时，可采用积分亮度计；除测量平均亮度外，还要求得出亮度总均匀度和亮度纵向均匀度时，宜采用带望远镜的亮度计，其在垂直方向的视角应小于或等于 $2'$，在水平方向的视角应为 $2'\sim 20'$。亮度计的检定应符合 JJG 211—2021 的规定。

12.4.2 测量条件

在室外进行照明测量时，应特别注意确认环境温度及湿度是否在测量仪器可正常工作的范围内。如果环境温度及湿度不能使测量仪器正常工作，则应更换相应的测量仪器以适应环境或带环境条件满足测量要求时再进行测量。

根据需要点燃必要的光源，排除其他无关光源的影响。应在清洁和干燥的路面和场地上进行测量，不宜在黄昏、黎明、明月和测量场地有积雪时进行测量，以免因自然光光或地面反射系数有偏差对测量造成不利影响。

应排除车灯、民居等环境杂散光射入光接收器，并应防止各类人员对光接收器造成阴影和挡光。

宜在照明灯具的额定电压下进行测量；若做不到，应按照下述测量方法根据电源电压或照明灯具的输入电压对测量结果进行修正。

12.4.3 测量方法

测量时先用大量程挡数，然后根据示值大小逐步找到需测的挡数，原则上不允许在最大量程的 1/10 范围内测定。应在测量仪器的示值相对稳定后再读数，但等候时间不宜过长，以求减小测量仪器的疲劳误差。为提高测量的准确性，每个测点宜进行 3 次或以上的读数，然后取算术平均值作为测量值。

在测量开始、测量进行中和测量结束时，应分别记录下当时的环境温度及湿度数据，以便对测量仪器的读数进行必要的修正。

12.4.4 建筑夜景观照明测量

（1）亮度测量应按设计分近（正）视点亮度、中（正）视点亮度和远（正）视点亮度进行测量，视点根据建筑高度和体量确定：

1）近视点：10～30m 或 2H；H 为建筑高度；

2）中视点：30～100m 或 3H；

3）远视点：100～300m 或 5H。

（2）亮度测点根据设计要求选择，测量宜采用带望远镜镜头的彩色亮度计或光谱辐射亮度计。

（3）照度的测量仅在亮度指标不能反映设计意图时采用，测点间距可按计算间距的 2 倍考虑。

（4）灯光颜色的测量采用光谱辐射计，测量现场灯光的光谱，按 GB/T 7922—2008《照明光源颜色的测量方法》测量，计算出色度参数。

12.4.5　道路照明测量

12.4.5.1　测量地段的选择

选择测量地段时，应从灯具的间距、高度、悬挑、仰角等的安装规整性及光源的一致性方面选择有代表性的路段。

照度测量的范围，在纵方向（沿道路走向）应包括同一侧的两个灯杆之间的区域，而在横方向，单侧布灯时应为整个路宽；双侧交错布灯、对称布灯或中心布灯时可为 1/2 路宽。

12.4.5.2　布点方法

布点方法有四点法和中心法两种，其中：

（1）四点法：把同一侧两灯柱间的测量路段分成若干个大小相等的矩形网格，把测点设置在每个矩形网格的四角，图 12-15 所示为双车道路采用四点法布点时的测点布置图。

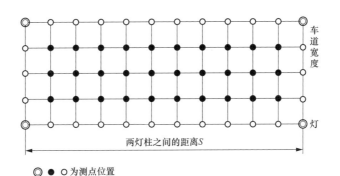

图 12-15　双车道路采用四点法布点时的测点布置图

（2）中心法：把同一侧两灯柱间的测量路段划分成若干个大小相等的矩形网格，把测点设在网格中心。图 12-16 所示为双车道路采用中心法布点时的测点布置图。

当路面照度均匀度比较差或对测量精度要求比较高时，划分的网格数应多一些，即测点布得密一些。当两灯柱的间距 $S \leqslant 50m$ 时，通常沿道路纵方向把间距 S 分成十等分；当 $S >$ 50m 时，按每一网格边长不大于 5m 的原则进行等间距划分，而在道路横方向把每条车道二等分（四点法）或三等分（中心法）。当路面照度均匀度比较好或对测量精确度要求比较低时，则在道路的横方向可取车道的宽度作为网格的宽度而不需要再划分。

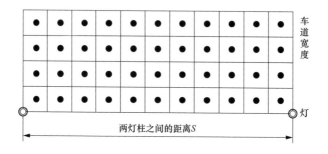

图 12-16　双车道路采用中心法布点时的测点布置图

12.4.5.3　平均水平照度

（1）按四点法布点的计算见图 12-15。

若 M 为纵方向划分的网格数，N 为横方向划分的网格数，则 MN 为总网格数。根据每个网格四个角上四个测点的照度平均值 E_{av} 可代表该网格的假定照度值，则 E_{av} 的计算式为

$$E_{av} = \frac{1}{4MN}(\sum E_{\circledcirc} + 2\sum E_{\circ} + 4\sum E_{\bullet}) \tag{12-10}$$

式中　$E_{\circledcirc}$——测量区四个角处测点的照度，lx；

　　　$E_{\circ}$——除四个角处四条外边上测点的照度，lx；

　　　$E_{\bullet}$——测量区四个外边以内测点的照度，lx。

（2）按中心布点法计算见图 12-16。

按中心布点法测量照度时，路面平均照度按式（12-11）计算

$$E_{av} = \frac{\sum E_i}{n} \tag{12-11}$$

式中　n——测点数。

测点数越多，得到的平均值越精确，但也相应地增加了测量和计算的工作量。

图 12-17 和图 12-18 示意了采用中心布点法测量时测试点的布置原则。在图 12-17 中，p 为测量段的长度；q 为测量段的宽度；Δp 为测量段长度方向上的测量网格间距；Δq 为测量段宽度方向上的测量网格间距。

（3）水平照度均匀度的计算。路面照度均匀度 U 是路面上最小照度 E_{min} 与平均照度 E_{av} 之比

$$U = \frac{E_{min}}{E_{av}} \tag{12-12}$$

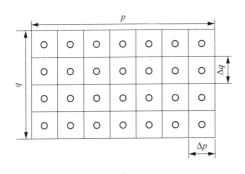

图 12-17　道路为直道时的测点布置

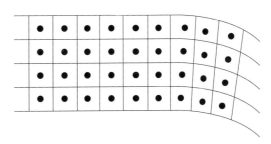

图 12-18　道路弯曲时的测点布置

12.4.5.4　亮度测量

衡量道路照明效果最重要的一个指标就是路面亮度。测量亮度时的测点布置和照度相同，通过设置在观测点上的点式亮度计瞄准各个测点，可测得对应测点的亮度值，通过计算可得到道路路面的平均亮度及亮度均匀度。

如果只需要测量道路路面的平均亮度，则可以使用积分（街道）亮度计。在观测点瞄准需要进行测量的一段路面，通过不同规格的梯形光阑可一次测量一整段路面的平均亮度值，更换或调节梯形光阑，可测量不同宽度、不同长度路面的平均亮度值。

对观测点的确定和亮度测量应按下述要求：

（1）亮度计所在的观测点的高度为距路面 1.5m。

（2）亮度计所在的观测点纵向位置为距第一排测量点 60m，纵向测量长度为 100m。

（3）亮度计所在的观测点横向位置：对于平均亮度和亮度总均匀度的测量，应位于观测方向路右侧路缘内侧 1/4 路宽（W）处，见图 12-19。对于亮度纵向均匀度的测量，应位于每条车道的中心线上。

12.4.5.5　平均亮度的计算

（1）采用积分亮度计测量时，应按式（12-13）计算平均亮度

$$L_{av} = (L_{av_1} + L_{av_2})/2 \tag{12-13}$$

式中　L_{av}——平均亮度，cd/m^2；

　　L_{av_1}——从灯下开始测出的平均亮度，cd/m^2；

　　L_{av_2}——从两灯中间点开始测出的平均亮度，cd/m^2。

（2）采用亮度计逐点测量时，应按式（12-14）计算平均亮度

$$L_{av} = \sum_{i=1}^{i=n} L_i/n \tag{12-14}$$

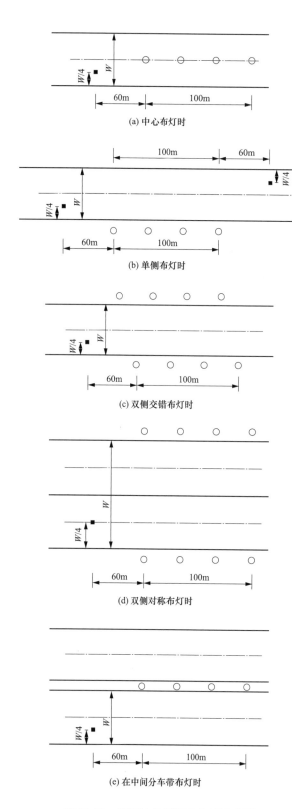

(a) 中心布灯时

(b) 单侧布灯时

(c) 双侧交错布灯时

(d) 双侧对称布灯时

(e) 在中间分车带布灯时

图 12-19 亮度计的观测点位置示意图

式中 L_i——各测点的亮度，cd/m^2；

n——测点数。

（3）亮度总均匀度的计算。整段道路的亮度总均匀度由式（12-15）计算得出

$$U_0 = L_{min}/L_{av} \quad (12\text{-}15)$$

式中 U_0——亮度总均匀度；

L_{min}——从规则分布测点上测出的最小亮度，cd/m^2；

L_{av}——按照式（12-13）或式（12-14）计算出的平均亮度，cd/m^2。

（4）亮度纵向均匀度的计算。将测量出的各车道的亮度纵向均匀度中的最小值作为路面的亮度纵向均匀度，各车道的亮度纵向均匀度应按式（12-16）计算

$$U_L = L'_{min}/L'_{max} \quad (12\text{-}16)$$

式中 U_L——亮度纵向均匀度；

L'_{min}——测出的每条车道的最小亮度，cd/m^2；

L'_{max}——测出的每条车道的最大亮度，cd/m^2。

12.4.5.6 测量数据的记录

在最终的测量报告中，应包含以下内容：

（1）测量日期、时间、气候条件（如温度、湿度等）。

（2）测量场所名称（包括城市、街道、路段等）。

（3）光源和灯具（包括镇流器等电器附件）的型号、规格和数量。

（4）灯具排布方式、间距、高度、仰角、灯具的悬挑长度。

（5）光源和灯具的使用时间、最近一次清洗日期。

（6）测量现场条件（包括环境条件、供电条件等）。

（7）标有尺寸的照度测点布置图。

（8）各测点的照度测量值。

（9）平均照度和照度均匀度的计算结果。

（10）等照度曲线图。

（11）标有尺寸的亮度测点和亮度计的观测点布置图。

（12）各测点的亮度测量值。

（13）平均亮度、亮度总均匀度、亮度纵向均匀度的计算结果。

（14）测量仪器（包括厂家、型号、规格、编号、检定日期等）。

（15）照度计和亮度计的放置高度和放置状态。

（16）测试单位和测量人员。

思考题

1. 画出低压测量电压表的接线。

2. 画出电流互感器测量电流的线路。

3. 画出单相电能表直接接入电路的接法。

4. 照度测量中心布点法和四角布点法如何布点？测得照度值后，照度如何计算？

5. 室内各主要功能房间或场所的测量项目应包括哪些？

6. 室外公共区域照明的测量项目应包括哪些？

7. 应急照明条件下，测量项目应包括哪些？

8. 建筑夜景测量中，近（正）视点、中（正）视点和远（正）视点如何划分？

9. 道路照明测量，照度测量的范围如何确定？

10. 用图示出道路照明亮度计的观测点位置。

参 考 文 献

[1] 北京照明学会设计专业委员会. 照明设计手册 [M]. 3 版. 北京：中国电力出版社，2016.

[2] 北京电光源研究所，北京照明学会. 电光源手册 [M]. 北京：中国物资出版社，2005.

[3] 俞丽华. 电气照明 [M]. 4 版. 上海：同济大学出版社，2014.

[4] 郝洛西，曹亦潇. 光与健康 [M]. 上海：同济大学出版社，2021.

[5] 中国就业培训技术指导中心组织. 照明设计师（基础知识）（基础知识）[M]. 北京：中国劳动社会保障出版社，2009.

[6] 中国就业培训技术指导中心. 助理照明设计师（国家职业资格三级）[M]. 北京：中国劳动社会保障出版社，2012.

[7] 中国就业培训技术指导中心. 照明设计师（国家职业资格二级）[M]. 北京：中国劳动社会保障出版社，2012.

[8] 中国就业培训技术指导中心. 高级照明设计师（国家职业资格一级）[M]. 北京：中国劳动社会保障出版社，2017.

[9] 王厚余. 建筑物电气装置 600 问 [M]. 北京：中国电力出版社，2013.

[10] 任元会. 低压配电设计解析 [M]. 北京：中国电力出版社，2020.

[11] 中国航空规划设计研究总院有限公司. 工业与民用供配电设计手册 [M]. 4 版. 北京：中国电力出版社，2016.

[12] 中国照明学会，北京照明学会. 绿色照明 200 问 [M]. 北京：中国电力出版社，2008.

[13] 王京池. 电视灯光技术与应用 [M]. 2 版，北京：中国广播影视出版社，2019.

[14] 徐华. 应急照明设计简析 [J]，建筑电气，2019 (12).

[15] 徐华. 备用照明设计探讨 [J]，建筑电气，2020 (6).

[16] 徐华. 体育场馆应急照明设计探讨 [J]，照明工程学报，2020 (4).

[17] 徐华. 消防应急照明和疏散指示系统应注意的问题探讨 [J]，建筑电气，2021 (8).

[18] 徐华，论城市照明电气安全［J］，建筑电气，2021（4）.

[19] 徐华，多功能室内智慧照明技术发展与实践探讨［J］，智能建筑电气技术，2021（2）.

[20] 中华人民共和国住房和城乡建设部. 消防应急照明和疏散指示系统技术标准：GB 51309—2018［S］. 北京：中国计划出版社，2019.

[21] 中华人民共和国住房和城乡建设部. 建筑照明设计标准：GB 50034—2013［S］. 北京：中国建筑工业出版社，2013.

[22] 中国建筑标准设计研究院. 19D702-7 应急照明设计与安装［M］. 北京：中国计划出版社，2019.

[23] 公安部天津消防研究所，公安部四川消防研究所. 建筑设计防火规范：GB 50016—2014（2018 年版）［S］. 北京：中国计划出版社，2018.

[24] 清华大学建筑设计研究院有限公司，教育建筑电气设计规范：JGJ 310—2013［S］. 北京：中国建筑工业出版社，2014.

[25] 中华人民共和国国家质量监督检验检疫总局，中国国家标准化管理委员会. 建筑物电气装置 第 7-715 部分：特殊装置或场所的要求 特低电压照明装置：GB/T 16895.30—2008/IEC 60364-7-715：1999［S］. 北京：中国标准出版社，2010.

[26] 中华人民共和国住房和城乡建设部. 建筑环境通用规范：GB 55016—2021［S］. 北京：中国建筑工业出版社，2022.

[27] 国家市场监督管理总局，国家标准化管理委员会. 村镇照明规范：GB/T 40995—2021［S］. 北京：中国标准出版社，2021.

[28] 国家市场监督管理总局，国家标准化管理委员会. LED 夜景照明应用技术要求：GB/T 39237—2020［S］. 北京：中国标准出版社，2020.

[29] 中华人民共和国国家质量监督检验检疫总局，中国国家标准化管理委员会。LED 城市道路照明应用技术要求：GB/T 31832—2015［S］. 北京：中国标准出版社，2016.

[30] 国家标准化管理委员会. 照明测量方法：GB/T 5700—2008［S］. 北京：中国标准出版社，2009.

[31] 中华人民共和国国家质量监督检验检疫总局，中国国家标准化管理委员会. 室外照明干扰光限制规范：GB/T 35626—2017［S］. 北京：中国标准出版社，2018.

[32] 国家市场监督管理总局，国家标准化管理委员会. 室外照明干扰光测量规范：GB/T

38439—2019 [S]. 北京：中国标准出版社，2020.

[33] 中华人民共和国住房和城乡建设部. 城市道路照明设计标准：CJJ 45—2015 [S]. 北京：中国建筑工业出版社，2016.

[34] Schneider Electric. 电气装置应用（设计）指南 [M]. 施耐德电气专家团队，译. 北京：中国电力出版社，2017.